シリーズ
応用最適化 5

久保幹雄・田村明久・松井知己 編集

確率計画法

椎名孝之 著

朝倉書店

まえがき

さまざまな分野で発生する現実の数理計画問題には, 目的関数および制約条件に不確実要素を伴う場合が多い. たとえば, 問題に含まれるパラメータ等を確定値として取り扱うのが困難であることがある. 確率計画法 (stochastic programming) とは, 確率的要素を考慮した数理計画法であり, 不確実性のもとでの最適化 (optimization under uncertainty) とよばれることもある. 確率計画法の起源の 1 つは, 1955 年に Dantzig により書かれた論文であるとされており, 1947 年の線形計画問題に対する単体法の開発からわずか 8 年後のことである. これは, 確率計画法が数理計画法の黎明期から重要な研究分野であると考えられていたことにほかならない.

確率計画問題の特徴として, 多数のシナリオを考慮することにより, 大規模問題を解くことが求められるということがあげられる. 現在では, 確率計画法の理論と解法アルゴリズム, またこれらを実装する計算機の発展により, 実用的な規模の問題を解くことも可能になりつつある. 本書では, いくつかの確率計画法の基本的な解法アルゴリズムについて紹介する. また, 別の視点から確率計画法を眺めてみると, 確率計画法自体が数理計画法の応用分野であるということがいえる. 確率計画問題に対して, 線形計画法はもちろん, 非線形計画法や整数計画法, さらには確率モデルなど, オペレーションズ・リサーチにおける異なる分野の手法が総合的に応用されることも多い. 関連する分野が多岐にわたるため, 確率計画法の入門書として含めるべき内容は何かということに苦心したが, 基礎的な内容をできるだけ平易に解説した. 巻末には基礎となる理論の概要を示した. 本書の構成は以下の通りである.

本書の前半では, 確率計画法の基礎について示した. はじめて読まれる読者はこの 1〜4 章までを読んでいただきたい. 1 章では, 基本的な 2 つの確率計画モデルを示し, その考え方の違いを説明する. 2 章では, 確率計画法の一般的定式化を示す. 確率変数を含んだ数理計画問題の等価確定問題を導き, 確率計画モデルを用いる利点についても述べる. 3 章では, 罰金に対するリコースを有する確率計画問題を取り上げる．このモデルは，確率計画法の中で最も重要なモデルであり，基本的な性質について言及したのちに，解法であるL-shaped法を中心に解説する．4章では，もう1つの重要なモデルである確率的制約条件問題を取り上げる．基本的な性質，問題が凸計画となるような確率測度の条件などを考える．また，数値積分法による確率の計算と応用例も示す．

後半では，確率計画法の応用について述べた．5章では，整数条件をもつ確率計画問題について考える．この章の内容は整数計画法と関連が深い．整数条件をもつ問題は現在最も研究が進んでいる分野であり，本章では基本的な考え方のみを解説する．6章は，多段階の確率計画問題に関するものである．生産などの現実の問題における決定は，多段階にわたって繰り返されるものが多く，応用可能性は高いといえる．7章では，前章に続く多段階問題の応用として，発電機起動停止問題を取り上げる．この問題は電気事業におけるスケジューリング問題であり，その重要性は高い．8章は，シミュレーションのモンテカルロ法を応用した解法について述べる．問題に含まれる確率変数が連続分布に従う場合は，シミュレーションに基づいた標本による計算を行う以外には，実用的な解法がないといえる．9章では，リスクを考慮した確率計画法について述べる．ばらつきを考慮した2段階の確率計画問題などは，一般的には凸計画にならないため，今後の研究課題として重要である．

付録として，確率計画法の理解に必要な，線形計画法，非線形計画法，確率論の基礎についての解説を加えた．他にも整数計画法や組合せ最適化，ネットワーク計画など，関連する分野は多いため，より本格的な内容については，本シリーズの別巻をはじめとする参考書などを参照されたい．

確率計画法の適用分野は，エネルギー，金融工学，生産分野など幅広いが，欧米に比べると日本国内では必ずしも研究者の数が多いとはいえない．今後国内でも確率計画法の研究が発展することを期待したい．

最後に，本シリーズの編集者である久保幹雄先生（東京海洋大学），田村明久先生（慶應義塾大学），松井知己先生（東京工業大学）から，適切な助言を数多く頂いたことに御礼申し上げる．また，共同研究者John R. Birge先生（University of Chicago），森戸晋先生（早稲田大学），多ヶ谷有氏（キヤノンITソリューションズ），長きにわたる執筆をお待ち頂いた朝倉書店編集部の方々に感謝したい．

2015年2月

椎名孝之

目　　次

1 確率計画法とは

オペレーションズ・リサーチ (operations research) とは, 企業や各種事業体の経営における意思決定や, 各種システムの設計・管理・運用などにおける問題を科学的に解決するためのアプローチである (Wagner[156]). JIS では, 「科学的方法および用具を体系の運営方策に関する問題に適用して, 方策の決定者に問題の解を提供する技術」であると定義されている. 政策立案・経営・基本設計などの意思決定における諸問題は, オペレーションズ・リサーチを用いることにより, 定量的な評価に基づく判断や決定が可能となる.

数理計画法 (mathematical programming) は, オペレーションズ・リサーチの数学的手法の中心をなす. 数理計画問題とは, 与えられた制約条件の下で, 目的関数を最適化する問題である (Nemhauser, *et al.*[96]). 数理計画法は, 線形計画問題に対する Dantzig の単体法 (付録 A. 1. 1 項)[31] に起源を有する. 単体法以来, 理論とアルゴリズムおよび問題を解く計算機の進歩により, 非線形計画法や整数計画法と組合せ最適化へと発展してきた. 現在では, 複雑なシステムで大規模な問題の一部に対しても, それを解く技法が開発されてきており, ますますその有効性が高まっている.

数理計画法の適用分野は実社会のあらゆる面に及んでいる. 工業生産, エネルギーなどの工学的諸問題, 企業の経営や計画, また公共政策, さらには農業など, 数理計画法が適用される分野は数多い. さまざまな分野で発生する現実の数理計画問題には, 目的関数および制約条件に不確実要素を伴う場合が多い. たとえば, 与えられたパラメータなどは, 確定値として取り扱うのが困難であることがある. 不確実な状況下での計画には**リスク** (risk) が含まれる. 不確実な状況から生じるリスクを回避するため, 現実のシステムに含まれる不確実な状況をモデル化し, 確率的変動要素を考慮することが必要となる. このように不確実要素を直接モデルに組み入れた最適化手法は, **確率計画法** (stochastic programming) とよばれている.

電気事業における電力供給計画を例にあげ, 不確実な状況から生じるリスクを考える. 電気事業においては, 設備運用, 設備投資, 経営, 系統など非常に多くの計画が策定されているが, その中心となるのが電力供給計画である. 電力供給計画は, 想定される電力需要に対して, 安定した電力供給を行うとともに経済的な電力設備の運用および開発を行うことが目的である. 電力供給計画は, 電力需要を満たすという制約条件の下で, 電力供給コストを最小化する問題である (Wood and Wollenberg[163]). 電力需要および電力供給に必要な燃料費などは確定的な値ではなく, 確率的な変動を含む. 電力需要が想定値より大きくなると電力供給が満たされない可能性が生じ, 電力需要の想定を大きくとりすぎると供給設備に余剰が生じることになる. また, 電力供給に必要な燃料費が変動する場合は, 電力供給の実行可能性には問題は生じないものの, 供給コストの最適性が失われる可能性がある. このようなリスクは, 現実の計画においては回避しなければならない.

本章でははじめに, 電力供給計画 (椎名[136], Shiina[128]) に対する次の 2 つのモデルによって確率計画法の例を示す. 長期の供給計画に対する罰金型モデルは, 3 章で取り上げる罰金に対するリコースを有する確率計画問題に対応し, 短期の供給計画に対する信頼度モデルは, 4 章で取り上げる確率的制約条件を有する確率計画問題に対応する.

1.1 罰金型モデル (長期の供給計画)

次の 2 年間の供給計画モデルでは, 各年で想定電力需要が与えられている. 電気事業者は, 1 年度のはじめに燃料を購入して発電を行うことによって電力供給を行い, 燃料が余った場合は, 貯蔵して次年度の電力供給に回すものとする. 次年度の電力供給は貯蔵燃料によるが, 貯蔵燃料が不足する場合は新設備開発により供給を行う. よって決定変数は, 燃料の購入による電力供給量 x (MWh) および, 1 年度から 2 年度へと貯蔵した燃料により供給可能な電力量 z (MWh) と, 2 年度における新設備開発による電力供給量 y (MWh) になる. 目的関数を, 燃料の購入による 1 年目の電力供給に要する費用と, 貯蔵燃料および新設備開発による 2 年目の電力供給費用の総和とすると, 総費用最小化の線形計画問題が定式化される. しかし, 長期の需要想定は, 過去の電力需要や経済動向, さらには将来にわたる経済見通しなどに基づいているため, 実績と若干の差異を生ずることがある. したがって, 将来の想定需要値は次のような複数のシナリオによって与えられることが通例である.

電力需要および, 新設備開発による電力供給コストは, 表 1.1 のシナリオによって変動するものとする. MWh あたりの電力量を供給するために必要な貯蔵燃料の保管費用 (1 億円/MWh), 購入された燃料による電力供給費用 (5 億円/MWh) は一定とする.

いま, 1 年度における電力需要の実績値が表のシナリオにおける通常の電力需要と等しい値になるものとする. 2 年度における新設備開発による電力供給コストと電力需要は確定できないため, 表の各シナリオの平均値で与えるものとする. このとき, 総費用を

表 1.1 電力需要想定におけるシナリオ

シナリオ	確率	新設備開発による 電力供給コスト (億円/MWh)	電力需要 (MWh)
通常	1/3	5	200
夏の猛暑	1/3	6	250
夏の猛暑 + 冬の厳寒	1/3	7.5	280

最小化する問題を考えると, 次の平均値を用いた線形計画問題が定式化できる.

(平均値を用いた線形計画問題)

$$\begin{aligned} \min \quad & 5x + z + \frac{1}{3}(5 + 6 + 7.5)y \\ \text{subject to} \quad & x = 200 + z \\ & z + y = \frac{1}{3}(200 + 250 + 280) \\ & x, z, y \geq 0 \end{aligned}$$

最適解は, $x = 443.33$, $z = 243.33$, $y = 0$, 目的関数の最適値は 2460 億円となる. 具体的には, 1 年度に $x = 443.33$ (MWh) 分の発電を行うための燃料を購入し, 1 年度の需要 200 (MWh) を満たす. 残った燃料によって, 3 つのシナリオの平均として与えられる 2 年度の需要に対して供給 $z = (200 + 250 + 280)/3 = 243.33$ (MWh) を行う. 2 年度における新設備開発は行わず, $y = 0$ (MWh) である. この解を各シナリオに当てはめてみると色々な不都合が生じる (表 1.2).

よって, 総費用の期待値は, $\frac{1}{3}(2503.33 + 2500 + 2735) = 2579.44$ となる. この平均値を用いた線形計画問題による定式化では, 最適解と各シナリオとの乖離に応じて, 実際に行うべき追加行動がモデルに含まれていない. 3 シナリオの平均値のような需要想定値を用いた場合, どのシナリオが実際に生じるかを知る前に判断を行うと, 必然的に不都合が生じるため, 表 1.2 に示したような追加行動をとらなければならない. 現実のシナリオと最適解との乖離には余分な費用がかかり, このような余分にかかる追加費用をリコース費用とよぶ.

需要シナリオの平均値を想定値として用いたモデルに対し, あらかじめ追加的な行動を考慮した数理計画モデルを考える. それには, 罰金に対するリコース費用をあらかじめ含む確率計画問題によって, 長期の電力供給計画を考えればよい. この定式化は, リコース費用の期待値をあらかじめ目的関数に組み入れたものである. この場合, 追加的に行う燃料の貯蔵および新設備の開発によってリコース費用が必要となる. c_s, d_s $(s = 1, 2, 3)$ をそれぞれ, 各シナリオ s に対応する新設備開発による供給コストおよび需要量とする. また, w_s, y_s $(s = 1, 2, 3)$ をそれぞれ, 各シナリオ s に対応する余剰供給量および, 新設備開発による電力供給量とする. リコース費用を含む確率計画問題による供給計画の定

表 1.2　最適解と各シナリオとの乖離

2 年度の需要シナリオ	実際に行うべき追加行動	総費用 (億円)
通常 (2 年度に使用可能な燃料に余剰が生じる)	電力量 43.33 (MWh) を供給可能な燃料の貯蔵　= 43.33 (億円)	2503.33
夏の猛暑 (2 年度に使用可能な燃料では不足が生じる)	新設備開発 6 (億円/MWh) による供給 6.67 (MWh) = 40 (億円)	2500
夏の猛暑＋冬の厳寒 (2 年度に使用可能な燃料では不足が生じる)	新設備開発 7.5 (億円/MWh) による供給 36.67 (MWh) = 275 (億円)	2735

式化は以下のようになる．ただし，$E_{s\in S}$ はシナリオの添字集合 $S=\{1,2,3\}$ に関する期待値を表し，$Q^s(x,z)$ $(s\in S)$ はシナリオ s におけるリコース費用を表す．

(リコース費用を含む確率計画問題)

$$
\begin{aligned}
\min \quad & 5x+z+E_{s\in S}[Q^s(x,z)] \\
\text{subject to} \quad & x=200+z \\
& Q^s(x,z)=\min\{c_s y_s+1\cdot w_s | z+y_s=d_s+w_s,\ y_s,w_s\ge 0\}, \\
& \quad s\in S \\
& x,z\ge 0
\end{aligned}
$$

この定式化は各シナリオに対する期待値を含んでおり，決定 x,z を行ったときのリコース費用は，後に線形計画問題を解くことによって定義される．リコース費用 $Q^s(x,z)$ とは，1 年度と 2 年度の電力供給量 x (MWh) および z (MWh) が与えられたときの，新設備開発による電力供給費用の最小値である．この $Q^s(x,z)$ は決定変数 x,z の関数であり，x,z の値が与えられた上で線形計画問題を解くことによって定義されることに注意されたい．そのため，より理解しやすい等価な展開形 (extensive form) の問題として表す．

(リコース費用を含む確率計画問題：展開形)

$$
\begin{aligned}
\min \quad & 5x+z+\sum_{s\in S}\frac{1}{3}(c_s y_s+1\cdot w_s) \\
\text{subject to} \quad & x=200+z \\
& z+y_1=200+w_1 \\
& z+y_2=250+w_2 \\
& z+y_3=280+w_3 \\
& x,z\ge 0,\ y_s,w_s\ge 0,\ s\in S
\end{aligned}
$$

リコース費用を含む問題と展開形の問題は等価である．なぜなら，リコース費用を含む問題の実行可能解は展開形の問題の実行可能解になるため，前者の最適目的関数値は後者の最適目的関数値以上の値となる．明らかに，展開形の問題の目的関数は，リコース費用を含む問題の目的関数の上界であるため，両問題の最適目的関数値は一致することがわかる．展開形の問題における最適解は，$x=400$, $z=200$, $y_1=0$, $y_2=50$, $y_3=80$, $w_1=0$, $w_2=0$, $w_3=0$ となり，目的関数の最適値は 2500 億円となる．このように，罰金に対するリコースを要する確率計画問題を解いた場合の目的関数値は，問題に含まれる確率変数を平均値で置き換えた場合より小さくなる．この差 79.44 (億円) $=2579.44-2500$ を，確率計画の解の価値 VSS とよぶ．

● 1.2 ●　信頼性モデル (短期の供給計画) ●

短期供給計画は至近年を対象とし, 主に設備の経済的運用を目的とする. この計画では, 新設備開発などの電源開発計画を含まず, 最も経済的な発電所運転, および融通電力の決定などに重点がおかれる. また短期計画では, 信頼度の高い電力供給を可能とするために, 供給予備力が用いられる. これは, 計画外停止, 需要変動などの予測外の事態発生に対しても安定した電力供給を可能とするため, あらかじめ想定需要を超えて保有する供給力のことである. 本節では, ある月のピーク需要が与えられる 1 時間に対する短期供給計画モデルを示す. このモデルでは, 電力需要を 3 つの負荷領域 (ベース, ミドル, ピーク) に分割し, それぞれ, 原子力, 火力, 水力の各供給力で電力を供給する. d_i, v_i, w_i をそれぞれ, 負荷領域 i における電力需要量 (kWh) および供給電力量 (kWh), 供給予備力 (kWh) とする. 目的関数は, 供給費用と供給予備力に関わる費用との総和である. 負荷領域 i における単位供給電力量あたりの費用および単位供給予備力あたりの費用をそれぞれ, a_i, b_i, また $(1+\delta)$ を供給予備力の需要に対する比率の下限値とする.

(短期の供給計画問題)

$$
\begin{aligned}
\min \quad & \sum_{i=1}^{3}(a_i v_i + b_i w_i) \\
\text{subject to} \quad & v_i \le d_i \le w_i,\ i = 1,2,3 \\
& \sum_{i=1}^{3} v_i = \sum_{i=1}^{3} d_i \\
& (1+\delta)\sum_{i=1}^{3} d_i \le \sum_{i=1}^{3} w_i \\
& v, w \ge 0
\end{aligned}
$$

制約 $(1+\delta)\sum_{i=1}^{3} d_i \le \sum_{i=1}^{3} w_i$ は供給予備力を少なくとも電力需要の $(1+\delta)$ 倍保持するための条件である. この短期供給計画においては, 予測外の変動要因が起こる合成確率分布を考慮し, 信頼度として $(1+\delta)$ を設定することが行われている. 上のモデルに含まれる変動要因は電力需要だけであり, 電力需要を直接確率変数と定義した確率計画モデルを示す. この制約条件において $\sum_{i=1}^{3} d_i$ を平均 $\sum_{i=1}^{3} d_i$, 分散 10^2 の正規分布 $\mathcal{N}(\sum_{i=1}^{3} d_i, 10^2)$ に従う確率変数 $\tilde{e}$ と仮定し, $(1+\delta)$ を除く. すると, 制約条件は次の形になる.

$$
\tilde{e} \le \sum_{i=1}^{3} w_i
$$

この $\tilde{e}$ は確率変数であるため, そのすべての実現値に対して実行可能な $\boldsymbol{w}$ が存在しない場合がある. よってこの制約条件を, 確率 α 以上で成立するという確率的制約条件

(chance-constraint) へ置き換える.

$$\mathrm{Prob}\left(\tilde{e} \leq \sum_{i=1}^{3} w_i\right) \geq \alpha$$

$(\tilde{e} - \sum_{i=1}^{3} d_i)/10$ は, 平均 0, 分散 1^2 の標準正規分布 $\mathcal{N}(0, 1^2)$ に従うので, その分布関数を Φ とする.

$$\Phi\left(\frac{\sum_{i=1}^{3} w_i - \sum_{i=1}^{3} d_i}{10}\right) \geq \alpha$$

すると, この制約条件は次の式に変形できる.

$$\frac{\sum_{i=1}^{3} w_i - \sum_{i=1}^{3} d_i}{10} \geq \Phi^{-1}(\alpha)$$

パラメータは, 以下のように定める.

$$\boldsymbol{a} = (50, 200, 400), \boldsymbol{b} = (30, 100, 150)\ (\text{万円/kWh}), \boldsymbol{d} = (10, 20, 30)\ (\text{kWh})$$

$\Phi^{-1}(0.90) = 1.28, \Phi^{-1}(0.99) = 2.32$ となる. この線形計画問題を解くと, 最適解および目的関数の最適値は以下のようになる.

$$\boldsymbol{v} = (10, 20, 30)\ (\text{kWh}), \boldsymbol{w} = \begin{cases} (22.8, 20, 30)\ (\text{kWh})\ (\alpha = 0.90\ \text{の場合}), \\ (33.2, 20, 30)\ (\text{kWh})\ (\alpha = 0.99\ \text{の場合}), \end{cases}$$

$$\text{目的関数の最適値} = \begin{cases} 24984\ (\text{万円})\ (\alpha = 0.90\ \text{の場合}), \\ 25296\ (\text{万円})\ (\alpha = 0.99\ \text{の場合}) \end{cases}$$

このように, 一般的にシステムの信頼性と経済性にはトレードオフの関係があり, 高い信頼性を求める場合には, 高い費用を要することになる.

2 確率計画法の一般的定式化

本章で取り扱う数理計画問題の何らかのパラメータは, ある確率分布に従う確率変数とする. その確率分布があらかじめ示されている場合, 確率計画法とよばれる.

(確率計画問題プロトタイプ SP)

$$\begin{array}{ll} \min & g_0(\boldsymbol{x}, \tilde{\boldsymbol{\xi}}) \\ \text{subject to} & g_i(\boldsymbol{x}, \tilde{\boldsymbol{\xi}}) \leq 0, \ i = 1, \ldots, m \\ & \boldsymbol{x} \in X \subset \mathbb{R}^n \end{array}$$

問題 (SP) において, X および $g_i(\boldsymbol{x}, \tilde{\boldsymbol{\xi}}) : \mathbb{R}^n \to \mathbb{R}$ $(i = 0, \ldots, m)$ は与えられているものとする. $\tilde{\boldsymbol{\xi}}$ は N 次元確率変数ベクトルであり, そのとりうる値の集合を Ξ $(\subset \mathbb{R}^N)$ とする. 集合 Ξ の部分集合の族 $\mathcal{F}$ と, $\mathcal{F}$ に含まれる個々の事象が発生する確率 P は与えられている. すなわち, 確率空間 $(\Xi, \mathcal{F}, P)$ が与えられているものとする. 確率空間に関しては, A.3.1 項を参照されたい. 決定変数 $\boldsymbol{x}$ が与えられたとき, 関数 $g_i(\boldsymbol{x}, \tilde{\boldsymbol{\xi}}) : \Xi \to \mathbb{R}$ はこれ自身確率変数となり, 確率 P は $\boldsymbol{x}$ に関し独立であると仮定する.

上の問題 (SP) においては, 目的関数, 制約条件に確率変数が含まれる. 確率変数 $\tilde{\boldsymbol{\xi}}$ のすべてのとりうる値に対して, 目的関数を最小化し, 同時に制約条件を満たす解 $\boldsymbol{x}$ が必ず存在するとはいえない. このように, "制約条件" を常に満足し, 目的関数を "最小化" する解が存在しない場合があるため, 問題 (SP) は明確に定義されたものであるとはいえない. したがって**等価確定問題** (deterministic equivalent) に考え直す必要があり, そのために各種のアプローチがとられる.

2.1 確率計画法におけるアプローチ方法

確率計画法に関するアプローチは, **即時決定** (here and now) とよばれるものと, **待機決定** (wait and see) とよばれるものに大別される. 即時決定は, 確率変数の実現値を知る前に決定を下さなければならないアプローチであり, 確率計画法では主にこちらを考える. このアプローチに含まれるリコースを有する確率計画問題は, 制約の満たされない場合の追加費用を重要視する. それに対し, 確率的制約条件を有する問題は, 制約が満たされる確率を問題にする.

リコースを有する確率計画問題 (stochastic programming with recourse) あるいは **2 段階確率計画問題** (two-stage stochastic programming)　制約に確率変数が含まれるとき, 制約を逸脱する度合に応じて罰金を与え, リコース (recourse) を含む目的関数を最小化する. リコースとは, 罰金に対する**償還請求**を表す.

確率的制約条件問題 (chance constrained program)　制約条件の概念を拡張し, ある確率レベル (充足水準) で制約条件が満たされればよいとする**確率的制約条件** (chance constraint) を用いる.

本章ではこの 2 つの問題の考え方と, 問題の導出法について示す. 3 章ではリコースを有する確率計画問題, 4 章では確率的制約条件問題について考える. 従来, 確率的制約条件問題は**機会制約条件問題**と訳されることが多かったが, 本書では確率的制約条件問題とよぶ.

即時決定に対し, 待機決定は, 確率変数の実現値を知ってから確定的な数理計画問題を取り扱うというアプローチである. このアプローチは, 最適値の分布関数や, または平均値分散などの特性値を求める**分布問題** (distribution problem) との関連が深く, パラメトリック計画や, 安定性の理論とも密接に関連する. 分布問題については, 必ずしも確率計画法の範疇で捉えられてはいないが, 詳細は Prékopa[109] などに詳しい.

確率計画法は, 1950 年代の Dantzig[30], Beale[11], Charnes and Cooper[27] などに起源を有する. 1975 年までの文献は, Stancu-Minasian and Wets[144] を参照されたい. 確率計画法におけるアプローチの分類に関しては, Kall[63, 64] などの解説がある. 確率計画法全般に関する成書としては, 石井[61], Wets[160], Kall and Wallace[67], Birge and Louveaux[19], 椎名[138] などがあげられる. さらに発展的な内容を含むものとして, Prékopa[109], Ruszczyński and Shapiro[120], Kall and Mayer[65] などがある.

確率計画法の現実問題への応用に関しては, Wallace and Ziemba[158] などに多くの適用例が示されている. とくに, 確率計画法の解法アルゴリズムに関しては, Ermoliev and Wets[42], Infanger[59], Birge[16], Mayer[89] などを参照されたい.

最新の書籍としては次のものがある. Infanger[60] は, Dantzig[30] の功績を称えて確率計画法の専門家が分担して執筆した本であり, Shapiro, *et al.*[126] は理論的側面に詳しい.

2.2 等価確定問題の導出

2.2.1 リコースを有する確率計画問題

確率変数 $\tilde{\boldsymbol{\xi}}$ の実現値を $\boldsymbol{\xi}$ とし, $\tilde{\boldsymbol{\xi}}$ の実現値 $\boldsymbol{\xi}$ が知られた段階で, (SP) の制約 $g_i(\boldsymbol{x}, \boldsymbol{\xi}) \leq 0$ $(i = 1, \ldots, m)$ を逸脱する度合を表す $g_i^+(\boldsymbol{x}, \boldsymbol{\xi})$ を次のように定義する.

$$g_i^+(\boldsymbol{x},\boldsymbol{\xi}) = \begin{cases} 0 & (g_i(\boldsymbol{x},\boldsymbol{\xi}) < 0 \text{ が成立する場合}), \\ g_i(\boldsymbol{x},\boldsymbol{\xi}) & (\text{それ以外の場合}) \end{cases}$$

このとき, $\boldsymbol{\xi}$ が得られた段階での **2 段階変数** (second stage variable), または制約が侵されたことに対する**リコース変数** (recourse variable) $y_i(\boldsymbol{\xi})$ $(i = 1, \ldots, m)$ を各制約について考えることができる. $y_i(\boldsymbol{\xi})$ は制約が侵されたことに対する補償として, $g_i^+(\boldsymbol{x},\boldsymbol{\xi}) - y_i(\boldsymbol{\xi}) \leq 0$ となるように選ばれる. このように, 新たな変数を加えて制約の充足を図ることは, 余分な費用増加をもたらすものである. その制約の単位逸脱量あたりの罰金を q_i とすると, 次の**リコース費用** (recourse cost) $Q(\boldsymbol{x},\boldsymbol{\xi})$ が定義できる. また, リコース費用 $Q(\boldsymbol{x},\boldsymbol{\xi})$ は 1 段階の決定が $\boldsymbol{x}$ であり, 確率変数の値が $\boldsymbol{\xi}$ である場合の**リコース関数** (recourse function) ともよばれる. この $Q(\boldsymbol{x},\boldsymbol{\xi})$ を求める問題を**リコース問題** (recourse problem) あるいは **2 段階問題** (two-stage problem) とよぶ.

> **(リコース問題)**
> $$Q(\boldsymbol{x},\boldsymbol{\xi}) = \min_{\boldsymbol{y}(\boldsymbol{\xi})} \left\{ \sum_{i=1}^{m} q_i y_i(\boldsymbol{\xi}) \mid y_i(\boldsymbol{\xi}) \geq g_i^+(\boldsymbol{x},\boldsymbol{\xi}),\ i = 1, \ldots, m \right\}$$

問題 (SP) にもとから含まれる変数 $\boldsymbol{x}$ を **1 段階変数** (first stage variable), 2 段階変数 $\boldsymbol{y}(\boldsymbol{\xi})$ を含まない実行可能解集合 X を **1 段階実行可能解集合** (first stage feasible set) とよぶ. 1 段階変数 $\boldsymbol{x}$ は $\boldsymbol{\xi}$ を観測する前に決定され, $\boldsymbol{\xi}$ を観測した後に 2 段階変数 $\boldsymbol{y}(\boldsymbol{\xi})$ を決定するということに注意されたい.

問題 (SP) および (リコース問題) の両者を考えると, 総費用 $f_0(\boldsymbol{x},\boldsymbol{\xi})$ は, $\boldsymbol{\xi}$ が得られる前に決定 $\boldsymbol{x}$ を行った **1 段階費用** (first stage cost) $g_0(\boldsymbol{x},\boldsymbol{\xi})$ と, リコース費用 $Q(\boldsymbol{x},\boldsymbol{\xi})$ との総和となる.

$$f_0(\boldsymbol{x},\boldsymbol{\xi}) = g_0(\boldsymbol{x},\boldsymbol{\xi}) + Q(\boldsymbol{x},\boldsymbol{\xi})$$

また, リコース問題の代わりに, 一般化された次の線形リコース問題を考えることができる. ここでは, $\boldsymbol{y}(\boldsymbol{\xi})$ を $\bar{n}$ 次元の 2 段階変数ベクトルと定義し, $\boldsymbol{y}(\boldsymbol{\xi}) \in \mathbb{R}^{\bar{n}}$ は $Y \subset \mathbb{R}^{\bar{n}}$ (ただし Y は $\{\boldsymbol{y} \mid \boldsymbol{y} \geq \boldsymbol{0}\}$ のような多面体) に制限されるものとする. W を任意の $m \times \bar{n}$ 定数行列とする. この行列 W を**リコース行列** (recourse matrix) とよぶ. $\boldsymbol{q}$ を $\bar{n}$ 次元ベクトルと定義する.

> **(線形リコース問題)**
> $$Q(\boldsymbol{x},\boldsymbol{\xi}) = \min_{\boldsymbol{y}(\boldsymbol{\xi})} \{\boldsymbol{q}^\top \boldsymbol{y}(\boldsymbol{\xi}) \mid W\boldsymbol{y}(\boldsymbol{\xi}) \geq \boldsymbol{g}^+(\boldsymbol{x},\boldsymbol{\xi}),\ \boldsymbol{y}(\boldsymbol{\xi}) \in Y\}$$

この線形リコース問題で $\bar{n} = m$ のとき, $W = I$ ($m \times m$ 単位行列) とすると, 前述のリコース問題が得られる. たとえば, m 品種の生産計画問題を考えるとき, $g_i(\boldsymbol{x},\boldsymbol{\xi})$ は品種 i の不足量 (需要量 − 供給量) を表すと考えることができる. そのとき, $g_i^+(\boldsymbol{x},\boldsymbol{\xi}) > 0$ は品種 i の供給不足を表す. したがってリコース問題は, 供給不足が起きた時点での 2 段階問題または緊急購入費用を最小化する計画問題と解釈できる．意思決定者としては，全費用 (生産費用と緊急購入費用の和) の期待値を最小化することを求めればよく，その問題が等価確定問題となる．この線形リコース問題から，次のリコース問題へと一般化することができる．$\hat{q}(\boldsymbol{y}(\boldsymbol{\xi})), H_i(\boldsymbol{y}(\boldsymbol{\xi}))$ を $\mathbb{R}^{\bar{n}} \to \mathbb{R}$ の関数と定義する．

(一般化されたリコース問題)

$$Q(\boldsymbol{x}, \boldsymbol{\xi}) = \min_{\boldsymbol{y}(\boldsymbol{\xi})} \{\hat{q}(\boldsymbol{y}(\boldsymbol{\xi})) \mid H_i(\boldsymbol{y}(\boldsymbol{\xi})) \geq g_i^+(\boldsymbol{x}, \boldsymbol{\xi}),\ \boldsymbol{y}(\boldsymbol{\xi}) \in Y,\ i = 1, \ldots, m\}$$

一般化されたリコース問題を導入し，また目的関数として $f_0(\boldsymbol{x}, \tilde{\boldsymbol{\xi}})$ の期待値を考えることにより，次のリコースを有する確率計画問題 (SPR) が (SP) の等価確定問題として定義できる．

(リコースを有する確率計画問題 SPR)

$$\begin{array}{ll} \displaystyle\min_{\boldsymbol{x} \in X} & E_{\tilde{\boldsymbol{\xi}}}[f_0(\boldsymbol{x}, \tilde{\boldsymbol{\xi}})] \\ \text{subject to} & f_0(\boldsymbol{x}, \boldsymbol{\xi}) = g_0(\boldsymbol{x}, \boldsymbol{\xi}) + Q(\boldsymbol{x}, \boldsymbol{\xi}),\ \boldsymbol{\xi} \in \Xi \\ & Q(\boldsymbol{x}, \boldsymbol{\xi}) = \displaystyle\min_{\boldsymbol{y}(\boldsymbol{\xi})} \{\hat{q}(\boldsymbol{y}(\boldsymbol{\xi})) \mid \boldsymbol{H}(\boldsymbol{y}(\boldsymbol{\xi})) \geq \boldsymbol{g}^+(\boldsymbol{x}, \boldsymbol{\xi}),\ \boldsymbol{y}(\boldsymbol{\xi}) \in Y\}, \\ & \quad \boldsymbol{\xi} \in \Xi \end{array}$$

この問題は，6 章の多段階確率計画問題へ拡張できる．

実用上重要なのが，次の確率的線形計画問題 (SLP) における等価確定問題 (SLPR) である．問題 (SP) の場合と同様に，確率変数 $\tilde{\boldsymbol{\xi}}$ のすべてのとりうる値に対して "制約条件" を常に満足し，目的関数を "最小化" する解 $\boldsymbol{x}$ が存在しない場合があるため，問題 (SLP) は明確に定義されたものであるとはいえない．

(確率的線形計画問題 SLP)

$$\begin{array}{ll} \min & \boldsymbol{c}^\top \boldsymbol{x} \\ \text{subject to} & A\boldsymbol{x} = \boldsymbol{b} \\ & T(\tilde{\boldsymbol{\xi}})\boldsymbol{x} = \boldsymbol{h}(\tilde{\boldsymbol{\xi}}) \\ & \boldsymbol{x} \geq \boldsymbol{0} \end{array}$$

問題 (SLP) においては，n 次元ベクトル c, $m_0 \times n$ 次元行列 A および m_0 次元ベクトル $\boldsymbol{b}$ は確定的で与えられており，$m_1 \times n$ 次元行列 $T(\tilde{\boldsymbol{\xi}})$ と m_1 次元ベクトル $\boldsymbol{h}(\tilde{\boldsymbol{\xi}})$ は確率変数 $\tilde{\boldsymbol{\xi}}$ に従うものとする．これは，問題 (SP) の制約で

$$X = \{\boldsymbol{x} \in \mathbb{R}^n \mid A\boldsymbol{x} = \boldsymbol{b},\ \boldsymbol{x} \geq \boldsymbol{0}\},\ \boldsymbol{g}(\boldsymbol{x}, \tilde{\boldsymbol{\xi}}) = \begin{pmatrix} T(\tilde{\boldsymbol{\xi}}) \\ -T(\tilde{\boldsymbol{\xi}}) \end{pmatrix} \boldsymbol{x} + \begin{pmatrix} -\boldsymbol{h}(\tilde{\boldsymbol{\xi}}) \\ \boldsymbol{h}(\tilde{\boldsymbol{\xi}}) \end{pmatrix}$$

としたものに相当する．(SLP) に対し，リコース問題を導入することによって等価確定問題を定義する．

(リコースを有する確率的線形計画問題 SLPR)

$$
\begin{array}{ll}
\min & E_{\tilde{\boldsymbol{\xi}}}[\boldsymbol{c}^\top \boldsymbol{x} + Q(\boldsymbol{x}, \tilde{\boldsymbol{\xi}})] \\
\text{subject to} & A\boldsymbol{x} = \boldsymbol{b} \\
& \boldsymbol{x} \geq \boldsymbol{0} \\
& Q(\boldsymbol{x}, \boldsymbol{\xi}) = \min\{\boldsymbol{q}^\top \boldsymbol{y}(\boldsymbol{\xi}) \mid W\boldsymbol{y}(\boldsymbol{\xi}) = \boldsymbol{h}(\boldsymbol{\xi}) - T(\boldsymbol{\xi})\boldsymbol{x},\ \boldsymbol{y}(\boldsymbol{\xi}) \geq \boldsymbol{0}\}, \\
& \quad \boldsymbol{\xi} \in \Xi
\end{array}
$$

特に, $m_1 \times \bar{n}$ リコース行列 W が

$$\{\boldsymbol{z} \mid \boldsymbol{z} = W\boldsymbol{y}(\boldsymbol{\xi}),\ \boldsymbol{y}(\boldsymbol{\xi}) \geq \boldsymbol{0}\} = \mathbb{R}^{m_1}$$

を満たすとき, 問題は完全リコース (complete recourse) という性質をもつと定義し, W を完全リコース行列 (complete recourse matrix) とよぶ. これは, 第 1 段階での決定 $\boldsymbol{x}$ が何であろうと, また確率変数ベクトル $\tilde{\boldsymbol{\xi}}$ の実現値 $\boldsymbol{\xi}$ が何であろうと,

(SLPR におけるリコース問題)

$$Q(\boldsymbol{x}, \boldsymbol{\xi}) = \min\{\boldsymbol{q}^\top \boldsymbol{y}(\boldsymbol{\xi}) \mid W\boldsymbol{y}(\boldsymbol{\xi}) = \boldsymbol{h}(\boldsymbol{\xi}) - T(\boldsymbol{\xi})\boldsymbol{x},\ \boldsymbol{y}(\boldsymbol{\xi}) \geq \boldsymbol{0}\}$$

が実行可能であることを表す. 完全リコースの特別な例は, 単純リコース (simple recourse) であり, $m_1 \times 2m_1$ 行列 W が次の m_1 次単位行列 I から構成されるものである.

$$W = (I, -I)$$

すると, 問題 (SLPR) におけるリコース問題は次のようになり, リコース変数 $\boldsymbol{y}^+(\boldsymbol{\xi})$ および $\boldsymbol{y}^-(\boldsymbol{\xi})$ によって, 確率変数を含む制約に対する侵害を補償する.

(SLPR におけるリコース問題：単純リコース性を有する場合)

$$
\begin{aligned}
& Q(\boldsymbol{x}, \boldsymbol{\xi}) \\
& = \min\{(\boldsymbol{q}^+)^\top \boldsymbol{y}^+(\boldsymbol{\xi}) + (\boldsymbol{q}^-)^\top \boldsymbol{y}^-(\boldsymbol{\xi}) \mid \boldsymbol{y}^+(\boldsymbol{\xi}) - \boldsymbol{y}^-(\boldsymbol{\xi}) = \boldsymbol{h}(\boldsymbol{\xi}) - T(\boldsymbol{\xi})\boldsymbol{x}, \\
& \quad \boldsymbol{y}^+(\boldsymbol{\xi}) \geq \boldsymbol{0},\ \boldsymbol{y}^-(\boldsymbol{\xi}) \geq \boldsymbol{0}\}
\end{aligned}
$$

確率計画問題 (SP) とその特殊ケースである (SLP) に対して, リコースを有する等価な確定問題 (SPR) と (SLPR) を導いた. これらの等価確定問題を一般化すると, (SP) の等価確定問題 (DESP) は以下の形に書くことができる.

(確率計画問題 SP に対する等価確定問題 DESP)

$$
\begin{array}{ll}
\min & E_{\tilde{\boldsymbol{\xi}}}[f_0(\boldsymbol{x}, \tilde{\boldsymbol{\xi}})] \\
\text{subject to} & E_{\tilde{\boldsymbol{\xi}}}[f_i(\boldsymbol{x}, \tilde{\boldsymbol{\xi}})] \leq 0,\ i = 1, \ldots, s \\
& E_{\tilde{\boldsymbol{\xi}}}[f_i(\boldsymbol{x}, \tilde{\boldsymbol{\xi}})] = 0,\ i = s+1, \ldots, \bar{m} \\
& \boldsymbol{x} \in X \subset \mathbb{R}^n
\end{array}
$$

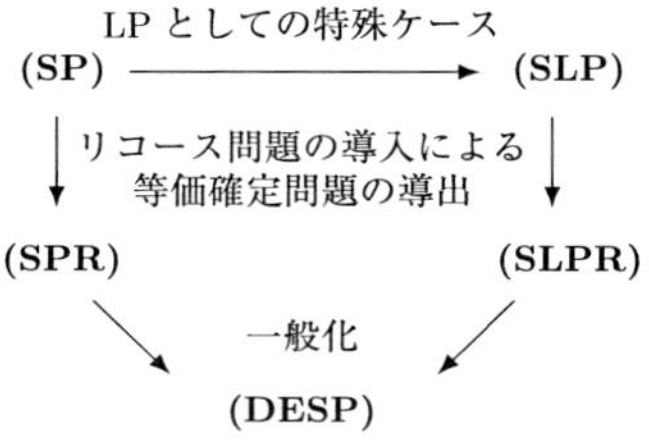

図 **2.1**　リコースを有する確率計画問題の導出での各問題の関係

これらの問題の関係を, 図 2.1 に示す. たとえば問題 (SLPR) においては, $f_0(\boldsymbol{x},\tilde{\boldsymbol{\xi}}) = \boldsymbol{c}^\top\boldsymbol{x} + Q(\boldsymbol{x},\tilde{\boldsymbol{\xi}})$, $f_i(\boldsymbol{x},\tilde{\boldsymbol{\xi}}) = -x_i\ (i=1,\ldots,n\ (=s))$, $(f_{s+1}(\boldsymbol{x},\tilde{\boldsymbol{\xi}}),\ldots,f_{\bar{m}}(\boldsymbol{x},\tilde{\boldsymbol{\xi}}))^\top = A\boldsymbol{x} - \boldsymbol{b}\ (\bar{m} = m+s)$ とすればよい (Wets[160]). 等価確定問題の導出に関しては, Wets[159, 160] を参考にした. また, 問題 (SLPR) の定式化は, Dantzig[30], Beale[11] による.

2.2.2　確率的制約条件問題

リコースを有する確率計画問題とは別の等価確定問題として, 確率的制約条件問題を定義することができる. 確率的制約条件問題においては, ある確率レベル (充足水準) で制約条件が満たされればよいとする確率的制約条件を含む. この問題を導出するための等価確定問題は, 問題 (DESP) に含まれる形で表現される. ある定数 $\alpha \in [0,1]$ が与えられたとき, 問題 (SP) のすべての制約に対する**利得関数** (payoff function) $\varphi(\boldsymbol{x},\boldsymbol{\xi})$ を次のように定める.

$$\varphi(\boldsymbol{x},\boldsymbol{\xi}) = \begin{cases} 1-\alpha & (g_i(\boldsymbol{x},\boldsymbol{\xi}) < 0\ (i=1,\ldots,m)\ \text{が成立する場合}), \\ -\alpha & (\text{それ以外の場合}) \end{cases}$$

利得関数は次のように解釈できる. 確率変数の実現値 $\boldsymbol{\xi}$ に対し, 決定 $\boldsymbol{x}$ が実行不可能であれば損失 α を生じ, 実行可能であれば収益 $1-\alpha$ を得る. 意思決定者は, 平均的に損失を出さないような決定 $\boldsymbol{x}$ を行いたいと考える. 確率変数 $\tilde{\boldsymbol{\xi}}$ の**分布関数** (distribution function) を $F(\boldsymbol{\xi}) = P(\tilde{\boldsymbol{\xi}} \leq \boldsymbol{\xi})$ とする. 利得関数の**期待値** (expected value) は 0 以上になることが望ましいため, 次のようになる.

$$E_{\tilde{\boldsymbol{\xi}}}[\varphi(\boldsymbol{x},\tilde{\boldsymbol{\xi}})] = \int_{\boldsymbol{\xi}\in\Xi} \varphi(\boldsymbol{x},\boldsymbol{\xi})dF(\boldsymbol{\xi}) \geq 0$$

そして $f_0(\boldsymbol{x},\boldsymbol{\xi}) = g_0(\boldsymbol{x},\boldsymbol{\xi})$, $f_1(\boldsymbol{x},\boldsymbol{\xi}) = -\varphi(\boldsymbol{x},\boldsymbol{\xi})$ とすると,

$$\begin{aligned} f_0(\boldsymbol{x},\boldsymbol{\xi}) &= g_0(\boldsymbol{x},\boldsymbol{\xi}) \\ f_1(\boldsymbol{x},\boldsymbol{\xi}) &= \begin{cases} \alpha-1 & (g_i(\boldsymbol{x},\boldsymbol{\xi}) < 0\ (i=1,\ldots,m)\ \text{が成立する場合}), \\ \alpha & (\text{それ以外の場合}) \end{cases} \end{aligned}$$

であり, 次の不等式が成り立つ.

$$E_{\tilde{\boldsymbol{\xi}}}[f_1(\boldsymbol{x},\tilde{\boldsymbol{\xi}})] = -E_{\tilde{\boldsymbol{\xi}}}[\varphi(\boldsymbol{x},\tilde{\boldsymbol{\xi}})] \le 0$$

そこで $\boldsymbol{g}(\boldsymbol{x},\boldsymbol{\xi}) = (g_1(\boldsymbol{x},\boldsymbol{\xi}),\ldots,g_m(\boldsymbol{x},\boldsymbol{\xi}))^\top$ とすると, $E_{\tilde{\boldsymbol{\xi}}}[f_1(\boldsymbol{x},\tilde{\boldsymbol{\xi}})]$ は次のようになる.

$$\begin{aligned}
E_{\tilde{\boldsymbol{\xi}}}[f_1(\boldsymbol{x},\tilde{\boldsymbol{\xi}})] &= \int_{\Xi} f_1(\boldsymbol{x},\boldsymbol{\xi})dP \\
&= \int_{\boldsymbol{g}(\boldsymbol{x},\boldsymbol{\xi})\le\boldsymbol{0}} (\alpha-1)dP + \int_{\boldsymbol{g}(\boldsymbol{x},\boldsymbol{\xi})\not\le\boldsymbol{0}} \alpha dP \\
&= (\alpha-1)P(\{\boldsymbol{\xi} \mid \boldsymbol{g}(\boldsymbol{x},\boldsymbol{\xi}) \le \boldsymbol{0}\}) + \alpha P(\{\boldsymbol{\xi} \mid \boldsymbol{g}(\boldsymbol{x},\boldsymbol{\xi}) \not\le \boldsymbol{0}\}) \\
&= \alpha \underbrace{[P(\{\boldsymbol{\xi} \mid \boldsymbol{g}(\boldsymbol{x},\boldsymbol{\xi}) \le \boldsymbol{0}\}) + P(\{\boldsymbol{\xi} \mid \boldsymbol{g}(\boldsymbol{x},\boldsymbol{\xi}) \not\le \boldsymbol{0}\})]}_{=1} \\
&\quad - P(\{\boldsymbol{\xi} \mid \boldsymbol{g}(\boldsymbol{x},\boldsymbol{\xi}) \le \boldsymbol{0}\})
\end{aligned}$$

したがって, 制約 $E_{\tilde{\boldsymbol{\xi}}}[f_1(\boldsymbol{x},\tilde{\boldsymbol{\xi}})] \le 0$ は $P(\{\boldsymbol{\xi} \mid \boldsymbol{g}(\boldsymbol{x},\boldsymbol{\xi}) \le \boldsymbol{0}\}) \ge \alpha$ と等価になる. 確率論の基本的な内容は, A.3 節を参照されたい.

これまでの議論によって, 問題 (DESP) は次の確率的制約条件問題 (CCP) の形式になる. 問題 (CCP) は, リコースを有する確率計画問題同様に, 問題 (SP) に対する等価確定問題の 1 つであり, **確率的な制約を有する問題** (probabilistically constrained program) とよばれることもある.

(確率的制約条件問題 CCP)

$$\begin{array}{ll}
\displaystyle\min_{\boldsymbol{x}\in X} & E_{\tilde{\boldsymbol{\xi}}}[g_0(\boldsymbol{x},\tilde{\boldsymbol{\xi}})] \\
\text{subject to} & P(\{\boldsymbol{\xi} \mid \boldsymbol{g}(\boldsymbol{x},\boldsymbol{\xi}) \le \boldsymbol{0}\}) \ge \alpha
\end{array}$$

問題 (CCP) は, 同時に複数の制約が満たされる確率を制約条件として有するため, **同時確率的制約条件問題** (joint chance constrained program) ともよばれる.

また, 上で定めた $f_0(\boldsymbol{x},\boldsymbol{\xi}), f_i(\boldsymbol{x},\boldsymbol{\xi})$ の代わりに定数 $\alpha_i \in [0,1]$ $(i=1,\ldots,m)$ が与えられたとき, 個別に各制約について利得関数を定義すると次のようになる.

$$\begin{aligned}
f_0(\boldsymbol{x},\boldsymbol{\xi}) &= g_0(\boldsymbol{x},\boldsymbol{\xi}) \\
f_i(\boldsymbol{x},\boldsymbol{\xi}) &= \left\{ \begin{array}{ll} \alpha_i - 1 & (g_i(\boldsymbol{x},\boldsymbol{\xi}) < 0 \text{ となる場合}), \\ \alpha_i & (\text{それ以外の場合}) \end{array} \right\},\ i=1,\ldots,m
\end{aligned}$$

同様に問題 (DESP) から, **個別確率的制約条件問題** (stochastic program with separate chance constraints) が得られる.

(個別確率的制約条件問題 SCCP)

$$\begin{array}{ll}
\displaystyle\min_{\boldsymbol{x}\in X} & E_{\tilde{\boldsymbol{\xi}}}[g_0(\boldsymbol{x},\tilde{\boldsymbol{\xi}})] \\
\text{subject to} & P(\{\boldsymbol{\xi} \mid g_i(\boldsymbol{x},\boldsymbol{\xi}) \le 0\}) \ge \alpha_i,\ i=1,\ldots,m
\end{array}$$

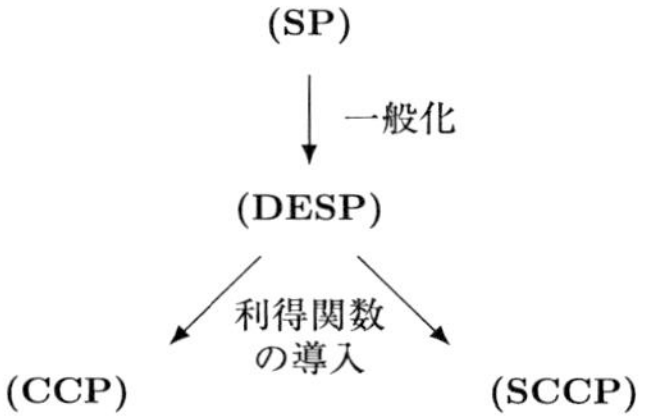

図 **2.2** 確率的制約条件問題の導出での各問題の関係

これらの問題の関係を図 2.2 に示す．また定式化は, Charnes and Cooper[27], Charnes, *et al.*[28] などに由来する．

2.3 情報の価値と確率計画問題の解との関係

リコースを有する確率的線形計画問題 (SLPR) において, 確率変数ベクトル $\tilde{\boldsymbol{\xi}}$ が特定の値 $\tilde{\boldsymbol{\xi}} = \boldsymbol{\xi}$ に固定される場合について考える．

$$
\begin{array}{lll}
\multicolumn{3}{l}{\textbf{(SLPR}(\boldsymbol{\xi})\textbf{)}} \\
z(\boldsymbol{x}, \boldsymbol{\xi}) = & \min & \boldsymbol{c}^\top \boldsymbol{x} + Q(\boldsymbol{x}, \boldsymbol{\xi}) \\
& \text{subject to} & A\boldsymbol{x} = \boldsymbol{b} \\
& & \boldsymbol{x} \geq \boldsymbol{0} \\
& & Q(\boldsymbol{x}, \boldsymbol{\xi}) = \min\{\boldsymbol{q}^\top \boldsymbol{y} \mid W\boldsymbol{y} = \boldsymbol{h}(\boldsymbol{\xi}) - T(\boldsymbol{\xi})\boldsymbol{x},\ \boldsymbol{y} \geq \boldsymbol{0}\}
\end{array}
$$

本節では, 待機決定アプローチの解と, 即時決定アプローチの解との関係について考える．問題 (SLPR) は, 即時決定アプローチによる (SLP) の等価確定問題であることはすでに述べた．待機決定アプローチとして, 問題 (SLPR($\boldsymbol{\xi}$)) をすべての $\boldsymbol{\xi} \in \Xi$ について解き, その目的関数値の期待値を求めるものと定める．待機決定アプローチの最適目的関数値を WS, 即時決定アプローチの最適目的関数値を RP とする．$\hat{\boldsymbol{x}}(\tilde{\boldsymbol{\xi}})$, $\boldsymbol{x}^*$ をそれぞれ, (SLPR($\boldsymbol{\xi}$)), (SLPR) の最適解とする．WS は (SLPR($\boldsymbol{\xi}$)) の最適目的関数値の $\tilde{\boldsymbol{\xi}}$ に関する期待値と等しく, RP はリコースを有する確率的線形計画問題 (SLPR) の最適値と等しい．また, 待機決定アプローチにおいては, 即時決定アプローチとは異なり, 1 段階決定変数も $\tilde{\boldsymbol{\xi}}$ がとりうる値に応じて変動することに注意されたい．

$$
WS = E_{\tilde{\boldsymbol{\xi}}}[\min_{\boldsymbol{x}} z(\boldsymbol{x}, \tilde{\boldsymbol{\xi}})] = E_{\tilde{\boldsymbol{\xi}}}[z(\hat{\boldsymbol{x}}(\tilde{\boldsymbol{\xi}}), \tilde{\boldsymbol{\xi}})]
$$

$$
RP = \min_{\boldsymbol{x}} E_{\tilde{\boldsymbol{\xi}}}[z(\boldsymbol{x}, \tilde{\boldsymbol{\xi}})] = E_{\tilde{\boldsymbol{\xi}}}[z(\boldsymbol{x}^*, \tilde{\boldsymbol{\xi}})]
$$

完全情報の期待値 $EVPI$(expected value of perfect information) とは, 意思決定者が将来起こりうる事象に関する完全な情報を得ることができると仮定するとき, その情報を得るために払う費用の期待値を表す．$EVPI$ は次のように定義される．

$$EVPI = RP - WS$$

また, 待機決定や即時決定以外にも, 単純に確率変数ベクトル $\tilde{\boldsymbol{\xi}}$ をその平均値 $\bar{\boldsymbol{\xi}}$ で置き換えた問題を解くというアプローチも考えられる. その問題 (SLPR($\bar{\xi}$)) の最適解と最適目的関数値をそれぞれ, $\bar{\boldsymbol{x}}(\bar{\boldsymbol{\xi}})$, EV とする.

$$EV = \min_{\boldsymbol{x}} z(\boldsymbol{x}, \bar{\boldsymbol{\xi}}) = z(\bar{\boldsymbol{x}}(\bar{\boldsymbol{\xi}}), \bar{\boldsymbol{\xi}})$$

この解を用いた (SLPR) の目的関数値を EEV とする.

$$EEV = E_{\tilde{\boldsymbol{\xi}}}[z(\bar{\boldsymbol{x}}(\bar{\boldsymbol{\xi}}), \tilde{\boldsymbol{\xi}})]$$

すると, **確率計画問題の解の価値** VSS(value of stochastic solution) は次のように定義される.

$$VSS = EEV - RP$$

WS, RP, EEV には次の関係がある.

定理 2.1　$WS \leq RP \leq EEV$.

証明：問題 (SLPR($\boldsymbol{\xi}$)) を考えると,

$$z(\hat{\boldsymbol{x}}(\boldsymbol{\xi}), \boldsymbol{\xi}) \leq z(\boldsymbol{x}^*, \boldsymbol{\xi})$$

の関係が成り立つため, この両辺の期待値をとることにより, $WS \leq RP$ となる. また問題 (SLPR) を考えると, $\bar{\boldsymbol{x}}(\bar{\boldsymbol{\xi}})$ は (SLPR) の最適解ではないため, $RP \leq EEV$ となる. □

これより, $0 \leq EVPI$, $0 \leq VSS$ が直ちに導かれる. また EV と WS との関係は, (SLPR) において T が定数行列 $T \equiv T(\boldsymbol{\xi})$ であるならば, 次のようになる.

定理 2.2　$EV \leq WS$.

証明：Jensen の不等式 (定理 3.7) より, $\tilde{\boldsymbol{\xi}}$ の凸関数 $f(\tilde{\boldsymbol{\xi}})$ について, $E_{\tilde{\boldsymbol{\xi}}}[f(\tilde{\boldsymbol{\xi}})] \geq f(E_{\tilde{\boldsymbol{\xi}}}[\tilde{\boldsymbol{\xi}}])$ となる. ここで, $f(\boldsymbol{\xi}) = \min_{\boldsymbol{x}} z(\boldsymbol{x}, \boldsymbol{\xi})$ が $\boldsymbol{\xi}$ の凸関数であることを示せばよい. 次の問題 (SLPR($\boldsymbol{\xi}$)$'$) を考える.

(SLPR($\boldsymbol{\xi}$)$'$)

$$\begin{array}{rl} \min & \boldsymbol{c}^\top \boldsymbol{x} + \boldsymbol{q}^\top \boldsymbol{y} \\ \text{subject to} & A\boldsymbol{x} = \boldsymbol{b} \\ & W\boldsymbol{y} = \boldsymbol{h}(\boldsymbol{\xi}) - T(\boldsymbol{\xi})\boldsymbol{x} \\ & \boldsymbol{x} \geq \boldsymbol{0},\ \boldsymbol{y} \geq \boldsymbol{0} \end{array}$$

問題 (SLPR($\boldsymbol{\xi}$)) の最適解は (SLPR($\boldsymbol{\xi}$)$'$) の実行可能解であるため, 問題 (SLPR($\boldsymbol{\xi}$)) の最適目的関数値 $\geq$ (SLPR($\boldsymbol{\xi}$)$'$) の最適目的関数値という関係がある. 逆に問題 (SLPR($\boldsymbol{\xi}$)$'$)

の目的関数は明らかに (SLPR($\boldsymbol{\xi}$)) の上界であるため, (SLPR($\boldsymbol{\xi}$)) と (SLPR($\boldsymbol{\xi}$)$'$) の最適目的関数値は一致する．よって問題 (SLPR($\boldsymbol{\xi}$)) と等価な問題 (SLPR($\boldsymbol{\xi}$)$'$) の双対問題 (dual problem) を考える (A. 1. 3 項).

$$\begin{aligned} f(\boldsymbol{\xi}) &= \min_{\boldsymbol{x}} z(\boldsymbol{x}, \boldsymbol{\xi}) \\ &= \max_{\boldsymbol{\sigma}, \boldsymbol{\pi}} \{\boldsymbol{\sigma}^\top \boldsymbol{b} + \boldsymbol{\pi}^\top \boldsymbol{h}(\boldsymbol{\xi}) | \boldsymbol{\sigma}^\top A + \boldsymbol{\pi}^\top T(\boldsymbol{\xi}) \leq \boldsymbol{c}^\top,\ \boldsymbol{\pi}^\top W \leq \boldsymbol{q}^\top\} \end{aligned}$$

この双対問題の制約は $\boldsymbol{\xi}$ によらないため, $f(\boldsymbol{\xi})$ のエピグラフ (epigraph) はすべての実行可能な $(\boldsymbol{\sigma}, \boldsymbol{\pi})$ に対する線形関数 $\boldsymbol{\sigma}^\top \boldsymbol{b} + \boldsymbol{\pi}^\top \boldsymbol{h}(\boldsymbol{\xi})$ のエピグラフの共通部分, すなわち半空間の共通部分であり凸集合となる．よって $f(\boldsymbol{\xi})$ は凸関数となる (A. 2. 1 項). □

本節の内容は, Birge and Louveaux[19] に基づく．待機決定アプローチと即時決定アプローチとの関係については, Avriel and Williams[7] に示されている．

3 リコースを有する確率計画問題

本章では, リコースを有する確率計画問題を取り上げる. リコースは罰金に対する償還請求であり, 具体的には確率変動に応じて 2 段階の追加決定を行い, 追加決定から生じるリコース費用またはリコース関数の期待値を含む目的関数を最小化するものである. これは確率計画法の中で最も重要なモデルであり, 基本的な性質について言及したのちに, 解法である L-shaped 法を中心に解説する.

● 3.1 ● リコースを有する確率計画問題の基本的性質 ●

本節では, まず次のリコースを有する確率計画問題 (SPR) を考え, 問題の基本的な性質を導く.

(リコースを有する確率計画問題 SPR)

$$\begin{array}{ll} \displaystyle\min_{\boldsymbol{x}\in X} & E_{\tilde{\boldsymbol{\xi}}}[f_0(\boldsymbol{x},\tilde{\boldsymbol{\xi}})] \\ \text{subject to} & f_0(\boldsymbol{x},\boldsymbol{\xi}) = g_0(\boldsymbol{x},\boldsymbol{\xi}) + Q(\boldsymbol{x},\boldsymbol{\xi}),\ \boldsymbol{\xi}\in\Xi \\ & Q(\boldsymbol{x},\boldsymbol{\xi}) = \displaystyle\min_{\boldsymbol{y}(\boldsymbol{\xi})}\{\hat{q}(\boldsymbol{y}(\boldsymbol{\xi})) \mid \boldsymbol{H}(\boldsymbol{y}(\boldsymbol{\xi})) \geq \boldsymbol{g}^{+}(\boldsymbol{x},\boldsymbol{\xi}),\ \boldsymbol{y}(\boldsymbol{\xi})\in Y\}, \\ & \quad \boldsymbol{\xi}\in\Xi \end{array}$$

関数 $g_0(\boldsymbol{x},\boldsymbol{\xi}) + Q(\boldsymbol{x},\boldsymbol{\xi})$ が積分可能であるとする. さらに関数 g_0, Q が凸関数であること, および 1 段階実行可能解集合 X が凸集合であるという仮定をおくことにより, 問題 (SPR) が凸計画であることが示される. 凸関数, 凸計画に関してはそれぞれ, A. 2. 1, A. 2. 2 項を参照されたい.

定理 3.1 関数 $g_0(\boldsymbol{x},\boldsymbol{\xi}), Q(\boldsymbol{x},\boldsymbol{\xi})$ が $\forall\boldsymbol{\xi}\in\Xi$ において $\boldsymbol{x}$ の凸関数であり, X が凸集合であれば, (SPR) は凸計画となる.

証明：$\bar{\boldsymbol{x}} = \lambda\hat{\boldsymbol{x}} + (1-\lambda)\check{\boldsymbol{x}}$ $(\hat{\boldsymbol{x}},\check{\boldsymbol{x}}\in X, \lambda\in(0,1))$ に対して, $g_0 + Q$ の凸性より次が成立する.

$$g_0(\bar{\boldsymbol{x}},\boldsymbol{\xi}) + Q(\bar{\boldsymbol{x}},\boldsymbol{\xi}) \leq \lambda[g_0(\hat{\boldsymbol{x}},\boldsymbol{\xi}) + Q(\hat{\boldsymbol{x}},\boldsymbol{\xi})] + (1-\lambda)[g_0(\check{\boldsymbol{x}},\boldsymbol{\xi}) + Q(\check{\boldsymbol{x}},\boldsymbol{\xi})],\ \forall\boldsymbol{\xi}\in\Xi$$

関数 $g_0 + Q$ が積分可能であるから, 次の関係が成り立つ.

$$
\begin{aligned}
&E_{\tilde{\boldsymbol{\xi}}}[g_0(\bar{\boldsymbol{x}}, \tilde{\boldsymbol{\xi}}) + Q(\bar{\boldsymbol{x}}, \tilde{\boldsymbol{\xi}})] \\
&\leq \lambda E_{\tilde{\boldsymbol{\xi}}}[g_0(\hat{\boldsymbol{x}}, \tilde{\boldsymbol{\xi}}) + Q(\hat{\boldsymbol{x}}, \tilde{\boldsymbol{\xi}})] + (1-\lambda) E_{\tilde{\boldsymbol{\xi}}}[g_0(\check{\boldsymbol{x}}, \tilde{\boldsymbol{\xi}}) + Q(\check{\boldsymbol{x}}, \tilde{\boldsymbol{\xi}})]
\end{aligned}
$$

これより目的関数の凸性が示された. □

関数 $Q(\boldsymbol{x}, \boldsymbol{\xi})$ の凸性については, $\hat{q}(\boldsymbol{y}(\boldsymbol{\xi})), g_i(\boldsymbol{x}, \boldsymbol{\xi})$ $(i = 0, 1, \ldots, m)$ が凸関数であり, かつ $H_i(\boldsymbol{y}(\boldsymbol{\xi}))$ $(i = 1, \ldots, m)$ が凹関数である場合には, 次のように示すことができる. 2 段階変数 $\hat{\boldsymbol{y}}, \check{\boldsymbol{y}}$ をそれぞれ, 1 段階に決定 $\hat{\boldsymbol{x}}, \check{\boldsymbol{x}}$ を行い, 確率変数 $\tilde{\boldsymbol{\xi}}$ の値が $\boldsymbol{\xi}$ となるときのリコース問題 $\min_{\boldsymbol{y}(\boldsymbol{\xi})}\{\hat{q}(\boldsymbol{y}(\boldsymbol{\xi})) \mid \boldsymbol{H}(\boldsymbol{y}(\boldsymbol{\xi})) \geq \boldsymbol{g}^+(\boldsymbol{x}, \boldsymbol{\xi}),\ \boldsymbol{y}(\boldsymbol{\xi}) \in Y\}$ の最適解とすると, $\lambda \in (0, 1)$ および $i = 1, \ldots, m$ に対して,

$$
\begin{aligned}
g_i(\lambda\hat{\boldsymbol{x}} + (1-\lambda)\check{\boldsymbol{x}}, \boldsymbol{\xi}) &\leq \lambda g_i(\hat{\boldsymbol{x}}, \boldsymbol{\xi}) + (1-\lambda) g_i(\check{\boldsymbol{x}}, \boldsymbol{\xi}) \\
&\leq \lambda g_i^+(\hat{\boldsymbol{x}}, \boldsymbol{\xi}) + (1-\lambda) g_i^+(\check{\boldsymbol{x}}, \boldsymbol{\xi}) \\
&\leq \lambda H_i(\hat{\boldsymbol{y}}(\boldsymbol{\xi})) + (1-\lambda) H_i(\check{\boldsymbol{y}}(\boldsymbol{\xi})) \\
&\leq H_i(\lambda\hat{\boldsymbol{y}}(\boldsymbol{\xi}) + (1-\lambda)\check{\boldsymbol{y}}(\boldsymbol{\xi}))
\end{aligned}
$$

となる. 1 段階の決定 $\bar{\boldsymbol{x}} = \lambda\hat{\boldsymbol{x}} + (1-\lambda)\check{\boldsymbol{x}}$ に対して, $g_i(\lambda\hat{\boldsymbol{x}} + (1-\lambda)\check{\boldsymbol{x}}, \boldsymbol{\xi}) \geq 0$ であれば, $g_i^+(\lambda\hat{\boldsymbol{x}} + (1-\lambda)\check{\boldsymbol{x}}, \boldsymbol{\xi}) = g_i(\lambda\hat{\boldsymbol{x}} + (1-\lambda)\check{\boldsymbol{x}}, \boldsymbol{\xi}) \leq H_i(\lambda\hat{\boldsymbol{y}}(\boldsymbol{\xi}) + (1-\lambda)\check{\boldsymbol{y}}(\boldsymbol{\xi}))$ となる. それに対して, $g_i(\lambda\hat{\boldsymbol{x}} + (1-\lambda)\check{\boldsymbol{x}}, \boldsymbol{\xi}) < 0$ である場合は, $g_i(\lambda\hat{\boldsymbol{x}} + (1-\lambda)\check{\boldsymbol{x}}, \boldsymbol{\xi}) < g_i^+(\lambda\hat{\boldsymbol{x}} + (1-\lambda)\check{\boldsymbol{x}}, \boldsymbol{\xi}) = 0 \leq \lambda g_i^+(\hat{\boldsymbol{x}}, \boldsymbol{\xi}) + (1-\lambda) g_i^+(\check{\boldsymbol{x}}, \boldsymbol{\xi})$ であるため, $g_i^+(\lambda\hat{\boldsymbol{x}} + (1-\lambda)\check{\boldsymbol{x}}, \boldsymbol{\xi}) \leq H_i(\lambda\hat{\boldsymbol{y}}(\boldsymbol{\xi}) + (1-\lambda)\check{\boldsymbol{y}}(\boldsymbol{\xi}))$ となる. よって, $\bar{\boldsymbol{y}} = \lambda\hat{\boldsymbol{y}} + (1-\lambda)\check{\boldsymbol{y}}$ は 1 段階の決定 $\bar{\boldsymbol{x}} = \lambda\hat{\boldsymbol{x}} + (1-\lambda)\check{\boldsymbol{x}}$ を行ったときのリコース問題の実行可能解となる. 関数 $\hat{q}(\boldsymbol{y}(\boldsymbol{\xi}))$ の凸性より

$$
\begin{aligned}
Q(\bar{\boldsymbol{x}}, \boldsymbol{\xi}) &\leq \hat{q}(\bar{\boldsymbol{y}}(\boldsymbol{\xi})) \\
&\leq \lambda \hat{\boldsymbol{q}}(\hat{\boldsymbol{y}}(\boldsymbol{\xi})) + (1-\lambda)\hat{q}(\check{\boldsymbol{y}}(\boldsymbol{\xi})) \\
&= \lambda Q(\hat{\boldsymbol{x}}, \boldsymbol{\xi}) + (1-\lambda) Q(\check{\boldsymbol{x}}, \boldsymbol{\xi})
\end{aligned}
$$

となり, リコース関数 $Q(\boldsymbol{x}, \boldsymbol{\xi})$ の凸性が示された. 本節ではこれ以降, 実用的な意味で重要である, リコースを有する確率的線形計画問題 (SLPR) について考える.

(リコースを有する確率的線形計画問題 SLPR)

$$
\begin{array}{ll}
\min & E_{\tilde{\boldsymbol{\xi}}}[\boldsymbol{c}^\top \boldsymbol{x} + Q(\boldsymbol{x}, \tilde{\boldsymbol{\xi}})] \\
\text{subject to} & A\boldsymbol{x} = \boldsymbol{b} \\
& \boldsymbol{x} \geq \boldsymbol{0} \\
& Q(\boldsymbol{x}, \boldsymbol{\xi}) = \min\{\boldsymbol{q}^\top \boldsymbol{y}(\boldsymbol{\xi}) \mid W\boldsymbol{y}(\boldsymbol{\xi}) = \boldsymbol{h}(\boldsymbol{\xi}) - T(\boldsymbol{\xi})\boldsymbol{x},\ \boldsymbol{y}(\boldsymbol{\xi}) \geq \boldsymbol{0}\}
\end{array}
$$

ただし, $A, T(\boldsymbol{\xi}), W$ をそれぞれ, $m_0 \times n, m_1 \times n, m_1 \times \bar{n}$ 行列とし, $\boldsymbol{q}$ は非負の $\bar{n}$ ベクトル ($\boldsymbol{q} \geq \boldsymbol{0}$), $\boldsymbol{h}(\boldsymbol{\xi})$ は m_1 ベクトルとする. また, supp P によって, 確率変数 $\tilde{\boldsymbol{\xi}}$ の台 (support) Ξ を定義する. すなわち $\Xi = \mathrm{supp}\ P$ は, $P(\Xi) = 1$ を満たす最も小さな閉集合である. さらに, $\boldsymbol{\xi} \in \Xi \subset \mathbb{R}^N$ に対して, 以下のように仮定する.

$$T(\boldsymbol{\xi}) = T_0 + \xi_1 T_1 + \cdots + \xi_N T_N$$
$$\boldsymbol{h}(\boldsymbol{\xi}) = \boldsymbol{h}_0 + \xi_1 \boldsymbol{h}_1 + \cdots + \xi_N \boldsymbol{h}_N$$

ただし, $T_0, \ldots, T_N$ は $m_1 \times n$ 行列, $\boldsymbol{h}_0, \ldots, \boldsymbol{h}_N$ は m_1 ベクトルである.
ここで, 次の

(SLPR におけるリコース問題)
$Q(\boldsymbol{x}, \boldsymbol{\xi}) = \min\{\boldsymbol{q}^\top \boldsymbol{y}(\boldsymbol{\xi}) \mid W\boldsymbol{y}(\boldsymbol{\xi}) = \boldsymbol{h}(\boldsymbol{\xi}) - T(\boldsymbol{\xi})\boldsymbol{x},\ \boldsymbol{y}(\boldsymbol{\xi}) \geq \boldsymbol{0}\}$

が 1 段階においてある決定 $\boldsymbol{x} \in X$ を行ったとき, 確率変数のすべての実現値 $\forall \boldsymbol{\xi} \in \Xi$ に対して実行可能な 2 段階の決定 $\boldsymbol{y}(\boldsymbol{\xi})$ が存在するかどうか判定することは重要な問題である. W が完全リコース行列でない場合, 必ずしも実行可能な $\boldsymbol{y}(\boldsymbol{\xi})$ が存在するとはいえない. よって, すべての $\boldsymbol{\xi} \in \Xi$ に対して実行可能な $\boldsymbol{y}(\boldsymbol{\xi})$ が存在するように 1 段階の決定 $\boldsymbol{x} \in X$ を制限することが必要となる. すべての $\boldsymbol{\xi} \in \Xi$ に関して, $Q(\boldsymbol{x}, \boldsymbol{\xi}) = \min\{\boldsymbol{q}^\top \boldsymbol{y}(\boldsymbol{\xi}) \mid W\boldsymbol{y}(\boldsymbol{\xi}) = \boldsymbol{h}(\boldsymbol{\xi}) - T(\boldsymbol{\xi})\boldsymbol{x},\ \boldsymbol{y}(\boldsymbol{\xi}) \geq \boldsymbol{0}\}$ が実行可能解 $\boldsymbol{y}(\boldsymbol{\xi})$ を常にもつような $\boldsymbol{x}$ の集合を K_1 と定め, 誘導された制約 (induced constraints) とよぶ.

$$K_1 = \{\boldsymbol{x} \mid \forall \boldsymbol{\xi} \in \Xi,\ \exists \boldsymbol{y}(\boldsymbol{\xi}) \geq \boldsymbol{0} \text{ かつ } W\boldsymbol{y}(\boldsymbol{\xi}) = \boldsymbol{h}(\boldsymbol{\xi}) - T(\boldsymbol{\xi})\boldsymbol{x}\}$$

今, Ξ が有界凸多面体であるとすると, Ξ は有限個の点 $\boldsymbol{\xi}^k \in \Xi \subset \mathbb{R}^N$ $(k = 1, \ldots, r)$ の凸包 (convex hull) として表される.

$$\begin{aligned}\Xi &= \mathrm{conv}\{\boldsymbol{\xi}^1, \ldots, \boldsymbol{\xi}^r\} \\ &= \left\{\boldsymbol{\xi} \,\middle|\, \boldsymbol{\xi} = \sum_{k=1}^{r} \lambda_k \boldsymbol{\xi}^k,\ \sum_{k=1}^{r} \lambda_k = 1,\ \lambda_k \geq 0,\ k = 1, \ldots, r\right\}\end{aligned}$$

よって, 1 段階決定 $\boldsymbol{x}$ に対して (SLPR) におけるリコース問題の実行可能解 $\boldsymbol{y}(\boldsymbol{\xi})$ が存在するには, Ξ のすべての端点に対応する確率変数の実現値に対して実行可能な $\boldsymbol{y}(\boldsymbol{\xi})$ が存在すればよいため, 誘導された制約 K_1 は次のように書くことができる.

$$K_1 = \{\boldsymbol{x} \mid T(\boldsymbol{\xi}^k)\boldsymbol{x} + W\boldsymbol{y}(\boldsymbol{\xi}^k) = \boldsymbol{h}(\boldsymbol{\xi}^k),\ \boldsymbol{y}(\boldsymbol{\xi}^k) \geq \boldsymbol{0},\ \forall \boldsymbol{\xi}^k \in \Xi,\ k = 1, \ldots, r\}$$

このとき K_1 に関して, 以下の定理 3.2〜3.5 が成り立つ. これらの定理は, $\tilde{\boldsymbol{\xi}}$ が有限な離散分布 $\Xi = \{\boldsymbol{\xi}^1, \ldots, \boldsymbol{\xi}^K\}$ をもつ場合についても明らかに成立する.

定理 3.2 確率変数 $\tilde{\boldsymbol{\xi}}$ の分布の台 Ξ が有限個の集合または有界凸多面体であれば, 誘導された集合すなわち 1 段階実行可能解集合 K_1 は凸多面集合となり, 1 段階の実行可能解は $\boldsymbol{x} \in X \cap K_1$ に制限される.

定理 3.3 確率変数のある実現値 $\boldsymbol{\xi} \in \Xi$ と 1 段階決定変数 $\boldsymbol{x} \in K_1$ に対して, $\min\{\boldsymbol{q}^\top \boldsymbol{y}(\boldsymbol{\xi}) \mid W\boldsymbol{y}(\boldsymbol{\xi}) = \boldsymbol{h}(\boldsymbol{\xi}) - T(\boldsymbol{\xi})\boldsymbol{x},\ \boldsymbol{y}(\boldsymbol{\xi}) \geq \boldsymbol{0}\}$ が有限の最適値をもつための必要十分条件は, $W^\top \boldsymbol{z} \leq \boldsymbol{q}$ を満たす $\boldsymbol{z}$ が存在することである.

証明：$\min\{\boldsymbol{q}^\top \boldsymbol{y}(\boldsymbol{\xi}) \mid W\boldsymbol{y}(\boldsymbol{\xi}) = \boldsymbol{h}(\boldsymbol{\xi}) - T(\boldsymbol{\xi})\boldsymbol{x},\ \boldsymbol{y}(\boldsymbol{\xi}) \geq \boldsymbol{0}\}$ の双対問題 $\max\{(\boldsymbol{h}(\boldsymbol{\xi}) - T(\boldsymbol{\xi})\boldsymbol{x})^\top \boldsymbol{z} \mid W^\top \boldsymbol{z} \leq \boldsymbol{q}\}$ を考える. 元問題は実行可能解 $\boldsymbol{x} \in K_1$ をもつから, 線形計画問題における双対定理によって, 双対問題が実行可能解をもつときのみ, 有限の最適値をとる. □

定理 3.4　$W^\top \boldsymbol{z} \leq \boldsymbol{q}$ を満たす $\boldsymbol{z}$ が存在し, $\tilde{\boldsymbol{\xi}}$ の期待値が存在するとする. このとき, すべての $\boldsymbol{x} \in K_1$ について, $Q(\boldsymbol{x}, \tilde{\boldsymbol{\xi}})$ の期待値も同様に存在する.

証明：定理 3.3 より, すべての $\boldsymbol{x} \in K_1$, $\boldsymbol{\xi} \in \Xi$ に対して $\min\{\boldsymbol{q}^\top \boldsymbol{y}(\boldsymbol{\xi}) \mid W\boldsymbol{y}(\boldsymbol{\xi}) = \boldsymbol{h}(\boldsymbol{\xi}) - T(\boldsymbol{\xi})\boldsymbol{x},\ \boldsymbol{y}(\boldsymbol{\xi}) \geq \boldsymbol{0}\}$ には実行可能解が存在し, 有限の最適値をもつ. 同様に, $\max\{(\boldsymbol{h}(\boldsymbol{\xi}) - T(\boldsymbol{\xi})\boldsymbol{x})^\top \boldsymbol{z} \mid W^\top \boldsymbol{z} \leq \boldsymbol{q}\}$ についても, 最適値は $Q(\boldsymbol{x}, \boldsymbol{\xi})$ となる. この双対問題の制約集合 $\{\boldsymbol{z} \mid W^\top \boldsymbol{z} \leq \boldsymbol{q}\}$ が少なくとも 1 つの端点をもつ場合, それらを $\boldsymbol{v}^1, \ldots, \boldsymbol{v}^t$ とする. このとき, $Q(\boldsymbol{x}, \boldsymbol{\xi}) = \max_{1 \leq i \leq t} (\boldsymbol{h}(\boldsymbol{\xi}) - T(\boldsymbol{\xi})\boldsymbol{x})^\top \boldsymbol{v}^i$ となる. $E_{\tilde{\boldsymbol{\xi}}}[\tilde{\boldsymbol{\xi}}]$ が存在するため, $(\boldsymbol{h}(\boldsymbol{\xi}) - T(\boldsymbol{\xi})\boldsymbol{x})^\top \boldsymbol{v}^i$ がすべての i について求められ, これらのうちで最大のものを $Q(\boldsymbol{x}, \boldsymbol{\xi})$ として求められる. $\{\boldsymbol{z} \mid W^\top \boldsymbol{z} \leq \boldsymbol{q}\}$ が端点をもたなければ制約集合は錐であり, 目的関数値の有限性から $(\boldsymbol{h}(\boldsymbol{\xi}) - T(\boldsymbol{\xi})\boldsymbol{x})^\top \boldsymbol{z} \leq 0$ となる. $\boldsymbol{q} \geq \boldsymbol{0}$ であるため $\boldsymbol{z} = \boldsymbol{0}$ は双対問題の実行可能解であるから, 明らかに目的関数の最適値は 0 となり, $Q(\boldsymbol{x}, \tilde{\boldsymbol{\xi}})$ の期待値が求められる. □

定理 3.5　$W^\top \boldsymbol{z} \leq \boldsymbol{q}$ を満たす $\boldsymbol{z}$ が存在し, $\tilde{\boldsymbol{\xi}}$ の期待値が存在するとする. このとき, $E_{\tilde{\boldsymbol{\xi}}}[Q(\boldsymbol{x}, \tilde{\boldsymbol{\xi}})]$ は $\boldsymbol{x} \in K_1$ において凸関数となる.

証明：仮定より, $\hat{\boldsymbol{x}}, \check{\boldsymbol{x}} \in K_1$ に対して, $Q(\hat{\boldsymbol{x}}, \boldsymbol{\xi}) = \boldsymbol{q}^\top \hat{\boldsymbol{y}}$, $Q(\check{\boldsymbol{x}}, \boldsymbol{\xi}) = \boldsymbol{q}^\top \check{\boldsymbol{y}}$ とする. $\lambda \in (0,1)$ に対して, $\bar{\boldsymbol{x}} = \lambda\hat{\boldsymbol{x}} + (1-\lambda)\check{\boldsymbol{x}}$ とする.

$$
\begin{aligned}
&Q(\lambda\hat{\boldsymbol{x}} + (1-\lambda)\check{\boldsymbol{x}}, \boldsymbol{\xi}) \\
&= \min\{\boldsymbol{q}^\top \boldsymbol{y}(\boldsymbol{\xi}) \mid W\boldsymbol{y}(\boldsymbol{\xi}) = \boldsymbol{h}(\boldsymbol{\xi}) - T(\boldsymbol{\xi})(\lambda\hat{\boldsymbol{x}} + (1-\lambda)\check{\boldsymbol{x}}),\ \boldsymbol{y}(\boldsymbol{\xi}) \geq \boldsymbol{0}\}
\end{aligned}
$$

である. ここで, $\bar{\boldsymbol{y}}(\boldsymbol{\xi}) = \lambda\hat{\boldsymbol{y}}(\boldsymbol{\xi}) + (1-\lambda)\check{\boldsymbol{y}}(\boldsymbol{\xi})$ とすると,

$$
\begin{aligned}
W\{\lambda\hat{\boldsymbol{y}}(\boldsymbol{\xi}) + (1-\lambda)\check{\boldsymbol{y}}(\boldsymbol{\xi})\} &= \lambda W\hat{\boldsymbol{y}}(\boldsymbol{\xi}) + (1-\lambda)W\check{\boldsymbol{y}}(\boldsymbol{\xi}) \\
&= \lambda\{\boldsymbol{h}(\boldsymbol{\xi}) - T(\boldsymbol{\xi})\hat{\boldsymbol{x}}\} + (1-\lambda)\{\boldsymbol{h}(\boldsymbol{\xi}) - T(\boldsymbol{\xi})\check{\boldsymbol{x}}\} \\
&= \boldsymbol{h}(\boldsymbol{\xi}) - T(\boldsymbol{\xi})\{\lambda\hat{\boldsymbol{x}} + (1-\lambda)\check{\boldsymbol{x}}\}
\end{aligned}
$$

となり, $\min\{\boldsymbol{q}^\top \boldsymbol{y}(\boldsymbol{\xi}) \mid W\boldsymbol{y}(\boldsymbol{\xi}) = \boldsymbol{h}(\boldsymbol{\xi}) - T(\boldsymbol{\xi})(\lambda\hat{\boldsymbol{x}} + (1-\lambda)\check{\boldsymbol{x}}),\ \boldsymbol{y}(\boldsymbol{\xi}) \geq \boldsymbol{0}\}$ の実行可能解となる. よって,

$$
Q(\lambda\hat{\boldsymbol{x}} + (1-\lambda)\check{\boldsymbol{x}}, \boldsymbol{\xi}) \leq \boldsymbol{q}^\top\{\lambda\hat{\boldsymbol{y}}(\boldsymbol{\xi}) + (1-\lambda)\check{\boldsymbol{y}}(\boldsymbol{\xi})\} = \lambda Q(\hat{\boldsymbol{x}}, \boldsymbol{\xi}) + (1-\lambda)Q(\check{\boldsymbol{x}}, \boldsymbol{\xi})
$$

となり,

$$
E_{\tilde{\boldsymbol{\xi}}}[Q(\lambda\hat{\boldsymbol{x}} + (1-\lambda)\check{\boldsymbol{x}}, \tilde{\boldsymbol{\xi}})] \leq \lambda E_{\tilde{\boldsymbol{\xi}}}[Q(\hat{\boldsymbol{x}}, \tilde{\boldsymbol{\xi}})] + (1-\lambda)E_{\tilde{\boldsymbol{\xi}}}[Q(\check{\boldsymbol{x}}, \tilde{\boldsymbol{\xi}})]
$$

が成立する．□

W が完全リコース行列となるための必要十分条件は，次のように与えられる．

定理 3.6　$m_1 \times \bar{n}$ 行列 W が完全リコース行列であるための必要十分条件は，$\mathrm{rank}(W) = m_1$ かつ W の最初の m_1 列を (一般性を失わずに) 一次独立としたとき，$W\boldsymbol{y} = \boldsymbol{0}$ に $y_i \geq 1$ $(i = 1, \ldots, m_1)$，$\boldsymbol{y} \geq \boldsymbol{0}$ となる解 $\boldsymbol{y}$ が存在することである．

証明：W を完全リコース行列とすると，

$$\{\boldsymbol{z} \mid \boldsymbol{z} = W\boldsymbol{y},\ \boldsymbol{y} \geq \boldsymbol{0}\} = \mathbb{R}^{m_1}$$

となる．これより直ちに $\mathrm{rank}(W) = m_1$ が成立する．よって，$\hat{\boldsymbol{z}} = -\sum_{i=1}^{m_1} W_i \in \mathbb{R}^{m_1}$ に対しても，$W\boldsymbol{y} = \hat{\boldsymbol{z}}$，$\boldsymbol{y} \geq \boldsymbol{0}$ は実行可能解 $\check{\boldsymbol{y}}$ $(\geq \boldsymbol{0})$ をもつ．すると，

$$\sum_{i=1}^{m_1} W_i \check{y}_i + \sum_{i=m_1+1}^{\bar{n}} W_i \check{y}_i = \hat{\boldsymbol{z}} = -\sum_{i=1}^{m_1} W_i$$

となる．ここで，

$$y_i = \begin{cases} \check{y}_i + 1 & (i = 1, \ldots, m_1), \\ \check{y}_i & (i > m_1) \end{cases}$$

とおくと，$\boldsymbol{y}$ は $W\boldsymbol{y} = \boldsymbol{0}$，$y_i \geq 1$ $(i = 1, \ldots, m_1)$，$\boldsymbol{y} \geq \boldsymbol{0}$ の解となる．

逆に十分性については，任意の $\bar{\boldsymbol{z}} \in \mathbb{R}^{m_1}$ を選んだとき，W_i $(i = 1, \ldots, m_1)$ は一次独立であるから，

$$\sum_{i=1}^{m_1} W_i y_i = \bar{\boldsymbol{z}}$$

は唯一の解 $\bar{y}_1, \ldots, \bar{y}_{m_1}$ をもつ．$\bar{y}_i \geq 0$ $(i = 1, \ldots, m_1)$ ならば，W は完全リコース行列となる．さもなければ，γ を $\gamma = \min\{\bar{y}_1, \ldots, \bar{y}_{m_1}\}$ と定義する．仮定より，$W\boldsymbol{y} = \boldsymbol{0}$，$y_i \geq 1$ $(i = 1, \ldots, m_1)$，$\boldsymbol{y} \geq \boldsymbol{0}$ には解 $\hat{\boldsymbol{y}}$ が存在する．そこで，次のように $\boldsymbol{y}$ を定めると，$W\boldsymbol{y} = \bar{\boldsymbol{z}}$，$\boldsymbol{y} \geq \boldsymbol{0}$ となる．

$$y_i = \begin{cases} \bar{y}_i - \gamma \hat{y}_i & (i = 1, \ldots, m_1), \\ -\gamma \hat{y}_i & (i > m_1) \end{cases}$$

□

リコース関数の凸性の証明および完全リコース性に関しては，Kall and Wallace[67)] を参考にした．誘導された制約 K_1 については，Rockafellar and Wets[117)] に詳しい記述がある．

● 3.2 ●　L-shaped 法　●

本節では，離散確率分布が与えられたリコースを有する線形計画問題 (SLPR) を考える．確率変数ベクトルが $\tilde{\boldsymbol{\xi}} = \boldsymbol{\xi}$ となる確率を p^k $(k = 1, \ldots, K)$ とし，確率変数 $\tilde{\boldsymbol{\xi}}$ の台

を $\Xi = \{\boldsymbol{\xi}^1, \ldots, \boldsymbol{\xi}^K\}$ とする.

(リコースを有する確率的線形計画問題 SLPR)

$$
\begin{aligned}
\min \quad & \boldsymbol{c}^\top \boldsymbol{x} + \mathcal{Q}(\boldsymbol{x}) \\
\text{subject to} \quad & A\boldsymbol{x} = \boldsymbol{b} \\
& \boldsymbol{x} \geq \boldsymbol{0} \\
& \mathcal{Q}(\boldsymbol{x}) = \sum_{k=1}^{K} p^k Q(\boldsymbol{x}, \boldsymbol{\xi}^k) \\
& Q(\boldsymbol{x}, \boldsymbol{\xi}^k) = \min\{\boldsymbol{q}^\top \boldsymbol{y}(\boldsymbol{\xi}^k) \mid W\boldsymbol{y}(\boldsymbol{\xi}^k) = \boldsymbol{h}(\boldsymbol{\xi}^k) - T(\boldsymbol{\xi}^k)\boldsymbol{x}, \\
& \quad \boldsymbol{y}(\boldsymbol{\xi}^k) \geq \boldsymbol{0}\},\ k = 1, \ldots, K
\end{aligned}
$$

関数 $Q(\boldsymbol{x}, \boldsymbol{\xi})$ はリコース関数 (recourse function) であり, $\mathcal{Q}(\boldsymbol{x})$ はリコース関数の期待値を表す. リコース関数を定義するリコース問題に含まれる $\boldsymbol{h}(\boldsymbol{\xi}) : \Xi \to \mathbb{R}^{m_1}$ は m_1 次元ベクトル $\boldsymbol{h}_0$ および $m_1 \times N$ 行列 H を用いて, $\boldsymbol{h}(\boldsymbol{\xi}) = \boldsymbol{h}_0 + H\boldsymbol{\xi}$ と表されるものとする.

問題 (SLPR) は, **双対分解構造** (dual decomposition structure) を有するため, この構造を利用した解法が提案されている. その 1 つが, **Benders の分解** (Benders decomposition)[12] に基づく **L-shaped 法** (L-shaped method) である. 双対分解構造を図 3.1 に示す.

ここで, リコース行列 W の列ベクトルによって生成される錐 (cone) である pos W を考える.

$$\text{pos } W = \{\boldsymbol{t} \mid \boldsymbol{t} = W\boldsymbol{y}(\boldsymbol{\xi}),\ \boldsymbol{y}(\boldsymbol{\xi}) \geq \boldsymbol{0}\}$$

すると, 次は明らかである.

$$
\begin{aligned}
&\{W\boldsymbol{y}(\boldsymbol{\xi}) = \boldsymbol{h}(\boldsymbol{\xi}) - T(\boldsymbol{\xi})\boldsymbol{x},\ \boldsymbol{y}(\boldsymbol{\xi}) \geq \boldsymbol{0}\} \text{ を満たす } \boldsymbol{y}(\boldsymbol{\xi}) \text{ が存在する} \\
&\Leftrightarrow \boldsymbol{h}(\boldsymbol{\xi}) - T(\boldsymbol{\xi})\boldsymbol{x} \in \text{pos } W
\end{aligned}
$$

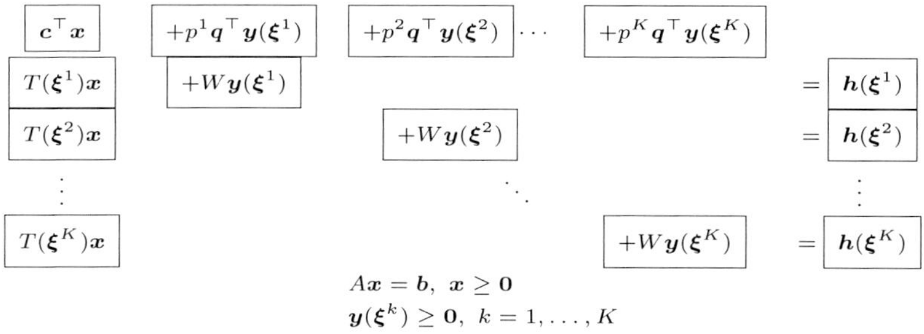

図 3.1　双対分解構造

pos $W = \mathbb{R}^{m_1}$ であれば, 問題 (SLPR) は完全リコース性をもつ. これは,

$$\boldsymbol{h}(\boldsymbol{\xi}) - T(\boldsymbol{\xi})\boldsymbol{x} \in \text{pos } W, \ \forall \boldsymbol{\xi}, \ \forall \boldsymbol{x}$$

を意味する. しかし多くの場合, 完全リコース性のような強い条件が求められているわけではない. 通常は, $A\boldsymbol{x} = \boldsymbol{b}, \ \boldsymbol{x} \geq \boldsymbol{0}$ を満たす $\boldsymbol{x}$ に対して,

$$\boldsymbol{h}(\boldsymbol{\xi}) - T(\boldsymbol{\xi})\boldsymbol{x} \in \text{pos } W, \ \forall \boldsymbol{\xi}$$

が満たされていればよい. この条件が満たされるとき, 確率計画問題は**相対完全リコース** (relatively complete recourse) をもつという. すなわち, すべての実行可能な 1 段階の決定 $\boldsymbol{x}$ および確率変数のすべての実現値 $\boldsymbol{\xi}$ に対して, リコース問題は実行可能解 $\boldsymbol{y}(\boldsymbol{\xi})$ をもつ. 明らかに, 問題が完全リコース性を有するとき, 相対完全リコースを有する.

3.2.1 実行可能性カットの導出

問題 (SLPR) における 2 段階問題を考える.

$$Q(\boldsymbol{x}, \boldsymbol{\xi}) = \min\{\boldsymbol{q}^\top \boldsymbol{y}(\boldsymbol{\xi}) \mid W\boldsymbol{y}(\boldsymbol{\xi}) = \boldsymbol{h}(\boldsymbol{\xi}) - T(\boldsymbol{\xi})\boldsymbol{x}, \ \boldsymbol{y}(\boldsymbol{\xi}) \geq \boldsymbol{0}\}$$

1 段階におけるある実行可能解 $\hat{\boldsymbol{x}}$ が与えられたとき, 確率変数 $\tilde{\boldsymbol{\xi}}$ のすべての実現値について, 2 段階問題が実行可能であるかどうか判断しなければならない. 確率変数 $\tilde{\boldsymbol{\xi}}$ は有界な矩形の台をもつとする. そのとき, $\boldsymbol{h}(\boldsymbol{\xi})$ も有界な多面体となり, その端点は, $\tilde{\boldsymbol{\xi}}$ の台 Ξ の端点に相当する. よって, 2 段階問題が $\tilde{\boldsymbol{\xi}}$ のある実現値 $\boldsymbol{\xi}$ に対して実行不可能となるならば, その実現値の少なくとも 1 つは分布の台の端点となっている. 逆に, 分布の台のすべての端点が実行可能な 2 段階問題を与えるならば, 他のすべての $\tilde{\boldsymbol{\xi}}$ の実現値に対応する 2 段階問題は実行可能である. したがって 2 段階問題の実行可能性の判定には, 最悪の場合でも分布の台のすべての端点について実行可能性を判定すればよい. 問題が N 個の確率変数を含み, その分布の台 Ξ を N 次元矩形とすると, その台は 2^N 個の端点を含む. これらの端点の集合を $\mathcal{A}$ とする.

次に, $\boldsymbol{x} = \hat{\boldsymbol{x}}$ が与えられた後で, すべての $\tilde{\boldsymbol{\xi}}$ の実現値に対して実行可能な 2 段階問題が生成されるか否かを判定し, 実行不可能な場合は $\hat{\boldsymbol{x}}$ を削除する方法について示す. 次の 2 つの線形計画問題を考える.

$$\begin{array}{l} \min\{\boldsymbol{0}^\top \boldsymbol{y}(\boldsymbol{\xi}) \mid W\boldsymbol{y}(\boldsymbol{\xi}) = \boldsymbol{h}(\boldsymbol{\xi}) - T(\boldsymbol{\xi})\boldsymbol{x}, \ \boldsymbol{y}(\boldsymbol{\xi}) \geq \boldsymbol{0}\} \\ \max\{(\boldsymbol{h}(\boldsymbol{\xi}) - T(\boldsymbol{\xi})\boldsymbol{x})^\top \boldsymbol{u} \mid W^\top \boldsymbol{u} \leq \boldsymbol{0}\} \end{array}$$

これらは互いに双対の関係にある. よって「$\{\boldsymbol{y}(\boldsymbol{\xi}) \mid W\boldsymbol{y}(\boldsymbol{\xi}) = \boldsymbol{h}(\boldsymbol{\xi}) - T(\boldsymbol{\xi})\boldsymbol{x}, \ \boldsymbol{y}(\boldsymbol{\xi}) \geq \boldsymbol{0}\} \neq \phi$」であるならば, 問題 $\{\boldsymbol{y}(\boldsymbol{\xi}) \mid W\boldsymbol{y}(\boldsymbol{\xi}) = \boldsymbol{h}(\boldsymbol{\xi}) - T(\boldsymbol{\xi})\boldsymbol{x}, \ \boldsymbol{y}(\boldsymbol{\xi}) \geq \boldsymbol{0}\}$ の最適目的関数値は 0 となる. これより, 双対問題 $\max\{(\boldsymbol{h}(\boldsymbol{\xi}) - T(\boldsymbol{\xi})\boldsymbol{x})^\top \boldsymbol{u} \mid W^\top \boldsymbol{u} \leq \boldsymbol{0}\}$ の最適目的関数値も 0 となる. 双対問題の実行可能解 $\boldsymbol{u}$ に対して, 目的関数値 $(\boldsymbol{h}(\boldsymbol{\xi}) - T(\boldsymbol{\xi})\boldsymbol{x})^\top \boldsymbol{u}$ は主問題 (最小化問題) の最適値である 0 以下となる.

したがって,「$\{\boldsymbol{y}(\boldsymbol{\xi}) \mid W\boldsymbol{y}(\boldsymbol{\xi}) = \boldsymbol{h}(\boldsymbol{\xi}) - T(\boldsymbol{\xi})\boldsymbol{x},\ \boldsymbol{y}(\boldsymbol{\xi}) \geq \boldsymbol{0}\} \neq \phi$」と「$W^\top \boldsymbol{u} \leq \boldsymbol{0}$ ならば $(\boldsymbol{h}(\boldsymbol{\xi}) - T(\boldsymbol{\xi})\boldsymbol{x})^\top \boldsymbol{u} \leq \boldsymbol{0}$」とは等価となる. 制約 $W\boldsymbol{y}(\boldsymbol{\xi}) = \boldsymbol{h}(\boldsymbol{\xi}) - T(\boldsymbol{\xi})\boldsymbol{x},\ \boldsymbol{y}(\boldsymbol{\xi}) \geq \boldsymbol{0}$ を満たす $\boldsymbol{y}(\boldsymbol{\xi})$ が存在するなら, 2 段階問題は実行可能であり, $\boldsymbol{h}(\boldsymbol{\xi}) - T(\boldsymbol{\xi})\boldsymbol{x} \in \mathrm{pos}\ W$ となる.

次に, pos W の**極錐** (polar cone) pol pos W を次のように定義する.

$$\mathrm{pol\ pos}\ W = \{\boldsymbol{u} \mid \boldsymbol{u}^\top (\boldsymbol{h}(\boldsymbol{\xi}) - T(\boldsymbol{\xi})\boldsymbol{x}) \leq 0,\ \forall \boldsymbol{h}(\boldsymbol{\xi}) - T(\boldsymbol{\xi})\boldsymbol{x} \in \mathrm{pos}\ W\}$$

条件「$W^\top \boldsymbol{u} \leq \boldsymbol{0}$ ならば $(\boldsymbol{h}(\boldsymbol{\xi}) - T(\boldsymbol{\xi})\boldsymbol{x})^\top \boldsymbol{u} \leq \boldsymbol{0}$」は以下のようになる.

$$\boldsymbol{u} \in \mathrm{pol\ pos}\ W \Rightarrow (\boldsymbol{h}(\boldsymbol{\xi}) - T(\boldsymbol{\xi})\boldsymbol{x})^\top \boldsymbol{u} \leq \boldsymbol{0}$$

すなわち, $W\boldsymbol{y}(\boldsymbol{\xi}) = \boldsymbol{h}(\boldsymbol{\xi}) - T(\boldsymbol{\xi})\boldsymbol{x},\ \boldsymbol{y}(\boldsymbol{\xi}) \geq \boldsymbol{0}$ に実行可能解が存在するということは, 右辺 $\boldsymbol{h}(\boldsymbol{\xi}) - T(\boldsymbol{\xi})\boldsymbol{x}$ と pol pos W に含まれるすべてのベクトルとの内積が非正となることと等価である. そのため, pol pos W の**生成元** (generator) だけについて考えればよい. 極錐 pol pos W のすべての生成元を列にもつ行列 W^* を W の**極行列** (polar matrix) とよぶ. W^* が明示されていれば, そのすべての生成元との内積を計算することによって, 2 段階問題の実行可能性がチェックできる. そして, 少なくともその 1 つが正の値をとれば, 問題は実行可能解をもたないことがわかる.

これに対し, pol pos W の生成元が与えられていない場合は, $\hat{\boldsymbol{x}}$ とすべての $\boldsymbol{\xi} \in \mathcal{A}$ について実行可能性を判定しなければならない. ここで考える方法は, $\hat{\boldsymbol{x}}$ が実行不可能な問題をなす場合, それを除外し, 自動的に pol pos W の生成元を生成するものである. 次のような $\boldsymbol{\sigma}$ を見出すことを目標とする.

$$\boldsymbol{\sigma}^\top \boldsymbol{t} \leq 0,\ \forall \boldsymbol{t} \in \mathrm{pos}\ W$$

これは, $\boldsymbol{\sigma}^\top W \leq \boldsymbol{0}$ と同値である. 言い換えれば, $\boldsymbol{\sigma}$ は極錐 pol pos W に含まれなければならない. 今, 2 段階問題の右辺 $\boldsymbol{h}(\boldsymbol{\xi}) - T(\boldsymbol{\xi})\hat{\boldsymbol{x}}$ が実行不可能な問題をなすことを仮定する. 仮定より,

$$\boldsymbol{\sigma}^\top [\boldsymbol{h}(\boldsymbol{\xi}) - T(\boldsymbol{\xi})\hat{\boldsymbol{x}}] > 0$$

でなければならない. 後に新たな制約として,

$$\boldsymbol{\sigma}^\top [\boldsymbol{h}(\boldsymbol{\xi}) - T(\boldsymbol{\xi})\boldsymbol{x}] \leq 0$$

を追加するため, $\hat{\boldsymbol{x}}$ は除外されることになる. その制約を生成するためには, 次の問題を解けばよい.

$$\max\{\boldsymbol{\sigma}^\top (\boldsymbol{h}(\boldsymbol{\xi}) - T(\boldsymbol{\xi})\hat{\boldsymbol{x}}) \mid \boldsymbol{\sigma}^\top W \leq \boldsymbol{0},\ \|\boldsymbol{\sigma}\| \leq 1\}$$

最後の制約は, 目的関数の最適値が $+\infty$ に発散することを防ぐために入れたものであり, $\boldsymbol{\sigma}$ の方向を求めるという目的に反するものではない. このように, l_2 ノルムを制約に含めると, 最適な $\boldsymbol{\sigma}$ は可能な限り $(\boldsymbol{h}(\boldsymbol{\xi}) - T(\boldsymbol{\xi})\hat{\boldsymbol{x}})$ に近づくこととなる. ところが計算上

は, 2 次制約を含むことは望ましくないため, l_1 ノルムによって $\boldsymbol{\sigma}$ の値を制限することにする. $\boldsymbol{\sigma}$ を $\boldsymbol{\sigma}^1 - \boldsymbol{\sigma}^2$(ただし $\boldsymbol{\sigma}^1, \boldsymbol{\sigma}^2 \geq \mathbf{0}$) によって置き換えると, $\boldsymbol{\sigma}$ を生成する問題は次のようになる.

$$\begin{array}{rl} \max & (\boldsymbol{\sigma}^1 - \boldsymbol{\sigma}^2)^\top (\boldsymbol{h}(\boldsymbol{\xi}) - T(\boldsymbol{\xi})\hat{\boldsymbol{x}}) \\ \text{subject to} & W^\top \boldsymbol{\sigma}^1 - W^\top \boldsymbol{\sigma}^2 \leq \mathbf{0} \\ & \boldsymbol{e}^\top \boldsymbol{\sigma}^1 + \boldsymbol{e}^\top \boldsymbol{\sigma}^2 \leq 1 \\ & \boldsymbol{\sigma}^1, \boldsymbol{\sigma}^2 \geq \mathbf{0} \end{array}$$

この双対問題は次のようになる.

$$\begin{array}{rl} \min & t \\ \text{subject to} & W\boldsymbol{y} + \boldsymbol{e}t \geq (\boldsymbol{h}(\boldsymbol{\xi}) - T(\boldsymbol{\xi})\hat{\boldsymbol{x}}) \\ & -W\boldsymbol{y} + \boldsymbol{e}t \geq -(\boldsymbol{h}(\boldsymbol{\xi}) - T(\boldsymbol{\xi})\hat{\boldsymbol{x}}) \\ & \boldsymbol{y} \geq \mathbf{0},\ t \geq 0 \end{array}$$

この問題の最適解が 0 となるならば, $W\boldsymbol{y}(\boldsymbol{\xi}) = \boldsymbol{h}(\boldsymbol{\xi}) - T(\boldsymbol{\xi})\hat{\boldsymbol{x}}$ となるため, $\boldsymbol{h}(\boldsymbol{\xi}) - T(\boldsymbol{\xi})\hat{\boldsymbol{x}} \in \text{pos}\, W$ となるが, これは先の仮定に反する. したがって, 最適解 t^* は $t^* > 0$ となる. そのため, $\boldsymbol{h}(\boldsymbol{\xi}) - T(\boldsymbol{\xi})\hat{\boldsymbol{x}} \notin \text{pos}W$ ($\boldsymbol{\xi} \in \mathcal{A}$) となる. ここで, $\boldsymbol{\sigma}^*$ を最適な $\boldsymbol{\sigma}^1 - \boldsymbol{\sigma}^2$ とすると, $(\boldsymbol{\sigma}^*)^\top (\boldsymbol{h}(\boldsymbol{\xi}) - T(\boldsymbol{\xi})\boldsymbol{x}) > 0$ であるため, 以下の実行可能性カット (feasibility cut) を生成できる.

$$(\boldsymbol{\sigma}^*)^\top (\boldsymbol{h}(\boldsymbol{\xi}) - T(\boldsymbol{\xi})\boldsymbol{x}) \leq 0 \Leftrightarrow (\boldsymbol{\sigma}^*)^\top T(\boldsymbol{\xi})\boldsymbol{x} \geq (\boldsymbol{\sigma}^*)^\top \boldsymbol{h}(\boldsymbol{\xi})$$

この $\boldsymbol{\sigma}^*$ は pol pos W の生成元となる. $T(\boldsymbol{\xi}) \equiv T_0$ の場合は, この中に含まれる $(\boldsymbol{\sigma}^*)^\top T_0 \boldsymbol{x}$ は $\boldsymbol{\xi}$ を含まず, 同時に実行可能性カットはすべての $\boldsymbol{\xi}$ について成立しなければならないため, 次のようにカットを強化することができる.

$$(\boldsymbol{\sigma}^*)^\top T_0 \boldsymbol{x} \geq \boldsymbol{\sigma}^\top \boldsymbol{h}_0 + \max_{\boldsymbol{\xi} \in \Xi} (\boldsymbol{\sigma}^\top H)\boldsymbol{\xi}$$

3.2.2 最適性カットの導出

すでに確率計画問題が相対完全リコースをもつことがわかっているものとする. すなわちすべての $\boldsymbol{\xi} \in \mathcal{A}$ について, $\boldsymbol{h}(\boldsymbol{\xi}) - T(\boldsymbol{\xi})\boldsymbol{x} \in \text{pos}W$ となることが確認されているものとする. すると, 次の 2 段階問題は実行可能である.

$$\min\{\boldsymbol{q}^\top \boldsymbol{y}(\boldsymbol{\xi}) \mid W\boldsymbol{y}(\boldsymbol{\xi}) = \boldsymbol{h}(\boldsymbol{\xi}) - T(\boldsymbol{\xi})\boldsymbol{x},\ \boldsymbol{y}(\boldsymbol{\xi}) \geq \mathbf{0}\}$$

この双対問題は次のようになる.

$$\max\{\boldsymbol{\pi}^\top (\boldsymbol{h}(\boldsymbol{\xi}) - T(\boldsymbol{\xi})\boldsymbol{x}) \mid \boldsymbol{\pi}^\top W \leq \boldsymbol{q}\}$$

双対問題はすべての $\boldsymbol{x}, \boldsymbol{\xi}$ について実行可能であるか, または実行不可能となる. なぜなら $\boldsymbol{x}, \boldsymbol{\xi}$ は双対問題の制約に入っていないからである. 線形計画問題における双対定理より, 主問題が (下に) 無限解をもつとき, 双対問題は実行不可能となる. よって, 確率計画問題が相対完全リコースをもつという条件が与えられたとき, 2 段階問題の有界性をあらかじめ調べておくことができる. 本節でこれ以降取り扱う問題は, すべて有界な解をもつものであると仮定する. リコース関数の期待値 $\mathcal{Q}(\boldsymbol{x})$, および $Q(\boldsymbol{x},\boldsymbol{\xi}^k)$ を考えると, $Q(\boldsymbol{x},\boldsymbol{\xi}^k)$ は ($\tilde{\boldsymbol{\xi}}=\boldsymbol{\xi}^k$ において) $\boldsymbol{x}$ の区分線形凸関数となる. 凸性は定理 3.5 による. 区分線形性については, 線形である各区間は $Q(\boldsymbol{x},\boldsymbol{\xi}^k)$ を定義する線形計画問題の基底に相当することより明らかである. したがって, $\mathcal{Q}(\boldsymbol{x})$ はそれらの関数の和となるために, $\boldsymbol{x}$ の**区分線形** (piecewise linear) な凸関数となる.

図 3.2 で示される L-shaped 法においては, $\mathcal{Q}(\boldsymbol{x})$ の上界を表す新たな変数 θ を含む次の**主問題** (master problem) を取り扱う. ここでは, すべての実行可能性カットが加えられているものとし, それらを $-\boldsymbol{\gamma}_l^\top x \geq \delta_l$ $(l=1,\ldots,r)$ とする.

(主問題 master problem)

$$
\begin{aligned}
\min \quad & \boldsymbol{c}^\top\boldsymbol{x}+\theta \\
\text{subject to} \quad & A\boldsymbol{x}=\boldsymbol{b} \\
& \theta \geq \mathcal{Q}(\boldsymbol{x}) \\
& -\boldsymbol{\gamma}_l^\top\boldsymbol{x} \geq \delta_l,\ l=1,\ldots,r \\
& \boldsymbol{x} \geq \boldsymbol{0}
\end{aligned}
$$

ところが実際の計算として, $\theta \geq \mathcal{Q}(\boldsymbol{x})$ は制約として用いることはできない. なぜなら, $\mathcal{Q}(\boldsymbol{x})$ はすべての $\boldsymbol{x}$ および $\boldsymbol{\xi}\in\Xi$ について 2 段階問題を解くことによって得られるものであり, 陽に定義されたものではないからである. したがって, アルゴリズムではまずはじめにこれらの制約を外して解く. この制約に相当するのが, 以下に示す最適性カットである. この問題を解き, 最適な $\hat{\boldsymbol{x}}$ と $\hat{\theta}$ を得る (最初は $\hat{\theta}=-\infty$ である). そして得られた解に対して, $\hat{\theta}\geq\mathcal{Q}(\hat{\boldsymbol{x}})$ であるかどうか判定する. この不等式が成立すれば最適解が得られたものであり, 成立しない場合は, 条件 $\theta\geq\mathcal{Q}(\boldsymbol{x})$ を近似する**最適性カット** (optimality

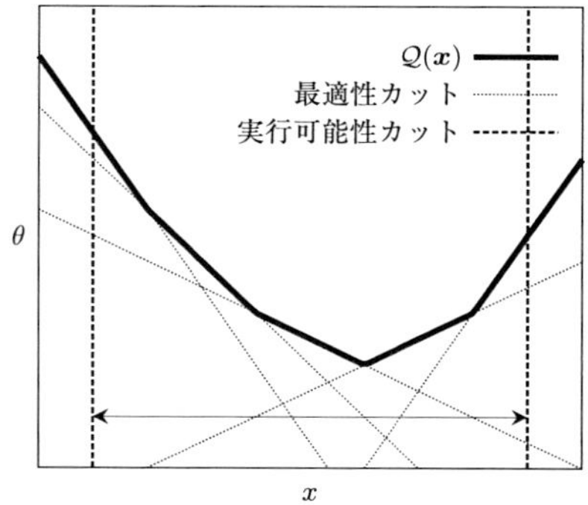

図 **3.2**　L-shaped 法における実行可能性カットと最適性カット

cut) を加える. $\boldsymbol{y}(\boldsymbol{\xi}^k)$ を $Q(\hat{\boldsymbol{x}},\boldsymbol{\xi}^k)$ を与える 2 段階問題の解とし, $\hat{\boldsymbol{\pi}}^k$ を $Q(\hat{\boldsymbol{x}},\boldsymbol{\xi}^k)$ を与える双対問題の解とする. ここで双対定理を適用すると,

$$\mathcal{Q}(\hat{\boldsymbol{x}})=\sum_{k=1}^{K}p^kQ(\hat{\boldsymbol{x}},\boldsymbol{\xi}^k)=\sum_{k=1}^{K}p^kq^\top\boldsymbol{y}(\boldsymbol{\xi}^k)=\sum_{k=1}^{K}p^k(\hat{\boldsymbol{\pi}}^k)^\top[\boldsymbol{h}(\boldsymbol{\xi}^k)-T(\boldsymbol{\xi}^k)\hat{\boldsymbol{x}}]$$

となる. $\hat{\boldsymbol{\pi}}^j$ は $Q(\hat{\boldsymbol{x}},\boldsymbol{\xi}^j)$ を与える双対問題の解とする. ここで特定の $\hat{\boldsymbol{x}}$ ではなく, 1 段階問題において実行可能な任意の $\boldsymbol{x}$ に対し, $\tilde{\boldsymbol{\xi}}$ の実現値 $\boldsymbol{\xi}^k$ が与えられた後に求まる双対最適解を $\boldsymbol{\pi}^k(\boldsymbol{x})$ とすると,

$$\mathcal{Q}(\boldsymbol{x})=\sum_{k=1}^{K}p^k(\boldsymbol{\pi}^k(\boldsymbol{x}))^\top[\boldsymbol{h}(\boldsymbol{\xi}^k)-T(\boldsymbol{\xi}^k)\boldsymbol{x}]\geq\sum_{k=1}^{K}p^k(\hat{\boldsymbol{\pi}}^k)^\top[\boldsymbol{h}(\boldsymbol{\xi}^k)-T(\boldsymbol{\xi}^k)\boldsymbol{x}]$$

となる. $\hat{\boldsymbol{\pi}}$ は実行可能であるが, 任意の $\boldsymbol{x}$ に対して最適であるとは限らないためである. よって, 条件 $\theta\geq\mathcal{Q}(\boldsymbol{x})$ を外した代わりに, 次に示す最適性カットを加える.

$$\theta\geq\sum_{k=1}^{K}p^k(\hat{\boldsymbol{\pi}}^k)^\top[\boldsymbol{h}(\boldsymbol{\xi}^k)-T(\boldsymbol{\xi}^k)\boldsymbol{x}]$$

行列 W から得られる実行可能な基底解の個数は高々有限であるために, 最適性カットの数も有限となる.

3.2.3 L-shaped 法のアルゴリズム

L-shaped 法のアルゴリズムを図 3.3 に示す. r,s をそれぞれ, これまでに加えられた実行可能性カット, 最適性カットの数とする. 手続き (procedure) L-shaped では, 1 段階問題の実行可能解 $\hat{\boldsymbol{x}}$ を求める線形計画問題を手続き LP(A:matrix; $\boldsymbol{b},\boldsymbol{c}$:vectors; $\boldsymbol{x}$:variables) により解く. 続いて手続き Feasibilitycut により実行可能性カットを生成する. 実行可能性カットを加えた後に, 手続き MASTER により主問題を解く.

手続き LP (図 3.4) では, 線形計画問題を解き, 実行可能であるかどうかを判断し最適解が存在する場合には最適解を返す.

実行可能性カットを生成する手続き Feasibilitycut (図 3.5) に含まれる pick($\mathcal{A},\boldsymbol{\xi}$) は, 分布の台 Ξ の端点集合 $\mathcal{A}$ から要素 $\boldsymbol{\xi}$ を取り出す操作を表す.

L-shaped 法の中核をなすのが, 主問題を解く手続き MASTER (図 3.6) である. MASTER では, r 本の実行可能性カット ($-\Gamma\boldsymbol{x}\geq\Delta$) と s 本の最適性カット ($-\boldsymbol{\beta}\boldsymbol{x}+\theta\boldsymbol{e}\geq\boldsymbol{\alpha}$) が加えられた主問題を解く.

Benders[12] の分解法は双対分解構造をもつ LP あるいは整数計画問題などに適用されることが多いが, 罰金に対するリコースを有する確率計画問題に適用される場合は, L-shaped 法とよばれる. Van Slyke and Wets[155] は, 確率的線形計画問題を含む線形計画問題の一般形として次の問題 (L-shaped linear program) を考え, 解法として L-shaped 法を提案した. この名称は, 制約行列の非零成分がアルファベットの L の文字の形であることによる.

procedure L-shaped;
begin
  r :=0, s:=0, $\hat{\theta}$:= $-\infty$;
  LP($A, \boldsymbol{b}, \boldsymbol{c}, \boldsymbol{x}$);
  if $feasible = false$ **then** stop;
  while $feasible = true$ **do**
  begin
    Feasibilitycut($\mathcal{A}, \hat{\boldsymbol{x}}$);
    if $newcut = false$ **then**
    begin
      Find $\mathcal{Q}(\hat{\boldsymbol{x}})$;
      if $\hat{\theta} \geq \mathcal{Q}(\hat{\boldsymbol{x}})$ **then** stop;
      if $\theta < \mathcal{Q}(\hat{\boldsymbol{x}})$ **then**
      begin
        $s = s + 1$;
        Construct the cut $-\boldsymbol{\beta}_s^\top x + \theta \geq \alpha_s$;
      end
    end
    MASTER (r, s);
    if $feasible = false$ **then** stop;
  end
end

図 **3.3**　L-shaped 法

procedure LP(A:matrix; $\boldsymbol{b}, \boldsymbol{c}$:vectors; $\boldsymbol{x}$:variables);
begin
  Solve $\min\{\boldsymbol{c}^\top \boldsymbol{x} \mid A\boldsymbol{x} = \boldsymbol{b}, \boldsymbol{x} \geq \boldsymbol{0}\}$;
  if $\min\{\boldsymbol{c}^\top \boldsymbol{x} \mid A\boldsymbol{x} = \boldsymbol{b}, \boldsymbol{x} \geq \boldsymbol{0}\}$ is feasible **then**
  begin
    $feasible := true$;
    $\hat{\boldsymbol{x}} = \mathrm{argmin}\{\boldsymbol{c}^\top \boldsymbol{x} \mid A\boldsymbol{x} = \boldsymbol{b},\ \boldsymbol{x} \geq \boldsymbol{0}\}$;
    return $\hat{\boldsymbol{x}}$;
  end
  else $feasible := false$;
  return $feasible$;
end

図 **3.4**　線形計画問題を解く手続き LP

procedure Feasibilitycut($\mathcal{A}$:set; $\hat{\boldsymbol{x}}$:real);
begin
　$\mathcal{A}' = \mathcal{A}; newcut = false;$
　while $\mathcal{A}' \neq \phi$ **do**
　begin
　　pick $(\mathcal{A}', \boldsymbol{\xi}); \mathcal{A}' = \mathcal{A}' \setminus \{\boldsymbol{\xi}\};$
　　$\mathrm{LP}\left(\begin{pmatrix} W & \boldsymbol{e} & -I & 0 \\ -W & \boldsymbol{e} & 0 & -I \end{pmatrix}, \begin{pmatrix} \boldsymbol{h}(\boldsymbol{\xi}) - T(\boldsymbol{\xi})\hat{\boldsymbol{x}} \\ -\boldsymbol{h}(\boldsymbol{\xi}) + T(\boldsymbol{\xi})\hat{\boldsymbol{x}} \end{pmatrix}, \begin{pmatrix} 0 \\ 1 \\ 0 \\ 0 \end{pmatrix}, \begin{pmatrix} \hat{\boldsymbol{y}} \\ \hat{t} \\ \boldsymbol{s}_1 \\ \boldsymbol{s}_2 \end{pmatrix} \right);$
　　if $\min\{t \mid W\boldsymbol{y} + \boldsymbol{e}t \geq (\boldsymbol{h}(\boldsymbol{\xi}) - T(\boldsymbol{\xi})\hat{\boldsymbol{x}}), -W\boldsymbol{y} + \boldsymbol{e}t \geq -(\boldsymbol{h}(\boldsymbol{\xi}) - T(\boldsymbol{\xi})\hat{\boldsymbol{x}}), \boldsymbol{y} \geq \boldsymbol{0}, t \geq 0\}$
　　> 0 **then**
　　begin
　　　$r := r + 1;$
　　　Construct the cut $-\boldsymbol{\gamma}_r^\top \boldsymbol{x} \geq \delta_r$;
　　　$newcut = true;$
　　end
　end
　return $newcut;$
end

図 **3.5**　実行可能性カット生成手続き Feasibilitycut

procedure MASTER(r, s:integer);
begin
　if $s > 0$ **then**
　begin
　　$\mathrm{LP}\left(\begin{pmatrix} A & 0 & 0 & 0 & 0 \\ -\Gamma & 0 & 0 & -I & 0 \\ -\boldsymbol{\beta} & \boldsymbol{e} & -\boldsymbol{e} & 0 & -I \end{pmatrix}, \begin{pmatrix} \boldsymbol{b} \\ \Delta \\ \boldsymbol{\alpha} \end{pmatrix}, \begin{pmatrix} \boldsymbol{c} \\ 1 \\ -1 \\ 0 \\ 0 \end{pmatrix}, \begin{pmatrix} \boldsymbol{x} \\ \theta^+ \\ \theta^- \\ \boldsymbol{s}_1 \\ \boldsymbol{s}_2 \end{pmatrix} \right);$
　　if $feasible = true$ **then** $\hat{\theta} = \theta^+ - \theta^-;$
　end
　else begin
　　$\mathrm{LP}\left(\begin{pmatrix} A & 0 \\ -\Gamma & -I \end{pmatrix}, \begin{pmatrix} \boldsymbol{b} \\ \Delta \end{pmatrix}, \begin{pmatrix} \boldsymbol{c} \\ 0 \end{pmatrix}, \begin{pmatrix} \boldsymbol{x} \\ \boldsymbol{s} \end{pmatrix} \right);$
　　if $feasible = true$ **then** $\hat{\theta} := -\infty;$
　end
　return $feasible;$
end

図 **3.6**　主問題を解く手続き MASTER

(L-shaped linear program)

$$\begin{array}{ll} \min & \boldsymbol{c}^{1\top}\boldsymbol{x} + \boldsymbol{c}^{2\top}\boldsymbol{y} \\ \text{subject to} & \begin{pmatrix} \boxed{A^{11}} & \\ \boxed{A^{21}} & \boxed{A^{22}} \end{pmatrix} \begin{pmatrix} \boldsymbol{x} \\ \boldsymbol{y} \end{pmatrix} = \begin{pmatrix} \boldsymbol{b}^1 \\ \boldsymbol{b}^2 \end{pmatrix} \\ & \boldsymbol{x} \geq \boldsymbol{0},\ \boldsymbol{y} \geq \boldsymbol{0} \end{array}$$

L-shaped 法は MSLiP として実装されており, 詳細は Gassman[48] を参照されたい.

3.3 正規化分解法

本節では前節と同様, 離散確率分布が与えられた場合のリコースを有する確率計画問題 (SLPR) を考える. (SLPR) はリコース関数 $Q(\boldsymbol{x}, \boldsymbol{\xi})$ とその平均 $\mathcal{Q}(\boldsymbol{x})$ を含まない次の**展開形** (extensive form) の線形計画問題に表すことができる.

(SLPR：展開形)

$$\begin{array}{ll} \min & \boldsymbol{c}^\top \boldsymbol{x} + \displaystyle\sum_{k=1}^{K} p^k \boldsymbol{q}^\top \boldsymbol{y}(\boldsymbol{\xi}^k) \\ \text{subject to} & A\boldsymbol{x} = \boldsymbol{b} \\ & \boldsymbol{x} \geq \boldsymbol{0} \\ & T(\boldsymbol{\xi}^k)\boldsymbol{x} + W\boldsymbol{y}(\boldsymbol{\xi}^k) = \boldsymbol{h}(\boldsymbol{\xi}^k),\ k = 1, \ldots, K \\ & \boldsymbol{y}(\boldsymbol{\xi}^k) \geq \boldsymbol{0},\ k = 1, \ldots, K \end{array}$$

リコース関数を含む問題 (SLPR) と展開形の問題は等価である. なぜなら, リコース関数を含む問題の実行可能解は展開形の問題の実行可能解になるため, リコース関数を含む問題の最適目的関数値は展開形の最適目的関数値以上の値となる. 明らかに, 展開形の問題の目的関数はリコース関数を含む問題の目的関数の上界であるため, 両問題の最適目的関数値は一致することがわかる.

L-shaped 法では, 最適性カットをリコース関数の期待値に対して適用した. それに対して, L-shaped 法の**多重カット** (multicut) 法は確率変数 $\tilde{\boldsymbol{\xi}}$ が $\boldsymbol{\xi}^k$ $(k = 1, \ldots, K)$ となる場合のリコース関数に対して, 最適性カットを加えるものである. その詳細は, Birge and Louveaux[20] を参照されたい. θ_k を $Q(\boldsymbol{x}, \boldsymbol{\xi}^k)$ に対する上界とすると, 次の関係が成り立つ.

$$\begin{aligned} \theta_k &\geq Q(\boldsymbol{x}, \boldsymbol{\xi}^k) \\ &= \min\{\boldsymbol{q}^\top \boldsymbol{y}(\boldsymbol{\xi}^k) \mid W\boldsymbol{y}(\boldsymbol{\xi}^k) = \boldsymbol{h}(\boldsymbol{\xi}^k) - T(\boldsymbol{\xi}^k)\boldsymbol{x},\ \boldsymbol{y}(\boldsymbol{\xi}^k) \geq \boldsymbol{0}\},\ k = 1, \ldots, K \end{aligned}$$

アルゴリズムの枠組は次のようになる.

1）　確率変数の実現値が $\boldsymbol{\xi}^k$ となるとき, $\mathcal{B}_{1k} = \{(\boldsymbol{x}, \theta_k)\}$, $k = 1, \ldots, K$ を現在の反

復までに得られた実行可能解集合とする.

2) $\mathcal{B}_0 = \{(\boldsymbol{x}, \boldsymbol{\theta}) \mid A\boldsymbol{x} = \boldsymbol{b},\ \boldsymbol{x} \geq \boldsymbol{0},\ \boldsymbol{\theta} \in \mathbb{R}^K\}$ と $\mathcal{B}_{1k},\ k = 1, \ldots, K$ に対して, 次の主問題を解く.

$$\min \left\{ \boldsymbol{c}^\top \boldsymbol{x} + \sum_{k=1}^{K} p^k \theta_k \;\middle|\; (\boldsymbol{x}, \theta_1, \ldots, \theta_K) \in \mathcal{B}_0 \cup \left(\bigcup_{k=1}^{K} \mathcal{B}_{1k} \right) \right\}$$

この最適解 $(\hat{\boldsymbol{x}}, \hat{\theta}_1, \ldots, \hat{\theta}_K)$ から最適性カットを生成する.

3) 最適性カットが生成できなくなれば最適解が得られ, 終了.

4) そうでなければ, 反復を繰り返す.

この解法は, 問題における双対分解構造を利用したものであるといえる. 主問題では $n + K$ 個の変数を含むのに対し, もとの問題では $n + \bar{n} \times K$ 個の変数を含むからである. 多重カット法については, 次のような欠点があげられる. まずこの方法では, 非常に多くのカットを加えることになるが, 各反復が進むに応じて必要でなくなるものを除くことが行われていない. また, 最初の反復が必ずしも有効なものとならないことがありえる. アルゴリズムの初期反復では, $Q(\boldsymbol{x}, \boldsymbol{\xi})$ を下から支える区分線形凸関数は十分に $Q(\boldsymbol{x}, \boldsymbol{\xi})$ を近似していないといえる. たとえば, 最適解の近傍にある 1 段階問題の解 $\boldsymbol{x}^{tmp}$ からスタートしたとき, 主問題を解いて得られた $\hat{\boldsymbol{x}}$ は $\boldsymbol{x}^{tmp}$ から離れてしまうようなことが起こりえる. そして, $\boldsymbol{x}^{tmp}$ の近傍にある最適解へたどり着くには非常に多くのステップを要することがある. したがって, 主問題を以下のように改良する. 反復 $l-1$ までに得られたある実行可能解 $\boldsymbol{x}^{tmp}$ からスタートしたとき, 次に得られる $\boldsymbol{x}^l$ は $\boldsymbol{x}^{tmp}$ からあまり離れていないことが望ましい. よって, **正規化分解法** (regularized decomposition method) では, 主問題の目的関数に $\|\boldsymbol{x} - \boldsymbol{x}^{tmp}\|^2$ を加えた, **正規化主問題** (regularized master problem) を解く.

$$\min \left\{ \frac{1}{2\rho} \|\boldsymbol{x} - \boldsymbol{x}^{tmp}\|^2 + \boldsymbol{c}^\top \boldsymbol{x} + \sum_{k=1}^{K} p^k \theta_k \;\middle|\; (\boldsymbol{x}, \theta_1, \ldots, \theta_K) \in \mathcal{B}_0 \cup \left(\bigcup_{k=1}^{K} \mathcal{B}_{1k} \right) \right\}$$

ρ は制御パラメータである. 多くの制約が含まれることを避けるために, ある実行可能解 (2 段階問題も含めた) $\boldsymbol{x}_0 \in \mathcal{B}_0,\ Q(\boldsymbol{x}_0, \boldsymbol{\xi}^k) < \infty\ (k = 1, \ldots, K)$ からスタートし, $\mathcal{G}_0$ を 1 段階の制約 $A\boldsymbol{x} = \boldsymbol{b},\ \boldsymbol{x} \geq \boldsymbol{0}$ と $\boldsymbol{x}_0$ における最適性カットから生成される制約集合に含まれる点の集合とする. 次の簡約された正規化主問題 (反復回数 $l = 0$ より始める) を考える.

$$\min \left\{ \frac{1}{2\rho} \|\boldsymbol{x} - \boldsymbol{x}^{tmp}\|^2 + \boldsymbol{c}^\top \boldsymbol{x} + \sum_{k=1}^{K} p^k \theta_k \mid (\boldsymbol{x}, \theta_1, \ldots, \theta_K) \in \mathcal{G}_l \right\}$$

この目的関数から 2 次ペナルティ項を省いたものを次のように $\hat{F}(\boldsymbol{x})$ と定める.

$$\hat{F}(\boldsymbol{x}) = \boldsymbol{c}^\top \boldsymbol{x} + \sum_{k=1}^{K} p^k \theta_k$$

この関数 $\hat{F}(\boldsymbol{x})$ は, 明らかにもとの目的関数 $F(\boldsymbol{x}) = \mathbf{c}^\top \boldsymbol{x} + \sum_{k=1}^K p^k Q(\boldsymbol{x}, \boldsymbol{\xi}^k)$ の下界をなす区分線形凸関数となる. $\mathcal{G}_l$ を与える制約が非退化となる仮定をおくことにより, $(\boldsymbol{x}, \boldsymbol{\theta}) \in \mathbb{R}^{n+K}$ は $n+K$ 個の不等式制約が活性となるとき, そしてそのときに限り端点, すなわち $\mathcal{G}_l$ ($A\boldsymbol{x} = \boldsymbol{b}$ を含めて) における基底解となる. 以下の解法においては, ある実行可能解 $\hat{\boldsymbol{x}}$ において, 下から支える関数 $\hat{F}(\hat{\boldsymbol{x}})$ が折点をとるか否かを判定していく. $(\hat{\boldsymbol{x}}, \hat{\theta})$ が $\mathcal{G}_l$ の端点となる, すなわち $n+K$ 個の制約が等号で満たされることをチェックする.

各反復では, 得られた $\boldsymbol{x}^l$ が実行可能でなければ, 侵されている制約を生成し, 再び簡約化された正規化主問題を解く. そして, 実行可能な $\boldsymbol{x}^l$ に対しては, 最適解候補 $\boldsymbol{x}^{tmp}$ を維持するか $\boldsymbol{x}^l$ と入れ替えるかを決定する. そこでは, 次の 3 つの状況が起こりうる可能性がある.

- $F(\boldsymbol{x}^l) = \hat{F}(\boldsymbol{x}^l)$, すなわち下から支える関数は $\boldsymbol{x}^l$ においてもとの目的関数と一致する. この場合はカットは付加せず, $\boldsymbol{x}^l = \boldsymbol{x}^{tmp}$ とする.
- $\hat{F}(\boldsymbol{x}^l) < F(\boldsymbol{x}^l)$ でありかつ $\boldsymbol{x}^l$ において $\hat{F}(\boldsymbol{x}^l)$ が折点となり, しかも $\boldsymbol{x}^{tmp}$ から $\boldsymbol{x}^l$ へのもとの目的関数の減少量が $\hat{F}(\boldsymbol{x}^l) - \hat{F}(\boldsymbol{x}^{tmp}) = \hat{F}(\boldsymbol{x}^l) - F(\boldsymbol{x}^{tmp})$ (< 0) に比べてある一定割合を超える場合を考える. $F(\boldsymbol{x}^l) - F(\boldsymbol{x}^{tmp}) \le (1-\mu)\{\hat{F}(\boldsymbol{x}^l) - F(\boldsymbol{x}^{tmp})\}$ となる場合, $\boldsymbol{x}^{tmp}$ よりも $\boldsymbol{x}^l$ の方がもとの目的関数値においてよい値を与え, しかも折点となって真の最適値となることもありえるため, $\boldsymbol{x}^{tmp} = \boldsymbol{x}^l$ とする.

ステップ 1　$l = 0$ において, 実行可能な $\boldsymbol{x}^{tmp}$ が与えられているものとする. 次の問題を解く.

$$\min \left\{ \frac{1}{2\rho} \|\boldsymbol{x} - \boldsymbol{x}^{tmp}\|^2 + \mathbf{c}^\top \boldsymbol{x} + \sum_{k=1}^K p^k \theta_k \mid (\boldsymbol{x}, \theta_1, \ldots, \theta_K) \in \mathcal{G}_l \right\}$$

この最適解を $(\boldsymbol{x}^l, \theta^l)$ とし, $\hat{F}(\boldsymbol{x}^l) = F(\boldsymbol{x}^{tmp})$ ならば終了し, $\boldsymbol{x}^{tmp}$ が最適解となる.

ステップ 2　問題の制約から, $(\boldsymbol{x}^l, \theta^l)$ において非活性の制約を取り除き, 高々 $n+K$ 本の制約が残るようにする.

ステップ 3　$\boldsymbol{x}^l$ が 1 段階問題の制約を満たすならばステップ 4 へ. それ以外の場合は, 侵されている高々 K 個の制約を加え, 実行可能集合を $\mathcal{G}_{l+1}$ とし, $l = l+1$ としてステップ 1 へ.

ステップ 4　$k = 1, \ldots, K$ に対して, 2 段階問題を $\boldsymbol{x}^l$ において解く. そして, $Q(\boldsymbol{x}^l, \boldsymbol{\xi}^k) = \infty$ ならば実行可能性カットを加える. それ以外の場合は, $Q(\boldsymbol{x}^l, \boldsymbol{\xi}^k) > \theta_k^l$ $(k = 1, \ldots, K)$ ならば最適性カットを加える.

ステップ 5　$Q(\boldsymbol{x}^l, \boldsymbol{\xi}^k) = \infty$ が少なくとも 1 つの k で成り立てば, $\boldsymbol{x}^{tmp}$ を更新せずステップ 7 へ.

ステップ 6　$F(\boldsymbol{x}^l) = \hat{F}(\boldsymbol{x}^l)$ あるいは $F(\boldsymbol{x}^l) - F(\boldsymbol{x}^{tmp}) \le (1-\mu)[\hat{F}(\boldsymbol{x}^l) - F(\boldsymbol{x}^{tmp})]$ かつ $(\boldsymbol{x}^l, \theta^l)$ において $n+K$ 本の制約が活性となれば, $\boldsymbol{x}^{tmp} = \boldsymbol{x}^l$ とする.

ステップ 7　$\mathcal{G}_{l+1}$ を $\mathcal{G}_l$ より構成し, $l = l+1$ としてステップ 1 へ.

図 **3.7**　正規化分解法

- 上の 2 つの状況が起こらない場合, 現在の最適解候補 $\boldsymbol{x}^{tmp}$ を更新することはない. そのとき, 近似目的関数 $\hat{F}(\boldsymbol{x})$ を最適性カットを加えることにより, $F(\boldsymbol{x})$ に近づける.

以上の議論に基づいた正規化分解法を図 3.7 に示す. ただし, $\mu \in (0,1)$ とする.

正規化分解法は Ruszczyński[119] による. この方法は, QDECOM として実装されている. 正規化分解法では 2 次計画法を解くため, Birge and Qi[21], Birge and Holmes[18] では内点法が応用されている. Lustig, *et al.*[85] では, 内点法と並列計算を用いている.

● 3.4 ● リコース関数の上下界について ●

リコース関数の上下界値を求めることは, 2 段階問題の最適目的関数値を求める際に近似解として用いることができるため重要である.

$$
\begin{aligned}
\phi(\boldsymbol{\xi}) = Q(\boldsymbol{x},\boldsymbol{\xi}) &= \min\{\boldsymbol{q}^\top \boldsymbol{y}(\boldsymbol{\xi}) \mid W\boldsymbol{y}(\boldsymbol{\xi}) = \boldsymbol{h}(\boldsymbol{\xi}) - T(\boldsymbol{\xi})\boldsymbol{x},\ \boldsymbol{y}(\boldsymbol{\xi}) \geq 0\} \\
&= \max\{\boldsymbol{\pi}^\top(\boldsymbol{h}(\boldsymbol{\xi}) - T(\boldsymbol{\xi})\boldsymbol{x}) \mid \boldsymbol{\pi}^\top W \leq \boldsymbol{q}\}
\end{aligned}
$$

リコース関数 $Q(\boldsymbol{x},\boldsymbol{\xi})$ は, 1 段階において決定 $\boldsymbol{x}$ を行い, 確率変数 $\tilde{\boldsymbol{\xi}}$ の値が $\boldsymbol{\xi}$ となるときの 2 段階問題における最適値であるが, これを $\boldsymbol{\xi}$ の関数とみて $\phi(\boldsymbol{\xi})$ と表す.

3.4.1 Jensen の下界

以下 **Jensen** の下界 (Jensen lower bound) の考え方について示す. $\phi(\boldsymbol{\xi}) = \max\{\boldsymbol{\pi}^\top(\boldsymbol{h}(\boldsymbol{\xi}) - T(\boldsymbol{\xi})\boldsymbol{x}) \mid \boldsymbol{\pi}^\top W \leq \boldsymbol{q}\}$ の制約式には $\boldsymbol{\xi}$ は含まれないため, $\phi(\boldsymbol{\xi})$ は凸関数となる. このとき, 線形関数 $L(\boldsymbol{\xi}) = \boldsymbol{c}^\top\boldsymbol{\xi} + d$ (ただし $\boldsymbol{c}, \boldsymbol{d} \in \mathbb{R}^N$) によって $\phi(\boldsymbol{\xi})$ を下から支えることを考える. 下界はできるだけ大きくなることが望ましいため, ある $\hat{\boldsymbol{\xi}} \in \Xi$ において $\phi(\boldsymbol{\xi})$ の接線方向と一致するような $L(\boldsymbol{\xi})$ を考えたい.

$$
\begin{aligned}
L(\boldsymbol{\xi}) &= \boldsymbol{c}^\top\boldsymbol{\xi} + d \\
&= \nabla\phi(\hat{\boldsymbol{\xi}})(\boldsymbol{\xi} - \hat{\boldsymbol{\xi}}) + \phi(\hat{\boldsymbol{\xi}})
\end{aligned}
$$

両辺に関して確率変数 $\tilde{\boldsymbol{\xi}}$ に関する期待値をとると, 以下のようになる.

$$
\begin{aligned}
E_{\tilde{\boldsymbol{\xi}}}[L(\tilde{\boldsymbol{\xi}})] &= \nabla\phi(\hat{\boldsymbol{\xi}})(E_{\tilde{\boldsymbol{\xi}}}[\tilde{\boldsymbol{\xi}}] - \hat{\boldsymbol{\xi}}) + \phi(\hat{\boldsymbol{\xi}}) \\
&= L(E_{\tilde{\boldsymbol{\xi}}}[\tilde{\boldsymbol{\xi}}])
\end{aligned}
$$

したがって, 下界を与える関数 $L(\boldsymbol{\xi})$ の期待値 $E_{\tilde{\boldsymbol{\xi}}}[L(\tilde{\boldsymbol{\xi}})]$ を求めるには, 関数 $L(\boldsymbol{\xi})$ において $\boldsymbol{\xi} = E_{\tilde{\boldsymbol{\xi}}}[\tilde{\boldsymbol{\xi}}]$ とすればよい. 続いて, この $E_{\tilde{\boldsymbol{\xi}}}[L(\tilde{\boldsymbol{\xi}})]$ が最大値をとるような $\hat{\boldsymbol{\xi}}$ を求める.

$$
\frac{d}{d\hat{\boldsymbol{\xi}}}L(E_{\tilde{\boldsymbol{\xi}}}[\tilde{\boldsymbol{\xi}}]) = \nabla^2\phi(\hat{\boldsymbol{\xi}})(E_{\tilde{\boldsymbol{\xi}}}[\tilde{\boldsymbol{\xi}}] - \hat{\boldsymbol{\xi}}) - \nabla\phi(\hat{\boldsymbol{\xi}}) + \nabla\phi(\hat{\boldsymbol{\xi}})
$$

関数 $\phi(\boldsymbol{\xi})$ の 2 階微分可能性を仮定すると, $\phi(\boldsymbol{\xi})$ は凸関数であることより, $\hat{\boldsymbol{\xi}} = E_{\tilde{\boldsymbol{\xi}}}[\tilde{\boldsymbol{\xi}}]$ のとき最大値 $E_{\tilde{\boldsymbol{\xi}}}[L(\tilde{\boldsymbol{\xi}})] = \phi(E_{\tilde{\boldsymbol{\xi}}}[\tilde{\boldsymbol{\xi}}])$ をとる. これより, 次の定理が成立する.

定理 3.7　$\phi(\boldsymbol{\xi})$ が $\tilde{\boldsymbol{\xi}}$ の台 Ξ において凸関数であれば, 次の不等式が成立する.

$$E_{\tilde{\boldsymbol{\xi}}}[\phi(\tilde{\boldsymbol{\xi}})] \geq \phi(E_{\tilde{\boldsymbol{\xi}}}[\tilde{\boldsymbol{\xi}}])$$

3.4.2　Edmundson–Madansky の上界

Edmundson–Madansky の上界 (Edmundson–Madansky upper bound) を求める方法について示す. まずはじめに, 確率変数ベクトル $\tilde{\boldsymbol{\xi}}$ の次元が $N = 1$ である場合を考え, $\tilde{\xi}$ の台を $\Xi = [a, b]$ とする. Jensen の下界と同様に, $\phi(\xi) = Q(\hat{x}, \xi)$ と定義する. 関数 $\phi(\xi)$ の上界を与える関数 $U(\xi)$ は $(a, \phi(a)), (b, \phi(b))$ を通る直線として定義できる.

$$U(\xi) = \frac{\phi(b) - \phi(a)}{b - a}\xi + \frac{b}{b - a}\phi(a) - \frac{a}{b - a}\phi(b)$$

ここで右辺の $\tilde{\xi}$ に関する期待値を求めると, Edmundson–Madansky の上界が得られる.

$$\begin{aligned}
\phi(\xi) &\leq E_{\tilde{\xi}}[U(\tilde{\xi})] \\
&= \frac{\phi(b) - \phi(a)}{b - a}E_{\tilde{\xi}}[\tilde{\xi}] + \frac{b}{b - a}\phi(a) - \frac{a}{b - a}\phi(b) \\
&= \phi(a)\frac{b - E_{\tilde{\xi}}[\tilde{\xi}]}{b - a} + \phi(b)\frac{E_{\tilde{\xi}}[\tilde{\xi}] - a}{b - a}
\end{aligned}$$

2 次元の確率変数 $(N = 2)$ に対する場合を以下に示す. 確率変数 $\tilde{\boldsymbol{\xi}} = (\tilde{\xi}_1, \tilde{\xi}_2)$ の台を $\Xi = [a_1, b_1] \times [a_2, b_2]$ とする. $\tilde{\xi}_1, \tilde{\xi}_2$ は互いに独立とする. まずはじめに $\tilde{\xi}_1$ に関して上界を計算し, 続いて $\tilde{\xi}_2$ に関し計算を行う.

$$\begin{aligned}
\phi(\xi_1, \xi_2) &\leq \frac{\xi_1 - a_1}{b_1 - a_1}\phi(b_1, \xi_2) + \frac{b_1 - \xi_1}{b_1 - a_1}\phi(a_1, \xi_2) \\
&\leq \frac{\xi_1 - a_1}{b_1 - a_1}\left[\frac{\xi_2 - a_2}{b_2 - a_2}\phi(b_1, b_2) + \frac{b_2 - \xi_2}{b_2 - a_2}\phi(b_1, a_2)\right] \\
&\quad + \frac{b_1 - \xi_1}{b_1 - a_1}\left[\frac{\xi_2 - a_2}{b_2 - a_2}\phi(a_1, b_2) + \frac{b_2 - \xi_2}{b_2 - a_2}\phi(a_1, a_2)\right]
\end{aligned}$$

すると, N 個の確率変数を含む場合には, 2^N 個の点における評価が必要となる.

これらの Jensen の下界と Edmundson–Madansky の上界を組み合わせることによって, リコース関数のよりよい近似値が得られる. さらに, 各々独立な多くの確率変数を含む凸関数についても, 同じように (分布が離散であろうと連続であろうと) 近似値を求めることができる. まず 1 つの確率変数を取り上げ, その分布の台を有限個の区間すなわちセル (cell) に分割する. そして, その区間に対して Edmundson–Madansky の上界および Jensen の下界を適用する.

Jensenの下界はJensen[62]による．Edmundson–Madansky の上界は, Edmundson[39), Madansky[86] の別々の研究による．この上界値の多次元分布に対する拡張は, Gassman and Ziemba[49], Edirisinghe and Ziemba[37, 38] などがある．また他にも, 上下界値に関する研究としては, Huang, *et al.*[56], Huang, *et al.*[57] などがある．互いに独立でない確率変数を含む場合の Edmundson–Madansky の上界値は, Frauendorfer[44] にある．ネットワーク型の問題に応用できる区分線形な上界は, Birge and Wets[24], Wallace[157] らによる．これらは後に, Birge and Wallace[22] として結び付けられた．

3.4.3 分布の台集合の分割

次に, $\phi(\boldsymbol{\xi}) = Q(\boldsymbol{x}, \boldsymbol{\xi})$ に対する分布の台の分割を考える．前述の方法を用いることにより,

$$\mathcal{L} \leq E_{\tilde{\boldsymbol{\xi}}}[\phi(\tilde{\boldsymbol{\xi}})] \leq \mathcal{U}$$

を満たす $\mathcal{L}, \mathcal{U}$ を得ているものとする．$\mathcal{U} - \mathcal{L}$ が小さければよい近似が得られているが, そうでなければ $\tilde{\boldsymbol{\xi}}$ の分布の台 Ξ をさらに小さなセル Ξ_j (ただし $\cup_j \Xi_j = \Xi$) に分割し近似を繰り返すことになる．そして, 各セルにおける**条件付期待値** (conditional expectation) を求めることにより Jensen の下界値を得て, 各セルをとる確率を掛けた重み付き平均により Ξ における下界値を求める．分割すべきセルを選択するには, 誤差 $\mathcal{U} - \mathcal{L}$ の大きいものを選ぶのが自然であるが, セルの分割法については注意が必要である．ここでは, $\Xi \in \mathbb{R}^N$ を矩形領域と仮定し, 矩形による分割を考えるものとする．セルにおける分割点については, 経験的にセルにおける条件付期待値, あるいはメジアンをとるのがよいとされている．分割を行う軸, すなわち確率変数の選択については, 適切に行わないと計算量を増やす結果となる．しかし, この選択はヒューリスティックなものとならざるをえない．よって次にその考え方を示す．これらの多くは上界値として, Edmundson–Madansky の上界値を用いている．この上界値に各セルの端点におけるリコース問題の解を用いるのは, その双対問題の解を用いることによって, 各端点における ϕ の曲率, すなわち ϕ の形状に対する情報を得ることができるからである．

まず, 1 個の確率変数 $\tilde{\boldsymbol{\xi}}$ のみを含む場合について考える．$\tilde{\boldsymbol{\xi}}$ の台を $\Xi = [\boldsymbol{A}, \boldsymbol{B}]$ とする．このとき $\phi(\boldsymbol{A}) = Q(\hat{\boldsymbol{x}}, \boldsymbol{A}), \phi(\boldsymbol{B}) = Q(\hat{\boldsymbol{x}}, \boldsymbol{B})$ であり, それぞれに対して, リコース関数を定義する問題の双対問題である最大化問題の解 $\boldsymbol{\pi}^A, \boldsymbol{\pi}^B$ を得る．

$$\phi(\boldsymbol{A}) = Q(\hat{\boldsymbol{x}}, \boldsymbol{A}) = (\boldsymbol{\pi}^A)^\top[\boldsymbol{h}(\boldsymbol{A}) - T(\boldsymbol{A})\hat{\boldsymbol{x}}]$$

$$\phi(\boldsymbol{B}) = Q(\hat{\boldsymbol{x}}, \boldsymbol{B}) = (\boldsymbol{\pi}^B)^\top[\boldsymbol{h}(\boldsymbol{B}) - T(\boldsymbol{B})\hat{\boldsymbol{x}}]$$

リコース問題の双対問題の制約に含まれる $\boldsymbol{q}$ は確率変数によらないため, ある $\boldsymbol{\xi}$ について双対実行可能な $\boldsymbol{\pi}$ はすべての $\boldsymbol{\xi}$ について双対実行可能となる．よって, 次の α, β を定義する．

$$\alpha = \phi(\boldsymbol{A}) - (\boldsymbol{\pi}^B)^\top[\boldsymbol{h}(\boldsymbol{A}) - T(\boldsymbol{A})\boldsymbol{x}] \geq 0$$

$$\beta = \phi(\boldsymbol{B}) - (\boldsymbol{\pi}^A)^\top [\boldsymbol{h}(\boldsymbol{B}) - T(\boldsymbol{B})\boldsymbol{x}] \geq 0$$

α, β は ϕ の形状に関する情報を与える．α, β の両者が小さければ ϕ は線形に近い関数となり，両者が大きければ非線形性の大きい関数となる．両者の差が大きい場合も，線形に近いものとなるため，非線形性の度合を測るために $\min\{\alpha, \beta\}$ を用いることにする．複数 (N 個) の確率変数が含まれている場合は，ある 1 つの確率変数に注目して上の操作を行うのであるが，他の確率変数がとる値の組合せは各々 (下界値，上界値) のいずれかであるから，2^{N-1} 通りのうちのいずれかに固定しなければならない．セルを分割すべき確率変数の選定には次の 2 通りの方法が考えられる．

1) セルの各隣接端点ごとに $\min\{\alpha, \beta\}$ を求め，それを最大化する端点組に対応する確率変数について分割する．隣接端点の組数は，1 つの端点に隣接する端点数 N にすべての端点数 2^N を掛け，重複を考えて 2 で割ることにより，$N2^{N-1}$ となる．
2) 特定の確率変数に対する変動のみを考える．その確率変数が (下界値，上界値) となる端点組の集合をとる．各端点組の $\min\{\alpha, \beta\}$ を計算し，その集合における期待値を求める．集合に含まれる端点組の個数は 2^{N-1} である．そして，すべての確率変数に対してその期待値を求め，それが最大となる端点組に対応する確率変数について分割する．

分布の台の分割については，Birge and Wets[23])，Kall, *et al.*[66]) らの考え方を参考にした．

3.4.4 近似 L-shaped 法

L-shaped 法，確率変数 $\tilde{\boldsymbol{\xi}}$ の台の分割およびリコース関数の上下界値を組み合わせることによって，連続分布をもつ確率変数を含む問題を扱うことができる．$\tilde{\boldsymbol{\xi}}$ の分布の台 Ξ をセル Ξ_j ($\cup_{j=1}^l \Xi_j = \Xi$) に分割する．確率変数 $\tilde{\boldsymbol{\xi}}$ の実現値 $\boldsymbol{\xi}$ がセル Ξ_j に含まれる確率を p^j とし，各セルにおける $\tilde{\boldsymbol{\xi}}$ の条件付期待値を $\{\boldsymbol{\xi}^1, \ldots, \boldsymbol{\xi}^l\}$ とする．そして，次の近似主問題を解く．

(近似主問題)

$$\begin{array}{rl} \min & \boldsymbol{c}^\top \boldsymbol{x} + \mathcal{L}(\boldsymbol{x}) \\ \text{subject to} & A\boldsymbol{x} = \boldsymbol{b} \\ & \boldsymbol{x} \geq \boldsymbol{0} \end{array}$$

ここで，$\mathcal{L}(\boldsymbol{x}) = \sum_{j=1}^l p^j Q(\boldsymbol{x}, \boldsymbol{\xi}^j)$ とする．近似主問題は，もとの問題 (SLPR) の目的関数 $\mathcal{Q}(\boldsymbol{x})$ の代わりに $\mathcal{L}(\boldsymbol{x})$ と設定した問題である．$\hat{\boldsymbol{x}}$ を近似主問題の問題の最適解，$\bar{\boldsymbol{x}}$ をもとの問題 (SLPR) の最適解とすると，次が成り立つ．

$$\boldsymbol{c}^\top \hat{\boldsymbol{x}} + \mathcal{L}(\hat{\boldsymbol{x}}) \leq \boldsymbol{c}^\top \bar{\boldsymbol{x}} + \mathcal{L}(\bar{\boldsymbol{x}}) \leq \boldsymbol{c}^\top \bar{\boldsymbol{x}} + \mathcal{Q}(\bar{\boldsymbol{x}})$$

最初の不等号は $\hat{\boldsymbol{x}}$ の最適性による．次の不等号は $\mathcal{L}(\boldsymbol{x}) \leq \mathcal{Q}(\boldsymbol{x})$ による．$\mathcal{L}(\boldsymbol{x}) \leq \mathcal{Q}(\boldsymbol{x})$ が成立する理由を以下に示す．$f(\boldsymbol{\xi})$ を $\tilde{\boldsymbol{\xi}}$ の密度関数，$f_{\Xi_j}(\boldsymbol{\xi})$ を $\boldsymbol{\xi}$ の Ξ_j における条件付

密度関数 (conditional density function) とすると, $f_{\Xi_j}(\boldsymbol{\xi}) = \frac{f(\boldsymbol{\xi})}{p^j}$ となる. また $E_{\Xi_j}[\cdot]$ を Ξ_j における条件付期待値とする.

$$\mathcal{L}(\boldsymbol{x}) = \sum_{j=1}^{l} p^j Q(\boldsymbol{x}, \boldsymbol{\xi}^j) = \sum_{j=1}^{l} p^j \phi(E_{\Xi_j}[\tilde{\boldsymbol{\xi}}])$$

$$\mathcal{Q}(\boldsymbol{x}) = \int_{\Xi} Q(\boldsymbol{x}, \boldsymbol{\xi}) f(\boldsymbol{\xi}) d\boldsymbol{\xi} = \sum_{j=1}^{l} p^j \int_{\Xi_j} Q(\boldsymbol{x}, \boldsymbol{\xi}) f_{\Xi_j}(\boldsymbol{\xi}) d\boldsymbol{\xi} = \sum_{j=1}^{l} p^j E_{\Xi_j}[\phi(\tilde{\boldsymbol{\xi}})]$$

Jensen の不等式 $\phi(E_{\Xi_j}[\tilde{\boldsymbol{\xi}}]) \leq E_{\Xi_j}[\phi(\tilde{\boldsymbol{\xi}})]$ から, $\mathcal{L}(\boldsymbol{x}) \leq \mathcal{Q}(\boldsymbol{x})$ が示される. 同様に, $\mathcal{Q}(\boldsymbol{x}) \leq \mathcal{U}(\boldsymbol{x})$ を満たす上界 $\mathcal{U}(\boldsymbol{x})$ を用いることにより, 次が得られる.

$$\boldsymbol{c}^\top \bar{\boldsymbol{x}} + \mathcal{Q}(\bar{\boldsymbol{x}}) \leq \boldsymbol{c}^\top \hat{\boldsymbol{x}} + \mathcal{Q}(\hat{\boldsymbol{x}}) \leq \boldsymbol{c}^\top \hat{\boldsymbol{x}} + \mathcal{U}(\hat{\boldsymbol{x}})$$

$\mathcal{U}(\boldsymbol{x})$ としては, Edmundson–Madansky の上界などが用いられる. 先の問題を解くことにより誤差 $\mathcal{U}(\hat{\boldsymbol{x}}) - \mathcal{L}(\hat{\boldsymbol{x}})$ を得るが, 要求精度が満たされるまで台の分割を繰り返し, L-shaped 法を用いる.

● 3.5 ● 確率的分解 ●

先に示した L-shaped 法は, 同じ入力データに対して常に同じ結果を返すという意味で, 確定的方法であるといえる. 本節で示す**確率的分解** (SD: stochastic decompositon) は, 理想的には連続する試行において必ずしも同じ結果を返さないという意味で, 確率的方法であるといえる. 理想的というのは, 実際には真の乱数を発生させることが不可能であるためである.

確率的分解においては, 対象とする問題が相対完全リコース性を有しているものと仮定する. 次の問題を考える.

$$\begin{array}{rl} \min & \phi(\boldsymbol{x}) \equiv \boldsymbol{c}^\top \boldsymbol{x} + \mathcal{Q}(\boldsymbol{x}) \\ \text{subject to} & A\boldsymbol{x} = \boldsymbol{b} \\ & \boldsymbol{x} \geq \boldsymbol{0} \end{array}$$

ただし, $\mathcal{Q}(\boldsymbol{x}) = \int Q(\boldsymbol{x}, \boldsymbol{\xi}) f(\boldsymbol{\xi}) d\boldsymbol{\xi}$ とし, f を $\tilde{\boldsymbol{\xi}}$ の密度関数とする. また, リコース関数を次のように定める. リコース関数を定義する最小化問題の最適目的関数値が有限値であれば, 定理 3.3 より次のようになる.

$$\begin{aligned} Q(\boldsymbol{x}, \boldsymbol{\xi}) &= \min\{\boldsymbol{q}^\top \boldsymbol{y} \mid W\boldsymbol{y} = \boldsymbol{\xi} - T(\boldsymbol{\xi})\boldsymbol{x},\ \boldsymbol{y} \geq \boldsymbol{0}\} \\ &= \max\{\boldsymbol{\pi}^\top [\boldsymbol{\xi} - T(\boldsymbol{\xi})\boldsymbol{x}] \mid \boldsymbol{\pi}^\top W \leq \boldsymbol{q}^\top\} \end{aligned}$$

$\hat{\boldsymbol{\pi}}$ がこの双対実行可能解ならば, すべての $\boldsymbol{\xi} \in \Xi, \boldsymbol{x}$ に対して,

$$Q(\boldsymbol{x}, \boldsymbol{\xi}) \geq \hat{\boldsymbol{\pi}}^\top [\boldsymbol{\xi} - T(\boldsymbol{\xi})\boldsymbol{x}]$$

となる．SD では双対実行可能な解の集合 V を用いて, $Q(\boldsymbol{x}, \boldsymbol{\xi})$ の下界を生成する．SD の反復 k においては, 確率変数 $\tilde{\boldsymbol{\xi}}$ の実現値 $\boldsymbol{\xi}^k$ および実行可能解 $\boldsymbol{x}^k$ が与えられているものとする．反復 k においては, $Q(\boldsymbol{x}^k, \boldsymbol{\xi}^j)$ $(j = 1, \ldots, k)$ の値を近似的または厳密に求める．まず $Q(\boldsymbol{x}^k, \boldsymbol{\xi}^k)$ に対しては, 次を解くことによって $\boldsymbol{\pi}(\boldsymbol{x}^k, \boldsymbol{\xi}^k)$ を得る．

$$Q(\boldsymbol{x}^k, \boldsymbol{\xi}^k) = \max\{\boldsymbol{\pi}^\top[\boldsymbol{\xi}^k - T(\boldsymbol{\xi}^k)\boldsymbol{x}^k] \mid \boldsymbol{\pi}^\top W \le \boldsymbol{q}_0^\top\}$$

そして, V をこの時点までに得られた双対実行可能解集合とし, $\boldsymbol{\pi}(\boldsymbol{x}^k, \boldsymbol{\xi}^k)$ を V に加える．続いて, $Q(\boldsymbol{x}^k, \boldsymbol{\xi}^j)$ $(j = 1, \ldots, k-1)$ に関しては, 次のように V のうちで最も目的関数の値がよいものを選択する．すなわち, $Q(\boldsymbol{x}^k, \boldsymbol{\xi}^j)$ $(j = 1, \ldots, k-1)$ の近似解 $\boldsymbol{\pi}_j^k$ $(j = 1, \ldots, k)$ を求める．

$$\max_{\boldsymbol{\pi}}\{\boldsymbol{\pi}^\top[\boldsymbol{\xi}^j - T(\boldsymbol{\xi}^j)\boldsymbol{x}^k] \mid \boldsymbol{\pi} \in V\},\ j = 1, \ldots, k$$

最も新しい実現値 $\boldsymbol{\xi}^k$ 以外については, $Q(\boldsymbol{x}^k, \boldsymbol{\xi}^j)$ $(j = 1, \ldots, k-1)$ の近似解を求めていることに注意されたい．リコース関数の期待値 $\mathcal{Q}(\boldsymbol{x}^k)$ の近似として, 次の $\mathcal{Q}_k(\boldsymbol{x}^k)$ を用いる．

$$\mathcal{Q}_k(\boldsymbol{x}^k) = \frac{1}{k}\sum_{j=1}^{k}(\boldsymbol{\pi}_j^k)^\top[\boldsymbol{\xi}^j - T(\boldsymbol{\xi}^j)\boldsymbol{x}^k]$$

このようにして求められた $\mathcal{Q}_k(\boldsymbol{x}^k)$ は, 必ずしも $\mathcal{Q}(\boldsymbol{x}^k)$ の下界値とはならない．確率変数 $\tilde{\boldsymbol{\xi}}$ の標本点集合 $\{\boldsymbol{\xi}^1, \ldots, \boldsymbol{\xi}^k\}$ に対し, 各々 $\frac{1}{k}$ の確率を与えているが, これは実際の分布とは異なるためである．しかし $k \to \infty$ と増えるに従って, $\mathcal{Q}_k(\boldsymbol{x})$ は $\mathcal{Q}(\boldsymbol{x})$ に収束することが示されている．L-shaped 法と SD との相違点をあげると, SD は $\tilde{\boldsymbol{\xi}}$ のすべての実現値ではなく, 有限個数の標本における最適化であること, さらに $\mathcal{Q}(\boldsymbol{x}^k)$ でなく, その近似値 $\mathcal{Q}_k(\boldsymbol{x}^k)$ に対する下界を求めていることなどがある．$Q(\boldsymbol{x}, \boldsymbol{\xi})$ に対する下界を用いているという点から考えれば, SD は近似 L-shaped 法に近いといえるが, 最も重要な相違点としては, 近似 L-shaped 法では分割されたセルにおける条件付期待値を用いて下界を求めているが, SD における $Q(\boldsymbol{x}^k, \boldsymbol{\xi}^j)$ $(j = 1, \ldots, k-1)$ の計算は, 双対実行可能解集合を V に制限するという意味で近似的な最適化を行っていることがある．L-shaped 法では $\mathcal{Q}(\boldsymbol{x})$ を θ で置き換え, 新たな最適性カットを加えたように, SD では反復 k で次のカットを加える．

$$\theta \ge \frac{1}{k}\sum_{j=1}^{k}(\boldsymbol{\pi}_j^k)^\top[\boldsymbol{\xi}^j - T(\boldsymbol{\xi}^j)\boldsymbol{x}^k] = \alpha_k^k + (\boldsymbol{\beta}_k^k)^\top \boldsymbol{x}$$

これは $\mathcal{Q}_k(\boldsymbol{x})$ に対するカットであり, 目的関数に含まれる真の $\mathcal{Q}(\boldsymbol{x})$ に対して下界を与えるものであるかどうかは一般にはいえない．また, カットの係数 $\alpha_k^k, \boldsymbol{\beta}_k^k$ における上付添字はカットが更新された反復の番号を表し, 下付添字はカットが生成された反復を表すものとする．L-shaped 法とは異なり, SD では古いカット, すなわち反

復 k で $\alpha_j^{k-1}, \boldsymbol{\beta}_j^{k-1}$ $(j = 1, \ldots, k-1)$ の更新を行う．また $Q(\boldsymbol{x}, \boldsymbol{\xi})$ の下界値として，$\underline{Q} \leq Q(\boldsymbol{x}, \boldsymbol{\xi})$ が与えられているものとする．次の反復 $k-1$ までに加えられたカット

$$\theta \geq \alpha_j^{k-1} + (\boldsymbol{\beta}_j^{k-1})^\top \boldsymbol{x},\ j = 1, \ldots, k-1$$

を次のように更新する．

$$\begin{aligned}\theta &\geq \frac{k-1}{k}[\alpha_j^{k-1} + (\boldsymbol{\beta}_j^{k-1})^\top \boldsymbol{x}] + \frac{1}{k}\underline{Q} \\ &= \alpha_j^{k} + (\boldsymbol{\beta}_j^{k})^\top \boldsymbol{x},\ j = 1, \ldots, k-1\end{aligned}$$

続いて, SD における主問題を解き, 次の $\boldsymbol{x}^{k+1}$ を得る．

(SD における主問題)

$$\begin{array}{ll} \min & \boldsymbol{c}^\top \boldsymbol{x} + \theta \\ \text{subject to} & A\boldsymbol{x} = \boldsymbol{b} \\ & \theta \geq \alpha_j^k + (\boldsymbol{\beta}_j^k)^\top \boldsymbol{x},\ j = 1, \ldots, k \\ & \boldsymbol{x} \geq \boldsymbol{0} \end{array}$$

この問題は次のように書き換えられる．

(SD における主問題)

$$\begin{array}{ll} \min & \phi_k(\boldsymbol{x}) \equiv \boldsymbol{c}^\top \boldsymbol{x} + \displaystyle\max_{j \in \{1,\ldots,k\}} [\alpha_j^k + (\boldsymbol{\beta}_j^k)^\top \boldsymbol{x}] \\ \text{subject to} & A\boldsymbol{x} = \boldsymbol{b} \\ & \boldsymbol{x} \geq \boldsymbol{0} \end{array}$$

$\phi_k(\boldsymbol{x})$ は $\phi(\boldsymbol{x}) \equiv \boldsymbol{c}^\top \boldsymbol{x} + \mathcal{Q}(\boldsymbol{x})$ の反復 k における近似であるといえる．このようにして求められた点列 $\{\boldsymbol{x}^k\}$ における収束する部分列を求めるために, 以下の操作を行う．収束する点列を $\{\bar{\boldsymbol{x}}^{\boldsymbol{k}}\}$ とし, $\bar{\boldsymbol{x}}^{\boldsymbol{k}}$ を現在の解 (incumbent solution) とよぶ．また, i_k を $\bar{\boldsymbol{x}}^{\boldsymbol{k}}$ が求まった反復回数を示すものと定義する．

SD のアルゴリズムを以下に示す．$k = 0,\ r \in (0, 1),\ \xi^0 = E_{\tilde{\boldsymbol{\xi}}}[\tilde{\boldsymbol{\xi}}]$ とする．

$$\begin{array}{ll} \min & \boldsymbol{c}^\top \boldsymbol{x} + \boldsymbol{q}^\top \boldsymbol{y} \\ \text{subject to} & A\boldsymbol{x} = \boldsymbol{b} \\ & W\boldsymbol{y} = \boldsymbol{\xi}^0 - T(\boldsymbol{\xi}^0)x \\ & \boldsymbol{x} \geq \boldsymbol{0},\ \boldsymbol{y} \geq \boldsymbol{0} \end{array}$$

この問題を解いて $\boldsymbol{x}^1$ を得る．続いて $\bar{\boldsymbol{x}}^0 = \boldsymbol{x}^1$ とし, $\bar{\boldsymbol{x}}^0$ が見つかった反復回数を $i_0 = 0$ とする．反復 k に入る時点では, $\bar{\boldsymbol{x}}^{k-1}, \boldsymbol{x}^k$ がすでに得られていることに注意されたい．確率変数 $\tilde{\boldsymbol{\xi}}$ の標本 $\boldsymbol{\xi}^k$ が与えられたとき, 次のように定める．

$$\boldsymbol{\pi}(\boldsymbol{x}^k, \boldsymbol{\xi}^k) = \operatorname*{argmax}_{\boldsymbol{\pi}} \{\boldsymbol{\pi}^\top [\boldsymbol{\xi}^k - T(\boldsymbol{\xi}^k)\boldsymbol{x}^k] \mid \boldsymbol{\pi}^\top W \leq \boldsymbol{q}^\top\}$$

$$\bar{\boldsymbol{\pi}}(\boldsymbol{x}^k, \boldsymbol{\xi}^k) = \operatorname*{argmax}_{\boldsymbol{\pi}} \{\boldsymbol{\pi}^\top [\boldsymbol{\xi}^k - T(\boldsymbol{\xi}^k)\bar{\boldsymbol{x}}^{k-1}] \mid \boldsymbol{\pi}^\top W \leq \boldsymbol{q}^\top\}$$

そして, $V = V \cup \{\boldsymbol{\pi}(\boldsymbol{x}^k, \boldsymbol{\xi}^k), \bar{\boldsymbol{\pi}}(\boldsymbol{x}^k, \boldsymbol{\xi}^k)\}$ とする. カット生成については,

$$\boldsymbol{\pi}_j^k = \operatorname*{argmax}_{\boldsymbol{\pi}} \{\boldsymbol{\pi}^\top [\boldsymbol{\xi}^j - T(\boldsymbol{\xi}^j)\boldsymbol{x}^k] \mid \boldsymbol{\pi} \in V\},\ j = 1, \ldots, k$$

とし, 反復 k で加えられるカットを次のように生成する.

$$\theta \geq \frac{1}{k} \sum_{j=1}^{k} (\boldsymbol{\pi}_j^k)^\top [\boldsymbol{\xi}^j - T(\boldsymbol{\xi}^j)\boldsymbol{x}] = \alpha_k^k + (\boldsymbol{\beta}_k^k)^\top \boldsymbol{x}$$

次に, 残りの $k-1$ 本のカットを更新するが, 現在得られている $\bar{\boldsymbol{x}}^{k-1}$ が得られた反復回数 i_{k-1} に対応するカットとそれ以外のカットの更新法は異なる.

$$\bar{\boldsymbol{\pi}}_j = \operatorname*{argmax}_{\boldsymbol{\pi}} \{\boldsymbol{\pi}^\top [\boldsymbol{\xi}^j - T(\boldsymbol{\xi}^j)\bar{\boldsymbol{x}}^{k-1}] \mid \boldsymbol{\pi} \in V\},\ j = 1, \ldots, k$$

とし, カット i_{k-1} を更新する.

$$\theta \geq \frac{1}{k} \sum_{j=1}^{k} (\bar{\boldsymbol{\pi}}_j)^\top [\boldsymbol{\xi}^j - T(\boldsymbol{\xi}^j)\boldsymbol{x}] = \alpha_{i_{k-1}}^k + (\boldsymbol{\beta}_{i_{k-1}}^k)^\top x$$

残りの $k-2$ 本のカットの更新は次のようにする.

$$\begin{aligned}\theta &\geq \frac{k-1}{k}[\alpha_j^{k-1} + (\boldsymbol{\beta}_j^{k-1})^\top \boldsymbol{x}] + \frac{1}{k}\underline{Q} \\ &= \alpha_j^k + (\boldsymbol{\beta}_j^k)^\top \boldsymbol{x},\ j = 1, \ldots, k-1,\ j \neq i_{k-1}\end{aligned}$$

続いて SD における主問題を解くが, 反復 k に入る時点においては, $\phi(\boldsymbol{x})$ は $\phi_{k-1}(\boldsymbol{x})$ で近似されていることに注意されたい. そして, 反復 k で追加されるカットを生成すると同時に残りのカットを更新する. この操作によって, 反復 $k+1$ における近似目的関数 $\phi_k(\boldsymbol{x})$ を得て, $\boldsymbol{x}^{k+1} = \mathrm{argmin}\ \phi_k(\boldsymbol{x})$ を求める. 次の $\phi_k(\boldsymbol{x}^k) - \phi_k(\bar{\boldsymbol{x}}^{k-1})$ が目的関数の減少量に対する 1 つの目安となる. したがって,

$$\phi_k(\boldsymbol{x}^k) - \phi_k(\bar{\boldsymbol{x}}^{k-1}) \leq r[\phi_{k-1}(\boldsymbol{x}^k) - \phi_{k-1}(\bar{\boldsymbol{x}}^{k-1})]$$

が満たされるならば, $\bar{\boldsymbol{x}}^k = \boldsymbol{x}^k, i_k = k$ とし, そうでなければ $\bar{\boldsymbol{x}}^k = \bar{\boldsymbol{x}}^{k-1}, i_k = i_{k-1}$ として反復を繰り返す.

確率的分解とその収束性の証明は, Higle and Sen[52–54] を参照されたい.

3.6 確率的準勾配法

連続分布をもつ確率変数を含む次の問題を考える.

$$\min_{\boldsymbol{x} \in X} \left[f(\boldsymbol{x}) + \int_{\Xi} Q(\boldsymbol{x}, \boldsymbol{\xi}) P_{\tilde{\boldsymbol{\xi}}}(d\boldsymbol{\xi}) \right]$$

次のように定めると, この問題はリコースを有する確率的線形計画問題となる.

$$
\begin{aligned}
&X = \{\boldsymbol{x} \mid A\boldsymbol{x} = \boldsymbol{b},\ \boldsymbol{x} \geq 0\} \\
&f(\boldsymbol{x}) = \boldsymbol{c}^\top \boldsymbol{x} \\
&Q(\boldsymbol{x}, \boldsymbol{\xi}) = \min\{(\boldsymbol{q}(\boldsymbol{\xi}))^\top \boldsymbol{y} \mid W\boldsymbol{y} = \boldsymbol{h}(\boldsymbol{\xi}) - T(\boldsymbol{\xi})\boldsymbol{x},\ \boldsymbol{y} \geq \boldsymbol{0}\}
\end{aligned}
$$

$F(\boldsymbol{x}, \boldsymbol{\xi}) = f(\boldsymbol{x}) + Q(\boldsymbol{x}, \boldsymbol{\xi})$ と定義すると, 目的関数は $\min_{\boldsymbol{x} \in X} E_{\tilde{\boldsymbol{\xi}}}[F(\boldsymbol{x}, \tilde{\boldsymbol{\xi}})]$ となる. 加えて次のように仮定する.

仮定 3.1 $E_{\tilde{\boldsymbol{\xi}}}[F(\boldsymbol{x}, \tilde{\boldsymbol{\xi}})]$ は有限の値をとり, $\boldsymbol{x}$ の凸関数である.

仮定 3.2 X は凸集合でかつコンパクトである.

確率的準勾配法 (stochastic quasi-gradient method) では, 初期点 $\boldsymbol{x}^0 \in X$ が与えられた後に, 次の操作に従って点列が生成される.

$$
\boldsymbol{x}^{\nu+1} = \Pi_X(\boldsymbol{x}^\nu - \rho_\nu \boldsymbol{v}^\nu),\ \nu = 0, 1, \ldots
$$

$\boldsymbol{v}^\nu$ はある確率変数, ρ_ν はステップサイズ, Π_X は X への**射影** (projection) であり, $\boldsymbol{y} \in \mathbb{R}^n$ に対して次のように定義される.

$$
\Pi_X(\boldsymbol{y}) = \operatorname*{arg\,min}_{\boldsymbol{x} \in X} \|\boldsymbol{y} - \boldsymbol{x}\|
$$

$\boldsymbol{v}^\nu$ は次を満たすように定められる.

$$
E[\boldsymbol{v}^\nu \mid \boldsymbol{x}^0, \ldots, \boldsymbol{x}^\nu] \in \partial_{\boldsymbol{x}} E_{\tilde{\boldsymbol{\xi}}}[F(\boldsymbol{x}^\nu, \tilde{\boldsymbol{\xi}})] + \boldsymbol{b}^\nu
$$

ただし $\partial_x f(x)$ は関数 $f(x)$ の x に関する**劣勾配** (subgradient) の集合である. $\boldsymbol{b}^\nu$ は $\lim_{n \to \infty} \|\boldsymbol{b}^\nu\| = 0$ を満たすように定められる. $\boldsymbol{g}^\nu \in \partial_{\boldsymbol{x}} E_{\tilde{\boldsymbol{\xi}}}[F(\boldsymbol{x}^\nu, \tilde{\boldsymbol{\xi}})]$ とし, $\boldsymbol{x}^*$ を問題の最適解とすると, 劣勾配の定義より次の関係が成り立つ.

$$
E_{\tilde{\boldsymbol{\xi}}}[F(\boldsymbol{x}^*, \tilde{\boldsymbol{\xi}})] - E_{\tilde{\boldsymbol{\xi}}}[F(\boldsymbol{x}^\nu, \tilde{\boldsymbol{\xi}})] \geq (\boldsymbol{g}^\nu)^\top (\boldsymbol{x}^* - \boldsymbol{x}^\nu)
$$

$\boldsymbol{v}^\nu$ の定め方より次のようになる.

$$
0 \geq E_{\tilde{\boldsymbol{\xi}}}[F(\boldsymbol{x}^*, \tilde{\boldsymbol{\xi}})] - E_{\tilde{\boldsymbol{\xi}}}[F(\boldsymbol{x}^\nu, \tilde{\boldsymbol{\xi}})] \geq E[\boldsymbol{v}^\nu \mid \boldsymbol{x}^0, \ldots, \boldsymbol{x}^\nu]^\top (\boldsymbol{x}^* - \boldsymbol{x}^\nu) + \gamma^\nu
$$

ただし $\gamma^\nu = -(\boldsymbol{b}^\nu)^\top (\boldsymbol{x}^* - \boldsymbol{x}^\nu)$ である. 点列 $\{\boldsymbol{x}^\nu\}$ が $\boldsymbol{x}^*$ に収束するためには, すべての $\boldsymbol{v}^\nu$ に対し $|\boldsymbol{v}^\nu| \leq \alpha$ となる α が存在し, かつ $\lim_{\nu \to \infty} \|\boldsymbol{b}^\nu\| = 0$ となればよい. たとえば次のように v^ν を選択すれば, $\lim_{\nu \to \infty} \|\boldsymbol{b}^\nu\| = 0$ となる.

$$
\begin{aligned}
&\boldsymbol{v}^\nu \in \partial_{\boldsymbol{x}} F(\boldsymbol{x}^\nu, \boldsymbol{\xi}^\nu) \\
&\boldsymbol{v}^\nu = \frac{1}{N_\nu} \sum_{\mu=1}^{N_\nu} \boldsymbol{w}^\mu,\ \boldsymbol{w}^\mu \in \partial_{\boldsymbol{x}} F(\boldsymbol{x}^\nu, \boldsymbol{\xi}^{\nu\mu})
\end{aligned}
$$

ただし $\boldsymbol{\xi}^{\nu}, \boldsymbol{\xi}^{\nu\mu}$ は $\tilde{\boldsymbol{\xi}}$ の独立なサンプルである．そして，ステップサイズ ρ_{ν} および $\boldsymbol{v}^{\nu}, \gamma^{\nu}$ が次の条件

$$\rho_{\nu} \geq 0,\ \sum_{\nu=0}^{\infty} \rho_{\nu} = \infty,\ \sum_{\nu=0}^{\infty} E_{\tilde{\boldsymbol{\xi}}}(\rho_{\nu}|\gamma^{\nu}| + \rho_{\nu}^{2}\|\boldsymbol{v}^{\nu}\|^{2}) < \infty$$

を満たすとき，生成される点列はほとんど確実に最適解に収束する． 詳しい証明は Ermoliev[41)] を参照されたい．

4 確率的制約条件問題

本章では，リコースを有する確率計画問題とは異なる，もう 1 つの重要な問題である確率的制約条件問題を取り上げる．確率的制約条件問題とは，制約条件の概念を拡張し，ある確率レベル (充足水準) で制約条件が満たされればよいとする確率的制約条件を用いた計画問題である．まずはじめに，基本的な性質について述べたのち，確率的制約条件問題が凸計画になる場合に確率測度が満たすべき条件などを考える．また，数値積分法による分布関数の計算と応用例も示す．

● 4.1 ● 基本的性質 ●

本節では，次の確率的制約条件問題 (CCP) を考える．ここでは，確率空間 $(\Xi, \mathcal{F}, P)$ は与えられているものとする．ただし，Ξ は $\tilde{\boldsymbol{\xi}}$ の台，$\mathcal{F}$ は Ξ の部分集合の集まりを表し，$P : \mathcal{F} \to [0,1]$ とする．

(確率的制約条件問題 CCP)

$$\begin{array}{ll} \displaystyle\min_{\boldsymbol{x} \in X} & E_{\tilde{\xi}}[g_0(\boldsymbol{x}, \tilde{\boldsymbol{\xi}})] \\ \text{subject to} & P(\{\boldsymbol{\xi} \mid \boldsymbol{g}(\boldsymbol{x}, \boldsymbol{\xi}) \leq \mathbf{0}\}) \geq \alpha \end{array}$$

定義 4.1 確率測度 P は凸集合 $\forall A, B \in \mathcal{F}$ と $\forall \lambda \ (0 < \lambda < 1)$ に対して，

$$P(\lambda A + (1-\lambda)B) \geq \min[P(A), P(B)]$$

が成り立つとき，**準凹確率測度** (quasi-concave probability measure) とよばれる．ただし，$\lambda A + (1-\lambda)B = \{\lambda \boldsymbol{x} + (1-\lambda)\boldsymbol{y} \mid \boldsymbol{x} \in A,\ \boldsymbol{y} \in B\}$ である．

定理 4.1 関数 $g_i(\boldsymbol{x}, \boldsymbol{\xi})$ $(i = 1, \ldots, m)$ が $(\boldsymbol{x}, \boldsymbol{\xi})$ の凸関数であり，P を準凹確率測度とすると，集合 $\mathcal{B}(\alpha) = \{\boldsymbol{x} \mid P(\{\boldsymbol{\xi} \mid \boldsymbol{g}(\boldsymbol{x}, \boldsymbol{\xi}) \leq \mathbf{0}\}) \geq \alpha\}$ は $\forall \alpha \in [0,1]$ において凸集合となる．

証明：$S(\boldsymbol{x}) = \{\boldsymbol{\xi} \mid \boldsymbol{g}(\boldsymbol{x}, \boldsymbol{\xi}) \leq \mathbf{0}\}$ とする． $\boldsymbol{g}(\boldsymbol{x}, \boldsymbol{\xi})$ の各成分は $(\boldsymbol{x}, \boldsymbol{\xi})$ において凸関数であるから，$\boldsymbol{x}^j \in \mathcal{B}(\alpha)$ $(j = 1, 2)$，$\boldsymbol{\xi}^j \in S(\boldsymbol{x}^j)$，$\lambda \in [0,1]$ とすると，

$(\bar{\boldsymbol{x}}, \bar{\boldsymbol{\xi}}) = \lambda(\boldsymbol{x}^1, \boldsymbol{\xi}^1) + (1-\lambda)(\boldsymbol{x}^2, \boldsymbol{\xi}^2)$ に対して,

$$\boldsymbol{g}(\bar{\boldsymbol{x}}, \bar{\boldsymbol{\xi}}) \leq \lambda \boldsymbol{g}(\boldsymbol{x}^1, \boldsymbol{\xi}^1) + (1-\lambda)\boldsymbol{g}(\boldsymbol{x}^2, \boldsymbol{\xi}^2) \leq \boldsymbol{0}$$

となる．すなわち, $\bar{\boldsymbol{\xi}} = \lambda\boldsymbol{\xi}^1 + (1-\lambda)\boldsymbol{\xi}^2 \in S(\bar{\boldsymbol{x}})$ となる．これより,

$$S(\bar{\boldsymbol{x}}) \supset [\lambda S(\boldsymbol{x}^1) + (1-\lambda)S(\boldsymbol{x}^2)]$$

となるため,

$$P(S(\bar{\boldsymbol{x}})) \geq P(\lambda S(\boldsymbol{x}^1) + (1-\lambda)S(\boldsymbol{x}^2))$$

となる．P が準凹確率測度であるから,

$$\begin{aligned} P(S(\bar{\boldsymbol{x}})) &\geq P(\lambda S(\boldsymbol{x}^1) + (1-\lambda)S(\boldsymbol{x}^2)) \\ &\geq \min[P(S(\boldsymbol{x}^1)), P(S(\boldsymbol{x}^2))] \\ &\geq \alpha \end{aligned}$$

であり, $\bar{\boldsymbol{x}} \in \mathcal{B}(\alpha)$ となる．　□

続いて $\tilde{\boldsymbol{\xi}}$ の分布関数を $F_{\tilde{\boldsymbol{\xi}}}$ とすると, $F_{\tilde{\boldsymbol{\xi}}}(\boldsymbol{\xi}^j) = P(\boldsymbol{\xi} \leq \boldsymbol{\xi}^j)$ となる． ここで $S_j = \{\boldsymbol{\xi} \mid \boldsymbol{\xi} \leq \boldsymbol{\xi}^j\}$ $(j = 1, 2)$ とおくと, $F_{\tilde{\boldsymbol{\xi}}}(\boldsymbol{\xi}^j) = P(S_j)$ $(j = 1, 2)$ と表せる．これより $\hat{\boldsymbol{\xi}} = \lambda\boldsymbol{\xi}^1 + (1-\lambda)\boldsymbol{\xi}^2$ $(\lambda \in [0, 1])$ に対し, $\hat{\boldsymbol{S}} = \{\boldsymbol{\xi} \mid \boldsymbol{\xi} \leq \hat{\boldsymbol{\xi}}\} = \lambda S^1 + (1-\lambda)S^2$ となる．P が準凹確率測度であるなら,

$$F_{\tilde{\boldsymbol{\xi}}}(\hat{\boldsymbol{\xi}}) = P(\hat{S}) \geq \min[P(S_1), P(S_2)] = \min[F_{\tilde{\boldsymbol{\xi}}}(\boldsymbol{\xi}^1), F_{\tilde{\boldsymbol{\xi}}}(\boldsymbol{\xi}^2)]$$

となり, $F_{\tilde{\xi}}$ は**準凹関数** (quasi-concave function) となる．逆に, $\mathbb{R}^1$ におけるすべての分布関数は単調増加であるため準凹関数となるが, 対応する確率測度 P は準凹確率測度となるとはいえない．

準凹確率測度となる確率のクラスとして, 対数凹確率測度があげられる．

定義 4.2　確率 P は凸集合 $\forall A, B \in \mathcal{F}$ と $\forall\lambda$ $(0 < \lambda < 1)$ に対して,

$$P(\lambda A + (1-\lambda)B) \geq \{P(A)\}^\lambda \{P(B)\}^{1-\lambda}$$

が成り立つとき, **対数凹確率測度** (logarithmic concave probability measure) とよばれる．ただし, $\lambda A + (1-\lambda)B = \{\lambda\boldsymbol{x} + (1-\lambda)\boldsymbol{y} \mid \boldsymbol{x} \in A,\ \boldsymbol{y} \in B\}$ である．

定理 4.2　P が $\mathcal{F}$ における対数凹確率測度であれば, P は準凹確率測度となる．

証明：$S_i \in \mathcal{F}$ $(i = 1, 2)$ を $P(S_i) > 0$ となる凸集合とする． 仮定より, 任意の $\lambda \in (0, 1)$ に対して,

$$P(\lambda S_1 + (1-\lambda)S_2) \geq \{P(S_1)\}^\lambda \{P(S_2)\}^{1-\lambda}$$

であるから, 対数をとると,

$$\begin{aligned} \ln[P(\lambda S_1 + (1-\lambda)S_2)] &\geq \lambda \ln[P(S_1)] + (1-\lambda)\ln[P(S_2)] \\ &\geq \min\{\ln[P(S_1)], \ln[P(S_2)]\} \end{aligned}$$

となり,

$$P(\lambda S_1 + (1-\lambda)S_2) \geq \min[P(S_1), P(S_2)]$$

が成立する. □

これより, 確率的制約条件に含まれる確率変数が従う確率分布が対数凹確率測度の条件を満たし, かつ $\boldsymbol{g}(\boldsymbol{x}, \boldsymbol{\xi})$ の各成分が $(\boldsymbol{x}, \boldsymbol{\xi})$ の凸関数ならば, 確率的制約条件を満たす実行可能解集合は凸集合となる. さらに, 目的関数が凸関数であれば, 問題は凸計画 (convex programming) となり, 取り扱いが比較的容易な問題となる.

対数凹確率測度を与える確率分布は, 正規分布, 指数分布, 一様分布, Wishart 分布, Beta 分布など多数あることが示されている. 対数凹確率測度, 準凹確率測度となる分布の密度関数に対する条件は次のように示されている.

定理 4.3 $\Xi = \mathbb{R}^k$ における連続分布における確率 P が密度関数 f をもつとき, 次が成り立つ.

- f が対数凹関数であるとき, かつそのときのみ P は対数凹確率測度となる.
- $f^{-\frac{1}{k}}$ が凸関数であるとき, かつそのときのみ P は準凹確率測度となる.

例 4.1 1) 凸集合 $S \subset \mathbb{R}^k$(自然な測度 μ をもつ) 上の k 次元一様分布

$$f_u(\boldsymbol{x}) = \begin{cases} \dfrac{1}{\mu(S)} & (\boldsymbol{x} \in S \text{ の場合}), \\ 0 & (\text{それ以外の場合}) \end{cases}$$

$$f_u(\boldsymbol{x})^{\frac{1}{k}} = \begin{cases} \mu(S)^{\frac{1}{k}} & (\boldsymbol{x} \in S \text{ の場合}), \\ \infty & (\text{それ以外の場合}) \end{cases}$$

2) 指数分布 ($\lambda > 0$ は定数)

$$f_{exp}(x) = \begin{cases} 0 & (x < 0), \\ \lambda e^{-\lambda x} & (x \geq 0) \end{cases}$$

$$\ln f_{exp}(x) = \begin{cases} -\infty & (x < 0), \\ \ln \lambda - \lambda x & (x \geq 0) \end{cases}$$

3) $\mathbb{R}^k$ における多次元正規分布 ($\boldsymbol{m}$ は期待値, R は共分散行列)

$$f_n(\boldsymbol{x}) = \frac{1}{(2\pi)^{\frac{k}{2}}(\mathrm{detR})^{\frac{1}{2}}} e^{-\frac{1}{2}(\boldsymbol{x}-\boldsymbol{m})^\top R^{-1}(\boldsymbol{x}-\boldsymbol{m})}$$

$$\ln f_n(\boldsymbol{x}) = \ln \frac{1}{(2\pi)^{\frac{k}{2}}(\mathrm{detR})^{\frac{1}{2}}} - \frac{1}{2}(\boldsymbol{x}-\boldsymbol{m})^\top R^{-1}(\boldsymbol{x}-\boldsymbol{m})$$

確率的制約条件問題 (CCP) や個別確率的制約条件問題 (SPSCC) を解く場合, 凸性が満たされるならば直接非線形計画手法を用いることができる. ところが, それらに含まれる目的関数あるいは確率的制約条件には一般に多次元の数値積分が含まれる．多次元の数値積分の計算には非常に困難な手間を有するため，可能ならばこれらを回避することがのぞましい．また確率測度に対しても，準凹確率測度や対数凹確率測度などになる条件が満たされていないことがある．その場合，確率的制約条件を満たす解集合は凸集合となるかどうかは一般にはいえない．次の定理は分布の形によらない．

定理 4.4　実行可能解集合

$$\mathcal{B}(1) = \{\boldsymbol{x} \mid P(\{\boldsymbol{\xi} \mid T(\boldsymbol{\xi})\boldsymbol{x} \geq \boldsymbol{h}(\boldsymbol{\xi})\}) \geq 1\}$$

は凸集合となる．

証明：$\boldsymbol{x}, \boldsymbol{y} \in \mathcal{B}(1)$ と仮定し，$\lambda \in (0,1)$ とする．$\Xi_{\boldsymbol{x}} = \{\boldsymbol{\xi} \mid T(\boldsymbol{\xi})\boldsymbol{x} \geq \boldsymbol{h}(\boldsymbol{\xi})\}$，$\Xi_{\boldsymbol{y}} = \{\boldsymbol{\xi} \mid T(\boldsymbol{\xi})\boldsymbol{y} \geq \boldsymbol{h}(\boldsymbol{\xi})\}$ に対して，$P(\Xi_{\boldsymbol{x}}) = P(\Xi_{\boldsymbol{y}}) = 1$ である．$P(\Xi_{\boldsymbol{x}} \cap \Xi_{\boldsymbol{y}}) = P(\Xi_{\boldsymbol{x}}) + P(\Xi_{\boldsymbol{y}}) - P(\Xi_{\boldsymbol{x}} \cup \Xi_{\boldsymbol{y}}) = 2 - P(\Xi_{\boldsymbol{x}} \cup \Xi_{\boldsymbol{y}})$ であるから，$P(\Xi_{\boldsymbol{x}} \cap \Xi_{\boldsymbol{y}}) = 1$ でなければならない．明らかに，$\boldsymbol{z} = \lambda\boldsymbol{x} + (1-\lambda)\boldsymbol{y}$ に対して，$T(\boldsymbol{\xi})\boldsymbol{z} \geq \boldsymbol{h}(\boldsymbol{\xi})$ $(\forall \boldsymbol{\xi} \in \Xi_{\boldsymbol{x}} \cap \Xi_{\boldsymbol{y}})$ であるため，$\{\boldsymbol{\xi} \mid T(\boldsymbol{\xi})\boldsymbol{z} \geq \boldsymbol{h}(\boldsymbol{\xi})\} \supset \Xi_{\boldsymbol{x}} \cap \Xi_{\boldsymbol{y}}$ となる．これより $\boldsymbol{z} \in \mathcal{B}(1)$ となる．□

次はこの定理の直接的な適用である．

定理 4.5　確率変数 $\tilde{\boldsymbol{\xi}}$ を離散分布に従うものとする．$P(\tilde{\boldsymbol{\xi}} = \boldsymbol{\xi}^j) = p_j$ $(p_j > 0,\ j = 1, \ldots, r)$ とすると，$\alpha > 1 - \min_{j \in \{1,\ldots,r\}} p_j$ に対して，次の集合は凸集合となる．

$$\mathcal{B}(\alpha) = \{\boldsymbol{x} \mid P(\{\boldsymbol{\xi} \mid T(\boldsymbol{\xi})\boldsymbol{x} \geq \boldsymbol{h}(\boldsymbol{\xi})\}) \geq \alpha\}$$

証明：α の仮定は，$\mathcal{B}(\alpha) = \mathcal{B}(1)$ であることを意味するためである．□

これより，離散分布のもとで信頼度レベルを十分に高く設定した問題 (SCCP) は凸計画になる．$g_0(\boldsymbol{x}, \boldsymbol{\xi}) = \boldsymbol{c}(\boldsymbol{\xi})^\top \boldsymbol{x}$ となる場合，$E_{\tilde{\boldsymbol{\xi}}}[\boldsymbol{c}(\tilde{\boldsymbol{\xi}})]$ を $\boldsymbol{c}$ と表すと，(SCCP) は次のようになる．

$$\begin{array}{ll} \displaystyle\min_{\boldsymbol{x} \in X} & \boldsymbol{c}^\top \boldsymbol{x} \\ \text{subject to} & T(\boldsymbol{\xi}^j)\boldsymbol{x} \geq \boldsymbol{h}(\boldsymbol{\xi}^j),\ j = 1, \ldots, r \end{array}$$

これは確率変数の各実現値に対して，確率的制約条件をもつ線形計画問題である．

確率的制約条件問題の実行可能解集合の凸性に関する研究は，Prékopa[103–105] の対数凹確率測度の導入から始まり，Rinott[114] らによる準凹確率測度に拡張された．準凹確率測度を用いた確率的制約条件問題の実行可能解集合の凸性の証明は，Wets[160] による．対数凹確率測度，準凹確率測度を与えるための密度関数に対する必要十分条件については，Prékopa[103]，Rinott[114] を参照されたい．

● 4.2 ● 同時確率的制約条件問題 ●

本節では，次の同時確率的制約条件問題を考える．

$$\begin{array}{rl} \min & \boldsymbol{c}^\top \boldsymbol{x} \\ \text{subject to} & P(\{\boldsymbol{\xi} \mid T\boldsymbol{x} \geq \boldsymbol{\xi}\}) \geq \alpha \\ & D\boldsymbol{x} = \boldsymbol{d} \\ & \boldsymbol{x} \geq \boldsymbol{0} \end{array}$$

確率測度 P が準凹確率測度であれば, 制約集合 $\mathcal{B}(\alpha)$ は凸集合になることは定理 4.1 に示した. いま, $\tilde{\boldsymbol{\xi}}$ が多次元正規分布をもつとする. 確率 P は対数凹確率測度の条件を満たすため, 問題は微分可能な凸計画問題となる. この問題に対しては, 罰金法や切除平面法などによる解法が知られているが, ここでは**縮約勾配法** (reduced gradient method) による解法を示す. この解法においては, $F(T\boldsymbol{x}) = P(\{\boldsymbol{\xi} \mid T\boldsymbol{x} \geq \boldsymbol{\xi}\})$ とその勾配ベクトル $\nabla_{\boldsymbol{x}} F(T\boldsymbol{x})$ の計算に含まれる数値積分を, 制約 $P(\{\boldsymbol{\xi} \mid T\boldsymbol{x} \geq \boldsymbol{\xi}\}) \geq \alpha$ を緩和することによって省いているものである. $G(\boldsymbol{x}) = P(\{\boldsymbol{\xi} \mid T\boldsymbol{x} \geq \boldsymbol{\xi}\})$ とすると, 問題は次のようになる.

$$\begin{array}{rl} \min & \boldsymbol{c}^\top \boldsymbol{x} \\ \text{subject to} & G(\boldsymbol{x}) \geq \alpha \\ & D\boldsymbol{x} = \boldsymbol{d} \\ & \boldsymbol{x} \geq \boldsymbol{0} \end{array}$$

そして, 行列 D を行フルランクな行列とすると, $D = (B, N)$ となり基底部分と非基底部分に分割される. これに応じて, $\boldsymbol{x}^\top = (\boldsymbol{y}^\top, \boldsymbol{z}^\top)$, $\boldsymbol{c}^\top = (\boldsymbol{f}^\top, \boldsymbol{g}^\top)$ とし, 降下方向を $\boldsymbol{w}^\top = (\boldsymbol{u}^\top, \boldsymbol{v}^\top)$ とする. そして, ある $\varepsilon > 0$ が与えられた上で次の非退化仮定をおく.

$$y_j > \varepsilon, \ \forall j$$

そのとき, 降下方向を決定する問題は次のようになる.

$$\begin{array}{rl} \max & \tau \\ \text{subject to} & \boldsymbol{f}^\top \boldsymbol{u} + \boldsymbol{g}^\top \boldsymbol{v} \leq -\tau \\ & \nabla_{\boldsymbol{y}} G(\boldsymbol{x})^\top \boldsymbol{u} + \nabla_{\boldsymbol{z}} G(\boldsymbol{x})^\top \boldsymbol{v} \geq \theta\tau \quad (G(x) \leq \alpha + \varepsilon \text{ の場合}) \\ & B\boldsymbol{u} + N\boldsymbol{v} = \boldsymbol{0} \\ & v_j \geq 0 \quad (z_j \leq \varepsilon \text{ の場合}) \\ & \max\limits_j |v_j| \leq 1 \end{array}$$

$\theta > 0$ は固定値のパラメータである. もし第 2 制約が $\nabla_{\boldsymbol{y}} G(\boldsymbol{x})^\top \boldsymbol{u} + \nabla_{\boldsymbol{z}} G(\boldsymbol{x})^\top \boldsymbol{v} = 0$ であれば, 降下方向は $G(\boldsymbol{x}) = p$ に $\boldsymbol{x}$ で接する超平面上にあり, $\boldsymbol{u}, \boldsymbol{v} = 0$ となることを避けるために加えたものである. ここで $\boldsymbol{u} = -B^{-1}N\boldsymbol{v}$ とすると, 問題は次の形になる.

$$\begin{array}{ll} \max & \tau \\ \text{subject to} & \boldsymbol{r}^\top \boldsymbol{v} \leq -\tau \\ & \boldsymbol{s}^\top \boldsymbol{v} \geq \theta\tau \quad (G(\boldsymbol{x}) \leq \alpha + \varepsilon \text{の場合}) \\ & v_j \geq 0 \ (z_j \leq \varepsilon \text{の場合}) \\ & \max_j |v_j| \leq 1 \end{array}$$

ただし, $\boldsymbol{r}^\top = \boldsymbol{g}^\top - \boldsymbol{f}^\top B^{-1}N$, $\boldsymbol{s}^\top = \nabla_{\boldsymbol{z}} G(\boldsymbol{x})^\top - \nabla_{\boldsymbol{y}} G(\boldsymbol{x})^\top B^{-1}N$ は確率的制約条件に対する縮約勾配である. 解 $(\tau^*, \boldsymbol{u}^*, \boldsymbol{v}^*)$ が得られたとき, アルゴリズムの反復は次のようになる.

場合 1　$\tau^* = 0$ ならば, ε を 0 と置き換え再び問題を解く. $\tau^* = 0$ ならば, $\boldsymbol{x} = (\boldsymbol{y}, \boldsymbol{z})$ は最適解.

場合 2　$0 < \tau^* \leq \varepsilon$ ならば, 次のサイクルを繰り返す.

　ステップ 1　$\varepsilon = 0.5\varepsilon$ とする.

　ステップ 2　問題を解き, $\tau^* \leq \varepsilon$ ならばステップ 1 へ. そうでなければ, 場合 3 があてはまる.

場合 3　$\tau^* > \varepsilon$ ならば, $\boldsymbol{w}^* = (\boldsymbol{u}^*, \boldsymbol{v}^*)$ を降下方向として選択.

降下方向を選択した後に, 改めて行列 D を基底と非基底に分け, 反復を繰り返す.

非線形計画問題としての確率的制約条件問題の解法に関しては, Prékopa[107] に数多く示されている. Prékopa and Kelle[110] は在庫問題において, 需要量および供給量が確率的に変動するモデルを取り扱った. 確率分布を Dirichlet 分布にとり, 目的関数を離散的な多段決定過程の各期間の在庫量の重み付き総和とし, Fiacco–McCormick の **SUMT**(sequential unconstrained minimization technique) を適用した. Prékopa[104] では, 目的関数を減少させ, かつ実行可能領域に留まる有効許容方向を求める補助問題を解く Zoutendijk[168] の**許容方向法** (feasible direction method) を確率的条件制約問題に適用した. このアルゴリズムは STABIL という名前で実装された. Prékopa and Szántai[111] は, 貯水池の容量決定問題を確率的制約条件問題として取り扱った. 水源からの水量を Gamma 分布に従う確率変数とし, 最下流地点までに複数の貯水池を設置する. 確率的制約条件として, 最下流の貯水池の容量がその地点の貯水量をある確率以上で上回るという条件を採用した. 決定変数は各貯水池の容量であり, 目的関数は各貯水池の容量の線形関数である. また各容量には上限と下限が与えられており, 支持超平面法を適用した. 支持超平面法のアルゴリズムは, Szántai[145] に示されている. 縮約勾配法のアルゴリズムは, PROCON(probabilistic constrained programming) として実装されており, 詳しい内容は Prékopa[109] などを参照されたい. 現実問題への応用としては, 他にも Dupačová[29] などがあげられる.

4.3 個別確率的制約条件問題

個別確率的制約条件問題 (SPSCC) において, 目的関数が $g_0(\boldsymbol{x},\boldsymbol{\xi})=\boldsymbol{c}(\boldsymbol{\xi})^\top\boldsymbol{x}$ となり, 制約 $g_i(\boldsymbol{x},\boldsymbol{\xi})\le 0\ (i=1,\ldots,m)$ が $T_i(\boldsymbol{\xi})\boldsymbol{x}\ge h_i(\boldsymbol{\xi})\ (i=1,\ldots,m)$ となる問題を考える.

$$
\begin{array}{ll}
\displaystyle\min_{\boldsymbol{x}\in X} & E_{\tilde{\boldsymbol{\xi}}}[\boldsymbol{c}(\boldsymbol{\xi})^\top\boldsymbol{x}] \\
\text{subject to} & P(\{\boldsymbol{\xi}\mid T_i(\boldsymbol{\xi})\boldsymbol{x}\ge h_i(\boldsymbol{\xi})\})\ge\alpha_i,\ i=1,\ldots,m
\end{array}
$$

実行可能解集合 $\{\boldsymbol{x}\mid P(\{\boldsymbol{\xi}\mid T_i(\boldsymbol{\xi})\boldsymbol{x}\ge h_i(\boldsymbol{\xi})\})\ge\alpha_i\}$ が凸集合になるかは重要である. とくに $T_i(\boldsymbol{\xi})\equiv T_i$ であり確定的な行列ならば, $h_i(\tilde{\boldsymbol{\xi}})$ のみが確率変数を含む. そこで, F_i を $h_i(\tilde{\boldsymbol{\xi}})$ の分布関数とすると次が成り立つ.

$$
\begin{aligned}
\{\boldsymbol{x}\mid P(\{\boldsymbol{\xi}\mid T_i(\boldsymbol{\xi})\boldsymbol{x}\ge h_i(\boldsymbol{\xi})\})\ge\alpha_i\} &= \{\boldsymbol{x}\mid F_i(T_i\boldsymbol{x})\ge\alpha_i\} \\
&= \{\boldsymbol{x}\mid T_i\boldsymbol{x}\ge F^{-1}(\alpha_i)\}
\end{aligned}
$$

これは線形不等式制約となる.

一般的な場合には次のようになる. まず個別の第 i 確率的制約条件を表記する.

$$
\mathcal{B}_i(\alpha_i)=\{\boldsymbol{x}\mid P(\{(\boldsymbol{t},h)\mid(\tilde{\boldsymbol{t}})^\top\boldsymbol{x}\ge\tilde{h}\})\ge\alpha_i\}
$$

$(\tilde{\boldsymbol{t}},\tilde{h})$ は多次元正規分布に従う確率変数であり, 平均 $\boldsymbol{\mu}\in\mathbb{R}^{n+1}$, $(n+1)\times(n+1)$ 共分散行列 S をもつものと仮定する. そしてある $\boldsymbol{x}$ に対して, $\tilde{\zeta}(\boldsymbol{x})=(\tilde{\boldsymbol{t}})^\top\boldsymbol{x}-\tilde{h}$ とおく. すると実行可能解集合は新たな確率変数 $\tilde{\zeta}(\boldsymbol{x})$ を用いて, $\mathcal{B}_i(\alpha_i)=\{\boldsymbol{x}\mid P(\{\zeta(\boldsymbol{x})\ge 0\})\ge\alpha_i\}$ となり, $\tilde{\zeta}(\boldsymbol{x})$ は多次元正規分布に従う確率変数の線形和となるので, (1 次元) 正規分布関数 $F_{\tilde{\zeta}}$ をもつ. その平均は $m_{\tilde{\zeta}}(\boldsymbol{x})=\sum_{j=1}^n\mu_jx_j-\mu_{n+1}$ となり, 分散は $z(\boldsymbol{x})=(x_1,\ldots,x_n,-1)^\top$ を用いて, $\sigma^2_{\tilde{\zeta}}(\boldsymbol{x})=z(\boldsymbol{x})^\top Sz(\boldsymbol{x})$ と示される. S は正定値行列であるため, $\sigma^2_{\tilde{\zeta}}(\boldsymbol{x})$ は $\boldsymbol{x}$ の凸関数であり, $\sigma_{\tilde{\zeta}}(\boldsymbol{x})>0$ となる. したがって, 実行可能解集合は次のようになる.

$$
\begin{aligned}
\mathcal{B}_i(\alpha_i) &= \{\boldsymbol{x}\mid P(\{\zeta(\boldsymbol{x})\ge 0\})\ge\alpha_i\} \\
&= \left\{\boldsymbol{x}\,\middle|\,P\left(\frac{\zeta(\boldsymbol{x})-m_{\tilde{\zeta}}(\boldsymbol{x})}{\sigma_{\tilde{\zeta}}(\boldsymbol{x})}\ge\frac{-m_{\tilde{\zeta}}(\boldsymbol{x})}{\sigma_{\tilde{\zeta}}(\boldsymbol{x})}\right)\ge\alpha_i\right\}
\end{aligned}
$$

$\tilde{\zeta}(\boldsymbol{x})$ は正規分布に従うため, $\{\tilde{\zeta}(\boldsymbol{x})-m_{\tilde{\zeta}}(\boldsymbol{x})\}/\sigma_{\tilde{\zeta}}(\boldsymbol{x})$ の分布関数は標準正規分布関数 Φ となる.

$$
\mathcal{B}_i(\alpha_i)=\left\{\boldsymbol{x}\,\middle|\,1-\Phi\left(\frac{-m_{\tilde{\zeta}}(\boldsymbol{x})}{\sigma_{\tilde{\zeta}}(\boldsymbol{x})}\right)\ge\alpha_i\right\}=\left\{\boldsymbol{x}\,\middle|\,\Phi\left(\frac{-m_{\tilde{\zeta}}(\boldsymbol{x})}{\sigma_{\tilde{\zeta}}(\boldsymbol{x})}\right)\le 1-\alpha_i\right\}
$$

$$= \left\{ \boldsymbol{x} \,\middle|\, \frac{-m_{\tilde{\zeta}}(\boldsymbol{x})}{\sigma_{\tilde{\zeta}}(\boldsymbol{x})} \le \Phi^{-1}(1-\alpha_i) \right\}$$
$$= \{ \boldsymbol{x} \mid -\Phi^{-1}(1-\alpha_i)\sigma_{\tilde{\zeta}}(\boldsymbol{x}) - m_{\tilde{\zeta}}(\boldsymbol{x}) \le 0 \}$$

$m_{\tilde{\zeta}}(\boldsymbol{x})$ は $\boldsymbol{x}$ の線形関数で, $\sigma_{\tilde{\zeta}}(\boldsymbol{x})$ も $\boldsymbol{x}$ の凸関数であることが容易に示されるため,

$$-\Phi^{-1}(1-\alpha_i)\sigma_{\tilde{\zeta}}(\boldsymbol{x}) - m_{\tilde{\zeta}}(\boldsymbol{x}) \le 0$$

は $\Phi^{-1}(1-\alpha_i) \le 0$ であるとき凸集合となる. これは $\alpha_i \ge 0.5$ の場合に相当する. よってこのとき, 非線形計画手法を直接的に用いることができる.

個別確率的制約条件問題の応用例は, van de Panne and Popp[154] に示されている.

4.4 分布関数の近似

先の 4.2 節で扱った同時確率的制約条件問題において, 次の確率的制約条件をなす関数の上下限を求める方法について示す.

$$G(\boldsymbol{x}) = P(\{\boldsymbol{\xi} \mid T\boldsymbol{x} \ge \boldsymbol{\xi}\}) = F_{\tilde{\boldsymbol{\xi}}}(T\boldsymbol{x})$$

$F_{\tilde{\boldsymbol{\xi}}}$ は $\tilde{\boldsymbol{\xi}}$ の分布関数である. $\tilde{\boldsymbol{\xi}}$ は台 $\Xi \subset \mathbb{R}^n$ をもつとする. $\boldsymbol{z} \in \mathbb{R}^n$ に対して,

$$F_{\tilde{\boldsymbol{\xi}}}(\boldsymbol{z}) = P(\{\boldsymbol{\xi} \mid \xi_1 \le z_1, \ldots, \xi_n \le z_n\})$$

となる. ここで, 事象 $A_i = \{\boldsymbol{\xi} \mid \xi_i \le z_i\}$ を定義すると,

$$F_{\tilde{\boldsymbol{\xi}}}(\boldsymbol{z}) = P(A_1 \cap \cdots \cap A_n)$$

となる. また, A_i の余事象 B_i を次のように定義する.

$$B_i = A_i^c = \{\boldsymbol{\xi} \mid \xi_i > z_i\}$$

このとき $A_1 \cap \cdots \cap A_n = (B_1 \cup \cdots \cup B_n)^c$ であるため, 次のようになる.

$$F_{\tilde{\boldsymbol{\xi}}}(\boldsymbol{z}) = P(A_1 \cap \cdots \cap A_n) = P((B_1 \cup \cdots \cup B_n)^c)$$
$$= 1 - P(B_1 \cup \cdots \cup B_n)$$

よって $F_{\tilde{\boldsymbol{\xi}}}(\boldsymbol{z})$ を求めるためには, 事象 $B_1, \ldots, B_n$ の少なくとも 1 つが起こる確率を求めればよい. そのため, $B_1, \ldots, B_n$ のうちの何個の事象が生起するか示すカウンタ $\tilde{\nu} : \Xi \to \{0, 1, \ldots, n\}$ を次のように定義する.

$$\tilde{\nu}(\boldsymbol{\xi}) = \{\boldsymbol{\xi}\text{に対して } B_1, \ldots, B_n \text{のうちで生起する事象の個数}\}$$

$P(B_1 \cup \cdots \cup B_n) = P(\tilde{\nu} \ge 1)$ であるから,

$$F_{\tilde{\boldsymbol{\xi}}}(\boldsymbol{z}) = 1 - P(\tilde{\nu} \ge 1)$$

となる．よって，$P(\tilde{\nu} \geq 1)$ のよい近似値を求めることによって，同時に $F_{\tilde{\boldsymbol{\xi}}}(\boldsymbol{z})$ の近似を行えることになる．次の $\mu, k \in \{0, 1, \ldots, n\}$ $(\mu \geq k)$ に対する 2 項係数 $\binom{n}{k}$ を用いて，ν の **2 項モーメント** (binomial moment)$S_{k,n}$ は次のように定義できる．

$$S_{k,n} = E_{\tilde{\boldsymbol{\xi}}}\left[\binom{\tilde{\nu}}{k}\right] = \sum_{i=0}^{n} \binom{i}{k} P(\{\boldsymbol{\xi} \mid \tilde{\nu}(\boldsymbol{\xi}) = i\}),\ k = 0, 1, \ldots, n$$

$$\text{ただし}\ \binom{\mu}{k} = \frac{\mu!}{k!(\mu - k)!},\ 0! = 1,\ \binom{\mu}{k} = 0\ (\mu < k)$$

$k = 0$ の場合 $\binom{i}{0} = 1$ $(i = 0, \ldots, n)$ であるため，$S_{0,n} = 1$ である．$\boldsymbol{v} \in \mathbb{R}^{n+1}$ を $v_i = P(\{\boldsymbol{\xi} \mid \tilde{\nu}(\boldsymbol{\xi}) = i\})$ $(i = 0, 1, \ldots, n)$ と与えると，$\boldsymbol{v}$ は次の連立 1 次方程式の解となる．

$$\begin{array}{rl}
v_0 + v_1 + \ \ v_2 + \ldots + \qquad v_n &= S_{0,n} \\
v_1 + 2v_2 + \ldots + \quad nv_n &= S_{1,n} \\
v_2 + \ldots + \binom{n}{2} v_n &= S_{2,n} \\
+ \ddots \qquad\qquad & \vdots \\
v_n &= S_{n,n}
\end{array}$$

この係数行列は上三角行列であり，対角成分もすべて 1 であるため，行列式の値は 1 となる．よって $v_i = P(\{\xi \mid \tilde{\nu}(\xi) = i\})$ $(i = 0, 1, \ldots, n)$ はこの連立方程式の唯一の解となる．ところが，$P(\tilde{\nu} \geq 1) = \sum_{i=1}^{n} v_i$ を計算するにはすべての 2 項モーメント $S_{i,n}$ $(i = 0, 1, \ldots, n)$ を求めなければならない．

$\tilde{\nu}$ の 2 項モーメント $S_{k,n}$ に対しては，別の方法で定義することができる．この方法では直接 $P(\{\boldsymbol{\xi} \mid \tilde{\nu}(\boldsymbol{\xi}) = i\})$ を用いることはない．まず，**指示関数** (indicator function) として，確率変数 $\tilde{\chi}_i : \Xi \to \{0, 1\}$ を定義する．

$$\tilde{\chi}_i(\boldsymbol{\xi}) = \begin{cases} 1 & (\boldsymbol{\xi} \in B_i\ \text{の場合}), \\ 0 & (\text{それ以外の場合}) \end{cases}$$

明らかに $\tilde{\nu} = \sum_{i=1}^{n} \tilde{\chi}_i$ であり，

$$\binom{\tilde{\nu}}{k} = \binom{\tilde{\chi}_1 + \cdots + \tilde{\chi}_n}{k} = \sum_{1 \leq i_1 \leq \cdots \leq i_k \leq n} \tilde{\chi}_{i_1} \tilde{\chi}_{i_2} \cdots \tilde{\chi}_{i_k}$$

となる．この両辺の期待値をとると，次のようになる．

$$\begin{aligned}
E_{\tilde{\boldsymbol{\xi}}}\left[\binom{\tilde{\nu}}{k}\right] &= \sum_{1 \leq i_1 \leq \cdots \leq i_k \leq n} E_{\tilde{\xi}}\left[\tilde{\chi}_{i_1} \tilde{\chi}_{i_2} \cdots \tilde{\chi}_{i_k}\right] \\
&= \sum_{1 \leq i_1 \leq \cdots \leq i_k \leq n} P(B_{i_1} \cap \cdots \cap B_{i_k})
\end{aligned}$$

これより, $\tilde{\nu}$ の 2 項モーメント $S_{k,n}$ は確率変数 $\tilde{\chi}_{i_1}, \tilde{\chi}_{i_2}, \ldots, \tilde{\chi}_{i_k}$ のみを考慮したときに, $B_{i_1}, B_{i_2}, \ldots, B_{i_k}$ の k 個の事象が発生する確率の総和となる.

そして $S_{1,n}, S_{2,n}$ のみが上の方法で知られている場合に, $P(\tilde{\nu} \geq 1)$ の下界値と上界値を求める方法について示す. $P(\tilde{\nu} \geq 1) = \sum_{i=1}^{n} v_i$ であるから, 下界値 LB と上界値 UB は次の 2 つの線形計画問題 $(\mathrm{P_{LB}})$, $(\mathrm{P_{UB}})$ の最適値となる.

$$
\begin{array}{lll}
(\mathrm{P_{LB}}) : \min & v_1 + v_2 + \cdots + v_n & \\
\text{subject to} & v_1 + 2v_2 + \cdots + nv_n & = S_{1,n} \\
 & v_2 + \cdots + \binom{n}{2} v_n & = S_{2,n} \\
 & & v_i \geq 0,\ i = 1, \ldots, n
\end{array}
$$

$$
\begin{array}{lll}
(\mathrm{P_{UB}}) : \max & v_1 + v_2 + \cdots + v_n & \\
\text{subject to} & v_1 + 2v_2 + \cdots + nv_n & = S_{1,n} \\
 & v_2 + \cdots + \binom{n}{2} v_n & = S_{2,n} \\
 & & v_i \geq 0,\ i = 1, \ldots, n
\end{array}
$$

この問題は実行可能解をもち, しかも実行可能集合は有界であるから, 最適解をもつ. この問題の 2×2 次元の基底 B を考える.

$$
B = \begin{pmatrix} i & i+r \\ \binom{i}{2} & \binom{i+r}{2} \end{pmatrix}
$$

ここで, $1 \leq i < n, 1 \leq r \leq n - i$ である. B の行列式は次のようになる.

$$
\begin{aligned}
\det B &= i\binom{i+r}{2} - (i+r)\binom{i}{2} \\
&= \frac{1}{2}[i(i+r)(i+r-1) - (i+r)r(i-1)] = \frac{1}{2} i(i+r)r > 0
\end{aligned}
$$

ゆえに, 任意の $i, i+r$ の 2 列ベクトルは基底をなす. この基底が最適基底となるための条件は, 下界を求める問題に対して, $1 - \boldsymbol{e}^\top B^{-1} N_j \geq 0$ $(\forall j \neq i, i+r)$ であり, 上界を求める問題では, $1 - \boldsymbol{e}^\top B^{-1} N_j \leq 0$ $(\forall j \neq i, i+r)$ となる. N_j は非基底列である. 単体法の行列表現については, A. 1. 2 項の改訂単体法 (revised simplex method) を参照されたい. 容易にわかるように,

$$
B^{-1} = \begin{pmatrix} \frac{i+r-1}{ir} & -\frac{2}{ir} \\ -\frac{i-1}{(i+r)r} & \frac{2}{(i+r)r} \end{pmatrix}
$$

であるため, $N_j = \left(j, \binom{j}{2}\right)^\top$ に対して,

$$
e^\top B^{-1} N_j = j \cdot \frac{2i + r - j}{i(i+r)}
$$

となる.

定理 4.6 基底

$$B = \begin{pmatrix} i & i+r \\ \binom{i}{2} & \binom{i+r}{2} \end{pmatrix}$$

が最適基底となるための必要十分条件は, 次のようになる.

- 下界を求める問題に対しては, $r=1, i$ は任意.
- 上界を求める問題に対しては, $i=1, i+r=n$.

証明：
(下界値を求める場合) $r \geq 2$ と仮定し, たとえば $j=i+1$ とする. そのとき,

$$\boldsymbol{e}^\top B^{-1} N_j = \frac{i(i+r)+r-1}{i(i+r)} > 1$$

となる. したがって, $r>1$ は最適基底とならない. $r=1$ の場合, すべての $j<i$ または $i+1<j$ について最適性を示す. まず, $j<i$ の場合は,

$$\boldsymbol{e}^\top B^{-1} N_j = \frac{j+i^2-(j-i)^2}{i(i+1)} < \frac{i(i+1)-(j-i)^2}{i(i+1)} < 1$$

であり, $i+1<j$ については,

$$\boldsymbol{e}^\top B^{-1} N_j = \frac{j(i+1)+j(i-j)}{i(i+1)} < 1$$

となる. なぜなら, この (分子 − 分母) をとると,

$$j(i+1)+j(i-j)-i(i+1) = (j-i)\{(i+1)-j\} < 0$$

となるからである.
(上界値を求める場合) $i+r<n$ と仮定し, $j=n$ とすると,

$$\boldsymbol{e}^\top B^{-1} N_n = \frac{n(i+r)+n(i-n)}{i(i+r)} < 1$$

となり, 非基底 N_n は条件を満たさない. これは, 上の式の (分子 − 分母) を求めると,

$$n(i+r)+n(i-n)-i(i+r) = (n-i)(i+r-n) < 0$$

となるからである. $i>1$ の場合は, $j=1$ とおくと, N_1 は条件を満たさない.

$$\boldsymbol{e}^\top B^{-1} N_1 = \frac{(i-1)+(i+r)}{i(i+r)} = \frac{i-1}{i(i+r)} + \frac{1}{i} < \frac{1}{3} + \frac{1}{2} < 1$$

よって, $i=1, i+r=n$ でなければならない. すべての j $(1<j<n)$ について,

$$\boldsymbol{e}^\top B^{-1} N_j = \frac{-j^2+(n+1)j}{n}$$

であり, 分子 $-j^2+(n+1)j$ は j の凹関数であるため, $1<j<n$ における最小値は $j=2$ または $n-1$ のとき, $2(n-1)$ となる. よって,

$$\boldsymbol{e}^\top B^{-1}N_j \geq \frac{2(n-1)}{n} = 2-\frac{2}{n} > 1$$

となる. □

この基底の実行可能性を示すことにより, $P(\tilde{\nu}\geq 1)$ の上界値と下界値, すなわち $F_{\tilde{\xi}}(z)$ の上界値と下界値が求められる.

定理 4.7 分布関数 $F_{\tilde{\boldsymbol{\xi}}}(\boldsymbol{z})$ は次の上界と下界をもつ. ただし, $i-1=\lfloor\frac{2S_{2,n}}{S_{1,n}}\rfloor$ であり, $\lfloor\alpha\rfloor$ は α 以下の最大整数である.

$$1-\left(S_{1,n}-\frac{2}{n}S_{2,n}\right) \leq F_{\tilde{\boldsymbol{\xi}}}(\boldsymbol{z}) \leq 1-\left(\frac{2}{i+1}S_{1,n}-\frac{2}{i(i+1)}S_{2,n}\right)$$

証明：

($P(\tilde{\nu}\geq 1)$ の下界値 LB を求める場合)

$$\begin{aligned} B^{-1}\begin{pmatrix} S_{1,n} \\ S_{2,n} \end{pmatrix} &= \begin{pmatrix} 1 & -\frac{2}{i} \\ -\frac{i-1}{i+1} & \frac{2}{i+1} \end{pmatrix}\begin{pmatrix} S_{1,n} \\ S_{2,n} \end{pmatrix} \\ &= \begin{pmatrix} S_{1,n}-\frac{2}{i}S_{2,n} \\ -\frac{i-1}{i+1}S_{1,n}+\frac{2}{i+1}S_{2,n} \end{pmatrix} \end{aligned}$$

上のベクトルにおいて, 各成分が非負であればよい. すなわち, $(i-1)S_{1,n}\leq 2S_{2,n}\leq iS_{1,n}$ を満たす i を選択すればよい. それには, $i-1=\lfloor\frac{2S_{2,n}}{S_{1,n}}\rfloor$ とすればよい. このとき, $P(\tilde{\nu}\geq 1)$ の下界値は次のようになる.

$$P(\tilde{\nu}\geq 1) \geq S_{1,n}-\frac{2}{i}S_{2,n}-\frac{i-1}{i+1}S_{1,n}+\frac{2}{i+1}S_{2,n} = \frac{2}{i+1}S_{1,n}-\frac{2}{i(i+1)}S_{2,n}$$

($P(\tilde{\nu}\geq 1)$ の上界値 UB を求める場合)

$$B=\begin{pmatrix} 1 & n \\ 0 & \frac{n(n-1)}{2} \end{pmatrix},\ B^{-1}=\begin{pmatrix} 1 & -\frac{2}{n-1} \\ 0 & \frac{2}{n(n-1)} \end{pmatrix}$$

であるため, 最適解は次のようになる.

$$B^{-1}\begin{pmatrix} S_{1,n} \\ S_{2,n} \end{pmatrix} = \begin{pmatrix} S_{1,n}-\frac{2}{n-1}S_{2,n} \\ \frac{2}{n(n-1)}S_{2,n} \end{pmatrix}$$

このとき 2 項モーメントの定義により, $(n-1)S_{1,n}-2S_{2,n}\geq 0,\ S_{2,n}\geq 0$ となる. よって最適値は $S_{1,n}-\frac{2}{n}S_{2,n}$ となる. これより,

$$P(\tilde{\nu}\geq 1) \leq S_{1,n}-\frac{2}{n}S_{2,n}$$

となる．最後に，次の関係を用いることにより $F_{\tilde{\boldsymbol{\xi}}}(\boldsymbol{z})$ の上界と下界が求められる．

$$F_{\tilde{\boldsymbol{\xi}}}(\boldsymbol{z}) = 1 - P(\tilde{\nu} \geq 1) \qquad \square$$

分布関数の上下界を求める方法については，Prékopa[109] に詳しい．他にも上下界については，Prékopa[106, 108], Boros and Prékopa[25] などを参照されたい．

4.5 関連する数値積分と電力供給計画への応用

4.5.1 電力供給の確率計画モデル

長期的な電力供給計画モデルにおいては，これまで年間の各時間における負荷の大きさの順に配列して得られる**負荷持続曲線** (load duration curve) が用いられてきた．この需要を満たすための発電設備の建設計画および運転計画を求める．従来は瞬間ピーク時の需要制約条件に，設備の供給予備率を考慮して，目的関数にペナルティとして供給不足コスト関数を加えるものであった (Anderson[5])．しかし，この供給不足コスト関数の実際の与え方が明確でないということが，問題点としてあげられていた．

また，この長期供給計画モデルにおけるピーク時の需要制約条件は，設備の容量決定すなわち新設備導入のみに関わっていたと解釈できる．ところが現実には，ピーク時以外にも需要の想定値に対する持続的増加，あるいは気候変動などによる需要の急増など，これまでの長期的供給計画では対応しきれない状況も数多い．本節では，このような需要変動にも対応できる供給計画モデルを紹介する．ただし，本モデルにおいては瞬時のような供給計画は含まないものとする．

Shiina[128]，椎名[136] のモデルでは，電力需要を負荷持続曲線ではなく，近似的に階段型曲線として与えられる近似負荷曲線 (図 4.1) として次のように与える．

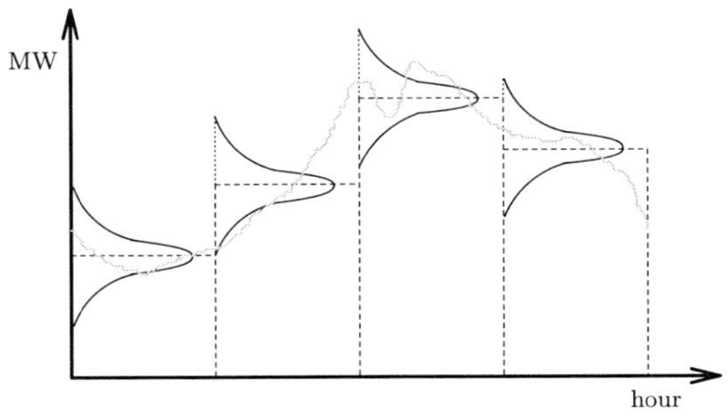

図 **4.1** 近似負荷曲線

近似負荷曲線 (approximate load curve)　1 日において刻々と変動する電力需要を示したものが負荷曲線であり, その 1 年分, 1 カ月分, 1 日分はそれぞれ, 年間, 月間, 日電力量を表す. 近似負荷曲線では, 1 日を複数の時間帯に分割し, それらの時間帯における負荷を, 各時間帯の平均値で代表させる.

近似負荷曲線を定義した理由は, 時間帯ごとの変動を考慮するためであり, 対応する確率計画法における確率的制約条件の分布関数の与え方は後に述べる. 以上の準備に基づき, これまでの短長期それぞれの供給計画モデルにおいて用いられてきた供給予備力に代わるものとして, 以下の稼働可能容量を導入する.

稼働可能容量 (workable supply capacity)　相当の時間的余裕をもって予測しうる変動に対応すべく保持している供給能力であり, 従来の供給予備力と実際の供給力を合わせたものである. これは供給信頼度確保からも, ピーク時間帯だけでなく, すべての時間帯に定義される.

そして, 稼働可能容量あたりの稼働可能容量コストを定義する. 従来の供給不足コスト関数は供給予備率が 0 に向かうとき発散するように定義されたが, 本モデルではこのようなペナルティを設定する必要はない.

この近似負荷曲線で電力需要が与えられるとき, 電力システム全体における資本費 (固定費) と運転費 (変動費) の総和を最小化するために, 確率計画法の確率的制約条件問題に基づくモデルを示す. また年間の電力需要に対し, 各季節ごとの近似負荷曲線で代表させる.

4.5.2　確率的電力供給計画の定式化

確率的制約条件問題としての定式化を以下に示す. はじめに, 電力供給計画モデルで用いられる記号を表 4.1〜4.3 に定義する.

表 **4.1**　添字集合

添字集合	意味
I	新設設備のユニットの集合
J	既設設備の発電方式の集合
K	対象とする期の集合
S	季節の集合
T	近似負荷曲線の時間帯の集合
M	燃料の集合

表 4.2 変数

変数	添字集合	意味
z_{jkst}	$j \in J,\ k \in K,\ s \in S,\ t \in T$	既設設備の運転出力 (MWh)
y_{ikst}	$i \in I,\ k \in K,\ s \in S,\ t \in T$	新設設備の運転出力 (MWh)
w_{jkst}	$j \in J,\ k \in K,\ s \in S,\ t \in T$	既設設備の稼働可能容量 (MWh)
v_{ikst}	$i \in I,\ k \in K,\ s \in S,\ t \in T$	新設設備の稼働可能容量 (MWh)
x_{ik}	$i \in I,\ k \in K$	新設設備容量 (MW)
g_{jkms}	$j \in J,\ k \in K,\ m \in M,\ s \in S$	既設設備の燃料消費量 (MJ)
f_{ikms}	$i \in I,\ k \in K,\ m \in M,\ s \in S$	新設設備の燃料消費量 (MJ)
P_{kst}	$k \in K,\ s \in S,\ t \in T$	確率変数としての電力需要 (MWh)

表 4.3 パラメータ

変数	添字集合	意味
C_{jk}	$j \in J,\ k \in K$	既設設備の利用可能容量 (MW)
$\acute{K}_j$	$j \in J$	既設設備の燃料消費率 (MJ/MWh)
K_i	$i \in I$	新設設備の燃料消費率 (MJ/MWh)
Γ_{kms}	$k \in K,\ m \in M,\ s \in S$	燃料の使用可能量の上限値 (MJ)
A_{ik}	$i \in I,\ k \in K$	新設設備の資本費 (円/MW)
B_{km}	$k \in K,\ m \in M$	燃料の単位あたりコスト (円/MJ)
V_{ik}	$i \in I,\ k \in K$	新設設備の単位発電量あたりのコスト (円/MWh)
$\acute{V}_{jk}$	$j \in J,\ k \in K$	既設設備の単位発電量あたりのコスト (円/MWh)
U_{ik}	$i \in I,\ k \in K$	新設設備の稼働可能容量あたりのコスト (円/MWh)
$\acute{U}_{jk}$	$j \in J,\ k \in K$	既設設備の稼働可能容量あたりのコスト (円/MWh)
W_{ik}	$i \in I,\ k \in K$	新設設備の容量あたりのコスト (円/MW)
$\acute{W}_{jk}$	$j \in J,\ k \in K$	既設設備の容量あたりのコスト (円/MW)
d_t	$t \in t$	時間帯の長さ (h)
p_{kst}	$k \in K,\ s \in S,\ t \in T$	電力需要の平均値 (MWh)

制約条件は次のようになる.

(a) 設備稼働可能容量

設備稼働可能容量が電力需要を上回るという条件は以下のようになる.

$$\sum_{i \in I} v_{ikst} + \sum_{j \in J} w_{jkst} \geq P_{kst},\ k \in K,\ s \in S,\ t \in T$$

P_{kst} を確率変数であると定義し, 確率的制約条件の考え方を適用する. これは特定の期 k, 季節 s において, 電力需要 P_{kst} を上回る設備稼働可能容量を保持する条件である. そして, P_{kst} の時間帯 t に関する同時確率分布関数を $F_{ks}(\sum_{i \in I} v_{iks1} + \sum_{j \in J} w_{jks1} + \cdots + \sum_{i \in I} v_{iks|T|} + \sum_{j \in J} w_{jks|T|}) = P(\sum_{i \in I} v_{iks1} + \sum_{j \in J} w_{jks1} \geq P_{ks1} \geq \cdots \geq \sum_{i \in I} v_{iks|T|} + \sum_{j \in J} w_{jks|T|} \geq P_{ks|T|})$ とする. 確率的制約条件は, 電力需要を上回る稼働可能容量を確率 α_{ks} 以上で保持しなければならないという制約条件である.

$$F_{ks}\left(\sum_{i \in I} v_{iks1} + \sum_{j \in J} w_{jks1}, \ldots, \sum_{i \in I} v_{iks|T|} + \sum_{j \in J} w_{jks|T|}\right) \geq \alpha_{ks},\ k \in K,\ s \in S$$

(b) 時間帯別の需要充足

確率変数 P_{kst} の平均値を p_{kst} とする．発電の運転出力が電力需要の平均値と等しいという条件である．

$$\sum_{i\in I} y_{ikst} + \sum_{j\in J} z_{jkst} = p_{kst},\ k\in K,\ s\in S,\ t\in T$$

(c) 運転出力に関する制約

運転出力が設備稼働可能容量を上回らず，設備稼働可能容量が設備容量を上回らないという条件である．

$$\begin{aligned} w_{jkst} &\le d_t C_{jk},\ j\in J,\ k\in K,\ s\in S,\ t\in T \\ v_{ikst} &\le d_t x_{ik},\ i\in I,\ k\in K,\ s\in S,\ t\in T \\ z_{jkst} &\le w_{jkst},\ j\in J,\ k\in K,\ s\in S,\ t\in T \\ y_{ikst} &\le v_{ikst},\ i\in I,\ k\in K,\ s\in S,\ t\in T \end{aligned}$$

(d) 燃料消費と発電電力量

発電に要する燃料消費量が実際の燃料消費量を上回らないという条件である．

$$\begin{aligned} \sum_{t\in T} \acute{K}_j z_{jkst} &\le \sum_{m\in M} g_{jkms},\ j\in J,\ k\in K,\ s\in S \\ \sum_{t\in T} K_i y_{ikst} &\le \sum_{m\in M} f_{ikms},\ i\in I,\ k\in K,\ s\in S \end{aligned}$$

(e) 燃料消費量

$$\sum_{i\in I} f_{ikms} + \sum_{j\in J} g_{jkms} \le \Gamma_{kms},\ k\in K,\ m\in M,\ s\in S$$

以上の制約条件のもと，目的関数は次のようになる．

$$\begin{aligned} \min \Bigg(& \sum_{i\in I}\sum_{k\in K} A_{ik}x_{ik} \\ & + \sum_{i\in I}\sum_{k\in K}\sum_{m\in M}\sum_{s\in S} B_{km}f_{ikms} + \sum_{j\in J}\sum_{k\in K}\sum_{m\in M}\sum_{s\in S} B_{km}g_{jkms} \\ & + \sum_{i\in I}\sum_{k\in K}\sum_{s\in S}\sum_{t\in T} V_{ik}y_{ikst} + \sum_{j\in J}\sum_{k\in K}\sum_{s\in S}\sum_{t\in T} \acute{V}_{jk}z_{jkst} \\ & + \sum_{i\in I}\sum_{k\in K}\sum_{s\in S}\sum_{t\in T} U_{ik}v_{ikst} + \sum_{j\in J}\sum_{k\in K}\sum_{s\in S}\sum_{t\in T} \acute{U}_{jk}w_{jkst} \\ & + \sum_{i\in I}\sum_{k\in K} W_{ik}x_{ik} + \sum_{j\in J}\sum_{k\in K} \acute{W}_{jk}C_{jk} \Bigg) \end{aligned}$$

目的関数の各行は上からそれぞれ，新設設備の建設費，新旧設備の燃料費，新旧設備の運転費, 新旧設備の稼働可能容量費, 新旧設備の容量に対する固定費を表す.

4.5.3 需要変動確率分布

本項では電力需要の確率分布関数の与え方を示す. 日本電力調査委員会では, 景気などによる長期的な需要変動や, 気象条件などの変化による短期的な需要変動を想定しているが, それに対して供給の支障を起こすことを防ぐために, 供給予備力の保有を必要としている. その需要変動確率分布の与え方は次の通りである.

- 毎日の運転計画における翌日需要予測の偏差を確率変数とする.
- 昭和 39 年度における需要予測誤差実績に基づき, 累積確率が 0.99 となる誤差変動が, 最大 3 日平均電力の 6%となる誤差正規曲線を仮定.

なお, 中央電力協議会供給計画小委員会の昭和 50 年度調査によると, 昭和 45〜49 年度における, 全国総合で誤差変動が最大電力の 6%に達するという事象が生ずる累積確率は 98.3〜99.3%となっている. しかし夏場, とくに 8 月の標準偏差の大きさが指摘され, 夏季需要変動についてはさらに新しいデータを用いることが求められている.

本モデルでは, 需要変動に対して設備稼働可能容量を定義し, 確率的制約条件を導入して制約を与えることで対処しており, 電力需要 $(P_{ks1}, \ldots, P_{ks|T|})$ が多次元正規分布に従うと仮定する. このとき, 確率的制約条件を満たす解集合は, 前に述べた通り凸集合となるが, 確率的制約条件問題として定式化したとき, 分布関数が陽に表現できないため, 椎名[136] では確率分布の近似式を用いている. 山内[165] における **Williams–山内の近似式** (Williams–Yamauchi formula) において $k = 0$ とおくと, 標準正規分布の確率分布関数 $\Phi(u)$ は以下の式で近似できる.

$$\Phi(u) \approx \tilde{\Phi}(u) = \frac{1}{2} + \frac{1}{2}\sqrt{1 - \exp\left(\frac{-2u^2}{\pi}\right)},\ u \geq 0$$

この近似式の絶対誤差は 3.2×10^{-3} である. 前節の電力供給計画モデルの制約式の分布関数を決定すると, 設備稼働可能出力の需要充足条件 (a) は次のようになる. ここで, 電力需要 P_{kst} は $t \in T$ に関して独立であると近似的にみなす. すると, 期 k, 季節 s の確率分布関数 F_{ks} は, 各時間帯の周辺分布関数 F_{kst} の積となる.

$$F_{ks}(P_{ks1}, \ldots, P_{ks|T|}) = \prod_{t \in T} F_{kst}(P_{kst})$$

また p_{kst}, σ_{kst} をそれぞれ, 確率変数 P_{kst} の期待値と標準偏差とする. すると, $\frac{P_{kst} - p_{kst}}{\sigma_{kst}}$ は近似的に平均 0, 分散 1^2 の標準正規分布に従うので, 制約条件は以下のようになる.

$$\prod_{t \in T} \tilde{\Phi}\left(\frac{\sum_{i \in I} y_{ikst} + \sum_{j \in J} z_{jkst} - p_{kst}}{\sigma_{kst}}\right) \geq \alpha_{ks},\ k \in K,\ s \in S$$

しかし, このように時間帯ごとの需要量の相関を省略した方法では, 正確に電力需要とその充足確率との関係を表現しているとはいえない. また, 非線形最適化手法を用いたとき, この分布関数の微係数が必要となり, 差分近似で求める場合, 桁落ちが生じやすい.

そこで, 確率的制約条件の式を数値積分 (numerical integration) によって計算する. Drezner[36)] は重み e^{-x^2} の **Gauss 公式** (Gauss rule) によって以下のように積分値を求めている. $\boldsymbol{x} = (x_1, \ldots, x_m)^\top \sim \mathcal{N}\ (\mathbf{0}, R)$ の密度関数を各 x_i について $-\infty$ から a_i まで m 重積分し, その値を $\Phi_m(\boldsymbol{a}, R)$ とする. $\boldsymbol{x}$ の平均は $\mathbf{0}$, R は相関行列でその逆行列の (i,j) 成分を r_{ij} とする.

$$\Phi_m(\boldsymbol{a}, R) = \int_{-\infty}^{a_m} \cdots \int_{-\infty}^{a_1} \frac{1}{(2\pi)^{\frac{m}{2}} (\det R)^{\frac{1}{2}}} \exp\left(-\frac{1}{2}\boldsymbol{x}^\top R^{-1} \boldsymbol{x}\right) dx_1 \cdots dx_m$$

ここで Gauss 公式を適用するが, 数値計算上同数の分点に対しては $\boldsymbol{a} \leq \mathbf{0}$ のときに誤差が小さいと経験的にいわれている. そこで, 次の関係式を再帰的に用いる.

$$\begin{aligned}\Phi_m(\boldsymbol{a}, R) = &\Phi_{m-1}(a_1, \ldots, a_{i-1}, a_{i+1}, \ldots, a_m, R_{m-1}^{i}) \\ &-\Phi_m(a_1, \ldots, a_{i-1}, -a_i, a_{i+1}, \ldots, a_m, R_{m-1}^{-i})\end{aligned}$$

これにより, 積分項は $1 \sim m$ 重積分を含み, その項数は 2^m となるが, 積分区間はすべて $-\infty \to -a_i$ となる. R_{m-1}^{i} は $(x_1, \ldots, x_{i-1}, x_{i+1}, x_m)$ の相関行列, R_m^{-i} は $(x_1, \ldots, x_{i-1}, -x_i, x_{i+1}, x_m)$ の相関行列である. Gauss 公式の適用に際し, 次のような変数変換をする.

$$y_i = (a_i - x_i)\sqrt{\frac{r_{ii}}{2}}$$

このとき $y_i : \infty \to 0$ であるから, 積分は次のようになる.

$$\begin{aligned}&\Phi_4(\boldsymbol{a}, R) \\ &= \int_0^\infty \int_0^\infty \int_0^\infty \int_0^\infty \left\{ \frac{1}{(2\pi)^{\frac{4}{2}} (\det R)^{\frac{1}{2}}} \exp(-\boldsymbol{y}^\top \boldsymbol{y}) \right. \\ &\qquad \left. \exp\left(\boldsymbol{y}^\top \boldsymbol{y} - \sum_{i=1}^{4}\sum_{j=1}^{4} \frac{(a_i\sqrt{r_{ii}/2} - y_i) r_{ij}}{(r_{ii}r_{jj})(a_j\sqrt{r_{jj}/2} - y_j)}\right) \prod_{i=1}^{4}\left(-\frac{1}{\sqrt{r_{ii}/2}}\right)\right\} dy_1 dy_2 dy_3 dy_4 \\ &= \int_0^\infty \int_0^\infty \int_0^\infty \int_0^\infty \frac{1}{(2\pi)^{\frac{4}{2}} (\det R)^{\frac{1}{2}}} \exp(-\boldsymbol{y}^\top \boldsymbol{y}) g(\boldsymbol{y}) \prod_{i=1}^{4}\left(-\frac{1}{\sqrt{r_{ii}/2}}\right) dy_1 dy_2 dy_3 dy_4 \\ &\approx \frac{1}{(2\pi)^{\frac{4}{2}} (\det R)^{\frac{1}{2}}} \prod_{i=1}^{4}\left(-\frac{1}{\sqrt{r_{ii}/2}}\right) \sum_{i_1=1}^{k}\sum_{i_2=1}^{k}\sum_{i_3=1}^{k}\sum_{i_4=1}^{k} A_{i_1} A_{i_2} A_{i_3} A_{i_4} g(\mathrm{y}_{i_1}, \mathrm{y}_{i_2}, \mathrm{y}_{i_3}, \mathrm{y}_{i_4})\end{aligned}$$

ただし, 以下のように定める.

$$g(\boldsymbol{y}) = \exp\left(\boldsymbol{y}^\top \boldsymbol{y} - \sum_{i=1}^{4}\sum_{j=1}^{4}\left(a_i\sqrt{\frac{r_{ii}}{2}} - y_i\right)\frac{r_{ij}}{r_{ii}r_{jj}}\left(a_j\sqrt{\frac{r_{jj}}{2}} - y_j\right)\right)$$

積分公式は, [0,∞] 領域における Gauss 公式を領域の直積 $[0,\infty]^4$ へと拡張したものであり, $e^{-\boldsymbol{y}^\top \boldsymbol{y}}$ より定まる重み係数 $A_{i_1}, A_{i_2}, A_{i_3}, A_{i_4}$ と分点 $\mathrm{y}_{i_1}, \mathrm{y}_{i_2}, \mathrm{y}_{i_3}, \mathrm{y}_{i_4}$ の値な

どは Drezner[36] を参照されたい．この数値積分アルゴリズムは，各次元の分点数を増加させたとき，近似積分値の差がある一定の値以下に収まる場合に計算を終了する．

4.5.4 数値実験

表 4.4 のような電力需要データを用いて行った数値実験の結果を示す．データはある年の 1 日の 24 時間帯各 1 時間ごとの電力需要値である．電力需要を 4 季節 (1〜3 月, 4〜6 月, 7〜9 月, 10〜12 月) で代表させ，1 日を 6 時間ごとの 4 時間帯に分割した形で用いる．

発電設備としては，現在すでに存在する既設設備と，導入を計画できる新設設備があると仮定する．

既設設備 (基準年以前に運転が開始されている設備)　石炭火力 4, 外部水力 1, 外部石炭火力 1, 水力 1, 原子力 1, 石油火力 8, 外部原子力 1, その他 1, 計 18 設備
新設設備 (基準年以降運転開始が可能である設備)　石炭火力 2, タービン 1, LNG 2, 原子力 1, その他 1, 計 7 設備

これらの既設設備の各容量 (MW), 設備の熱効率 (MJ/MWh), 新設設備の資本費 (円/MW), 設備の単位発電量あたりの費用 (円/MWh), 設備の容量あたりの費用 (円/MW), 燃料の単位量あたりの費用 (円/MJ), 設備の稼働可能容量あたりの費用 (円/MWh) などのデータについては省略する．問題の規模は，変数 825, 等号制約 34, 不等号制約 1204 となる．

非線形最適化については，**信頼領域法** (trust region method, 山下[164]) を用いて解く．以上の条件のもとで，確率的電力供給計画モデルを解いた結果を示す．なお，数値積分法の Drezner[36] のサブルーチンでは，各次元における分点数を 2 点から 10 点まで，数値積分値の値の差が 1×10^{-4} に収まるように計算する．以下の結果では，確率 0.95, 0.99 のときいずれも 10 点以内の分点数で積分値が収束している．計算時間は，Shiina[128] を参照されたい．表 4.5 では参考のため，相関を無視した場合の結果も示した．

各充足確率は同時分布の確率である．確率的制約条件を含まない場合，各時間帯に保有する設備稼働可能容量はその時間帯の電力需要の平均値と等しくなる．すなわち，供給予備力を全く保持しない運転となる．これは，相関を省略した場合，充足確率を $0.0625 = 0.5^4$

表 **4.4** 季節ごとの電力需要平均値および標準偏差 (単位 MWh)

季節	1〜3 月		4〜6 月		7〜9 月		10〜12 月	
	平均値	標準偏差	平均値	標準偏差	平均値	標準偏差	平均値	標準偏差
0〜6 時	10779.6	969.9	10221.1	592.3	10450.6	733.4	10896.5	795.9
6〜12 時	14337.1	2158.7	13089.7	1537.4	14633.0	1910.0	14207.9	1861.3
12〜18 時	15132.1	2287.9	14177.4	1847.4	16815.9	2421.7	15361.5	2104.2
18〜24 時	13107.4	1333.4	12179.2	928.7	13643.3	1274.3	13266.3	1249.0

表 **4.5**　目的関数の最適値の比率

各季の充足確率	確率的制約条件なし	0.1	0.3	0.5	0.7	0.9	0.95	0.99
最適値比率相関なし	1	1.0010	1.0366	1.0774	1.1326	1.2263	1.2768	1.3704
最適値比率数値積分	1	1	1	1.0073	1.0625	1.1754	1.2322	1.3499

(確率的制約条件を含まない場合の最適値を 1 とする)

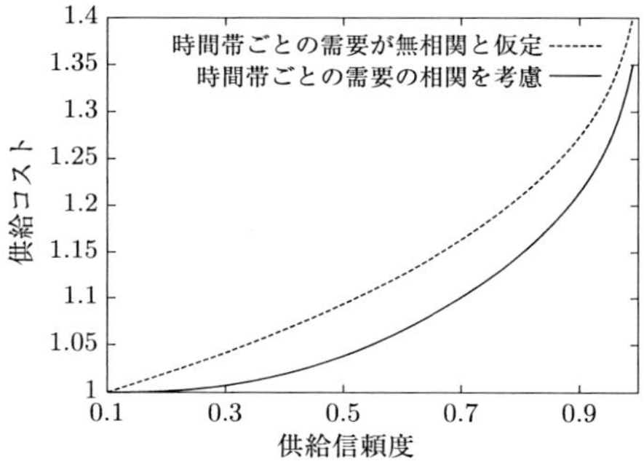

図 **4.2**　供給信頼度と供給コストの関係

と設定することに相当する．これに対して，各季節の需要充足確率を変化させたときの最適値の比率を図 4.2 に示した．いずれの場合も，時間帯ごとの相関を考慮した方が，最適値の比率が小さくなっている．これは，時間帯ごとの電力需要の相関がすべて正となっているためであると考えられる．これより精密な経済運用には，相関を考慮することが不可欠であることがわかる．0.1〜0.7 程度の確率に対応する稼働可能容量では供給不足を発生する可能性が大きい．そこで実際の供給計画では，充足確率を 1 に近い値に設定することが必要である．たとえば充足確率 0.99 とは，100 日間の供給計画に対して，供給不足となるのが 1 日以下となることを示す．このように充足確率値が 1 に近づくに従い，目的関数の最適値は上昇する．そこで，充足確率と最適費用の関係を対数グラフ (図 4.3) で表現すると，対数線形に近い関係が得られ，供給の安全性と経済性のトレードオフについて定量的な見積りができる．

この例からは，充足確率を 0.9 から 0.99 へ上昇させたとき，最適値比率が 1.18 から 1.35 へと増加し，最適値自体は $\frac{1.35}{1.18} \approx 1.15$ 倍になることがわかる．各季に与えた確率に対する稼働可能容量は表 4.6 のようになる．なお，最適解より各設備時間帯ごとの利用率が算定できるが，ここでは省略する．

表 4.6 より，変動する電力需要に対する充足確率の上昇とともに，保持すべき稼働可能容量が増大するという状況が見られ，とくに確率が大きくなるにつれてその傾向が顕著である．従来の長期供給計画と異なって，各時間帯に対して，稼働可能容量が求められる

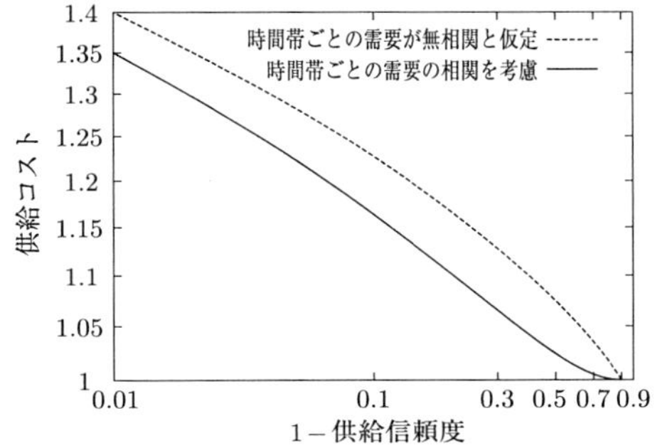

図 **4.3**　供給信頼度と供給コストの関係 (対数グラフ)

表 **4.6**　最適稼働可能容量 (単位 MWh)

各季の充足確率		確率的制約条件なし	0.5	0.7	0.9	0.95	0.99
1〜3 月	0〜6 時	10780	11556	12423	12990	13043	13643
	6〜12 時	14337	14416	15791	17296	18111	19624
	12〜18 時	15132	15346	16428	18270	19149	20721
	18〜24 時	13107	13194	14042	15131	15647	16471
4〜6 月	0〜6 時	10221	10886	11431	11831	12031	12347
	6〜12 時	13090	13237	14085	15343	15897	16868
	12〜18 時	14177	14351	15317	16675	17344	18649
	18〜24 時	12179	12624	12990	13612	13944	14603
7〜9 月	0〜6 時	10451	11607	11872	12698	12802	12990
	6〜12 時	14633	14633	15769	17290	17989	19361
	12〜18 時	16816	16816	17643	19980	20868	22631
	18〜24 時	13643	13713	14570	15668	16110	16919
10〜12 月	0〜6 時	10897	11622	12084	12833	12990	13259
	6〜12 時	14208	14356	15456	16765	17443	18767
	12〜18 時	15362	15554	16436	18220	18991	20468
	18〜24 時	13266	13485	14207	15187	15639	16431

ことも特徴的である．これは，すべての時間帯について，従来の待機予備力および運転予備力をどの程度保持すべきかについての指針を与える．元来，供給予備力は予測しえない事態に対応するべく保持している供給力であるが，それをピーク時間帯における供給不足のみについて考えているだけでは不十分だと考えられるからである．

このモデルでは，最初に電力需要を上回る確率を与えたときに，最適な稼働可能容量が決定されるところに特徴があるといえる．これは，以前の長期供給計画において供給不足コストを考えたことに比べ，自然なモデル化であると考えられる．

5 整数条件をもつ確率計画問題

本章では, 整数条件を有する確率計画問題について考える. 本章の内容は整数計画法と関連が深い. 整数条件をもつ問題は現在最も研究が進んでいる分野であり, 基本的な考え方を解説する. はじめに, 1 段階変数のみに整数条件をもつ確率計画問題とその集線装置配置問題への応用について述べる. 本章の後半では, リコース変数に整数条件を有する問題を考える. 整数計画法と組合せ最適化に関しては, Schrijver[123], Nemhauser and Wolsey[97], Wolsey[162] などを参照されたい.

● 5.1 ● 1 段階変数に整数変数を含む確率計画問題 ●

5.1.1 整数条件を有する確率計画問題における従来研究

3 章では, リコースを有する確率計画問題において, すべての変数が連続変数であるような場合, L-shaped 法による解法を示した. これに対して, 整数変数が含まれる確率計画問題は難しい問題であるといえる. 本節では, 1 段階決定変数に整数条件をもつ確率計画問題を考える. 先駆的な研究として, Wollmer[161] は**陰的列挙法** (implicit enumeration) と L-shaped 法とを組み合わせた解法を示した. 90 年代に入り, Louveaux and Peeters[83] は, **双対上昇法** (dual ascent method) による近似解法を示した. 厳密解法として重要なのは, Laporte and Louveaux[78] による**分枝カット法** (branch and cut method) の枠組に L-shaped 法を含めた解法である. Laporte, *et al.*[79] は, Laporte and Louveaux[78] の方法を施設配置問題へ応用した. 本節では, リコースを有する確率計画問題において 1 段階変数に 0–1 条件を含む問題に対して, 椎名[137], Shiina[130] による L-shaped 法と整数計画法を組み合わせた解法の枠組を示す.

5.1.2 確率的集線装置配置問題

既知の通信需要を満たすように, 端末の集合を接続するコンピュータネットワークの設計を考える. この問題は, 端末の集合がローカルエリアネットワークなどを通じてさまざまなタイプの集線装置で接続されるものであり, **集線装置配置問題** (concentrator location problem) とよばれる. 集線装置配置問題の定義は, Bertsekas and Gallager[14] による. 別種の問題は, Ahuja, *et al.*[3], Balakrishnan, *et al.*[9], Pirkul and Gupta[102]

などを参照されたい. Shiina[129] は, 切除平面法と分枝限定法による解法を示した.

集線装置配置問題

- 集線装置を設置する候補地から, 実際に設置する位置を決定.
- 各端末と集線装置の接続関係を決定.

図 5.1 に集線装置の設置候補地数 40, 端末数 100 のネットワークを示す. 実際に設置される集線装置は 10 であることがわかる.

無向グラフ $G = (V, A)$ によって, ネットワークをモデル化する. 点集合 V は, 地理的な配置がわかっている端末の集合 J, 集線装置を設置する候補地の集合 I から構成される. 辺集合 A は, 端末と集線装置を表す 2 点が接続していることを示す. 各端末はいずれかの集線装置に接続しなければならない. 集線装置の容量は接続する各端末からの通信需要の和を下回ってはいけない. 椎名[137], Shiina[130] による確率計画モデルでは, 需要量 $a_j(\tilde{\xi})$ $(j \in J)$ を確率変数 $\tilde{\xi}$ に依存するものとした. $\tilde{\xi}$ は既知の離散的な確率分布に従うと仮定する. 確率変数が $\tilde{\xi} = \xi$ となる確率 $P(\tilde{\xi} = \xi)$ は与えられており, 確率

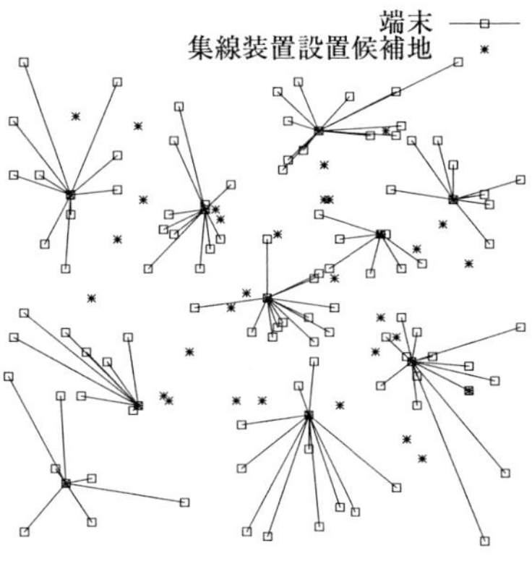

図 **5.1**　集線装置配置問題の例

表 **5.1**　集線装置配置問題における記号の説明

変数	意味
x_{ij}	端末 j を候補地 i に存在する集線装置に接続するとき 1, それ以外は 0
y_i	候補地 i に装置を設置するとき 1, それ以外は 0
パラメータ	意味
c_{ij}	端末 j と候補地 i との接続費用
f_i	候補地 i での装置設置費用
$a_j(\tilde{\xi})$	端末 j における通信需要量 (確率変数 $\tilde{\xi}$ に従う)
b_i	候補地 i で設置した装置の処理能力

分布の台を Ξ $(P(\Xi) = 1)$ とする．

すべての端末を集線装置に接続し，集線装置の設置場所を決定して総設置費用最小のネットワークを設計する．表 5.1 のように記号を定義する．

(確率的集線装置配置問題のプロトタイプ)

$$
\begin{aligned}
\text{min} \quad & \sum_{i \in I} \sum_{j \in J} c_{ij} x_{ij} + \sum_{i \in I} f_i y_i \\
\text{subject to} \quad & \sum_{j \in J} a_j(\tilde{\xi}) x_{ij} \leq b_i y_i, \ i \in I \\
& \sum_{i \in I} x_{ij} = 1, \ j \in J \\
& x_{ij} \leq y_i, \ i \in I, \ j \in J \\
& x_{ij}, y_i \in \{0, 1\}, \ i \in I, \ j \in J
\end{aligned}
$$

制約 $\sum_{j \in J} a_j(\tilde{\xi}) x_{ij} \leq b_i y_i$ $(i \in I)$ は確率変数 $\tilde{\xi}$ を含むため，等価確定問題に定義しなおす必要がある．x, y は確率変数 $\tilde{\xi}$ の実現値が得られる前に決定される変数であり，1 段階決定変数となる．確率変数 $\tilde{\xi}$ の実現値 ξ が与えられたとき，制約 $\sum_{j \in J} a_j(\xi) x_{ij} \leq b_i y_i$ $(i \in I)$ は侵される可能性があるため，右辺に 2 段階決定変数の $w_i(\xi)$ を付加する．この変数は，超過需要に対して行う容量の増設を示す．新たに容量を拡張することは，余分な費用増加をもたらす．集線装置 i における単位需要あたりの設備増加に対する費用を q_i とし，目的関数にリコース関数として設備増設費用の期待値を加える．問題は，新たな設備増設費用を含む，リコースを有する確率的整数計画問題 (SCLP) として定義される．

$$
\begin{aligned}
\text{(SCLP): min} \quad & \sum_{i \in I} \sum_{j \in J} c_{ij} x_{ij} + \sum_{i \in I} f_i y_i + \mathcal{Q}(\boldsymbol{x}, \boldsymbol{y}) \\
\text{subject to} \quad & \sum_{i \in I} x_{ij} = 1, \ j \in J \\
& x_{ij} \leq y_i, \ i \in I, \ j \in J \\
& x_{ij}, y_i \in \{0, 1\}, \ i \in I, \ j \in J \\
& \mathcal{Q}(\boldsymbol{x}, \boldsymbol{y}) = E_{\tilde{\xi}}[Q(\boldsymbol{x}, \boldsymbol{y}, \tilde{\xi})] \\
& Q(\boldsymbol{x}, \boldsymbol{y}, \xi) = \min_{\boldsymbol{w}(\xi)} \left\{ \sum_{i \in I} q_i w_i(\xi) \middle| \sum_{j \in J} a_j(\xi) x_{ij} \leq b_i y_i + w_i(\xi), \ i \in I \right. \\
& \qquad \left. w_i(\xi) \geq 0, \ i \in I \right\}, \ \xi \in \Xi
\end{aligned}
$$

(SCLP) は完全リコースをもつ．すなわち，1 段階決定変数 $\boldsymbol{x}, \boldsymbol{y}$ がどのような値をとろうと，2 段階問題には実行可能解 $\boldsymbol{w}(\xi)$ が存在する．$\mathcal{Q}(\boldsymbol{x}, \boldsymbol{y}), Q(\boldsymbol{x}, \boldsymbol{y}, \xi)$ の上界を表す変数をそれぞれ θ, θ_ξ とすると，次の (SCLP-MIP) が得られる．

$$
\begin{aligned}
\text{(SCLP-MIP): min} \quad & \sum_{i\in I}\sum_{j\in J} c_{ij}x_{ij} + \sum_{i\in I} f_i y_i + \theta \\
\text{subject to} \quad & \sum_{i\in I} x_{ij} = 1,\ j\in J \\
& x_{ij} \le y_i,\ i\in I,\ j\in J \\
& x_{ij}, y_i \in \{0,1\},\ i\in I,\ j\in J \\
& \theta \ge \sum_{\tilde{\xi}\in\Xi} P(\tilde{\xi}=\xi)\theta_\xi \\
& \theta_\xi \ge \sum_{i\in I} q_i w_i(\xi),\ \xi\in\Xi \\
& \sum_{j\in J} a_j(\xi)x_{ij} \le b_i y_i + w_i(\xi),\ i\in I,\ \xi\in\Xi \\
& w_i(\xi) \ge 0,\ i\in I,\ \xi\in\Xi \\
& \theta, \theta_\xi \ge 0,\ \xi\in\Xi
\end{aligned}
$$

(SCLP) の実行可能解 $\boldsymbol{x}, \boldsymbol{y}, \boldsymbol{w}(\xi)$ と対応する $\mathcal{Q}(\boldsymbol{x}, \boldsymbol{y})$, $Q(\boldsymbol{x}, \boldsymbol{y}, \xi)$ は, (SCLP-MIP) において $\theta = \mathcal{Q}(\boldsymbol{x}, \boldsymbol{y}), \theta_\xi = Q(\boldsymbol{x}, \boldsymbol{y}, \xi)$ として実行可能解となるため, 「(SCLP-MIP) の最適目的関数値 $\le$ (SCLP) の最適目的関数値」という関係が成り立つ. 逆に, (SCLP-MIP) における θ, θ_ξ の定義から, θ, θ_ξ はそれぞれ $\mathcal{Q}(\boldsymbol{x}, \boldsymbol{y}), Q(\boldsymbol{x}, \boldsymbol{y}, \xi)$ の上界となる. したがって, (SCLP-MIP) の最適目的関数値と (SCLP) の最適目的関数値とは等しい. 確率変数 $\tilde{\xi}$ が離散的な確率分布に従うため, (SCLP-MIP) を**混合整数計画問題** (mixed integer programming problem) として取り扱うことも可能であるが, θ_ξ と $w_i(\xi)$ を含む制約を確率変数のすべての実現値 $\xi \in \Xi$ について加えなければならないため, 問題の規模が大きくなるというおそれがある.

椎名[137] では, 実行可能な 1 段階変数 $\boldsymbol{x}, \boldsymbol{y}$ を分枝限定法によって求めた後に L-shaped 法を適用した. 次の (SCLP-Master) を解く.

$$
\begin{aligned}
\text{(SCLP-Master): min} \quad & \sum_{i\in I}\sum_{j\in J} c_{ij}x_{ij} + \sum_{i\in I} f_i y_i + \theta \\
\text{subject to} \quad & \sum_{i\in I} x_{ij} = 1,\ j\in J \\
& x_{ij} \le y_i,\ i\in I,\ j\in J \\
& x_{ij}, y_i \in \{0,1\},\ i\in I,\ j\in J \\
& \theta \ge \sum_{\tilde{\xi}\in\Xi} P(\tilde{\xi}=\xi)\theta_\xi
\end{aligned}
$$

主問題の得られた解 $(\hat{\boldsymbol{x}}, \hat{\boldsymbol{y}}, \hat{\theta})$ より定理 5.1 の**妥当不等式** (valid inequality) を最適性カットとして追加する. 最適性カットは, 主問題の最適解において $Q(\hat{\boldsymbol{x}}, \hat{\boldsymbol{y}}, \xi)$ を近似するものである.

定理 5.1　$(\hat{\boldsymbol{x}}, \hat{\boldsymbol{y}})$ を (SCLP) の実行可能解とする. また $\hat{\boldsymbol{\pi}}$ をリコース問題の双対問

整数条件を考慮した **L-shaped** 法 (ε : 許容誤差)

ステップ **0** 暫定目的関数値 $\bar{z} = \infty$, 目的関数の下界値 $\underline{z} = 0$ とする.

ステップ **1** (SCLP-Master) の最適解 $(\hat{\boldsymbol{x}}, \hat{\boldsymbol{y}}, \hat{\theta})$ を求める.

ステップ **2** $\sum_{i \in I} \sum_{j \in J} c_{ij} \hat{x}_{ij} + \sum_{i \in I} f_i \hat{y}_i + \hat{\theta} > \underline{z}$ ならば, $\sum_{i \in I} \sum_{j \in J} c_{ij} \hat{x}_{ij} + \sum_{i \in I} f_i \hat{y}_i + \hat{\theta} = \underline{z}$, $\sum_{i \in I} \sum_{j \in J} c_{ij} \hat{x}_{ij} + \sum_{i \in I} f_i \hat{y}_i + Q(\hat{\boldsymbol{x}}, \hat{\boldsymbol{y}}) < \bar{z}$ ならば, $\sum_{i \in I} \sum_{j \in J} c_{ij} \hat{x}_{ij} + \sum_{i \in I} f_i \hat{y}_i + Q(\hat{\boldsymbol{x}}, \hat{\boldsymbol{y}}) = \bar{z}$ とする.

ステップ **3** $\bar{z} \leq (1 + \varepsilon)\underline{z}$ ならば終了.

ステップ **4** $\xi \in \Xi$ に対して, $\hat{\theta}_\xi < Q(\hat{\boldsymbol{x}}, \hat{\boldsymbol{y}}, \xi)$ ならば, 最適性カットを追加してステップ 1 へ.

図 **5.2** 整数条件を考慮した L-shaped 法

題 $\max\{\sum_{i \in I}(\sum_{j \in J} a_j(\xi)\hat{x}_{ij} - b_i \hat{y}_i)\pi_i \mid 0 \leq \pi_i \leq q_i,\ i \in I\}$ の最適解とする. θ_ξ を $Q(\boldsymbol{x}, \boldsymbol{y}, \xi)$ の上界とすると, $\theta_\xi \geq \sum_{i \in I} \sum_{j \in J} \hat{\pi}_i a_j(\xi) x_{ij} - \sum_{i \in I} \hat{\pi}_i b_i y_i$ は (SCLP-MIP) の妥当不等式になる.

整数条件を考慮した L-shaped 法のアルゴリズムを図 5.2 に示す. ステップ 1 で混合整数計画問題である (SCLP-Master) を解く必要があるが, 適当な数理計画ソフトウェアを使用すれば分枝操作を自分で実装する必要はないため, 比較的容易である. このアルゴリズムは繰り返し混合整数計画問題を解く必要があるが, 最悪の場合でもすべての実行可能な 1 段階の決定 $(\boldsymbol{x}, \boldsymbol{y})$ に対して最適性カットを追加すればよいため, 有限回で終了する.

5.1.3 集線装置配置問題に対する数値実験

集線装置候補地数 $|I| = 20$, 端末の数 $|J| = 20, 40$ の問題について数値実験の結果を示す. 問題全体の 0–1 整数変数の個数は $|I| \times |J| + |I|$ となる. パラメータ $c_{ij}, a_j(\xi), b_i, f_i, q_i$ $(i \in I, j \in J)$ は, 標準ケースとして次のように定めた.

- $\tilde{\xi}$ は離散的な確率分布に従い, 確率分布の台を $\Xi = \{1, 2, \ldots, 10\}$ (シナリオ数 $|\Xi| = 10$) とする. $\tilde{\xi} = k$ となる確率は, $P(\tilde{\xi} = k) = \frac{1}{|\Xi|}$ $(k = 1, 2, \ldots, |\Xi|)$ と定める.
- 端末の座標および集線装置設置候補地の座標は, それぞれ $[0, 100] \times [0, 100]$, $[10, 90] \times [10, 90]$ に一様に分布.
- 端末 j と集線装置 i との接続コストは, $c_{ij} = \lfloor (2\text{ 点間の距離}) \times 0.15 + 1 \rfloor$ として与えた.
- 各端末における需要は, $\tilde{\xi} = k$ の場合, $a_j(\tilde{\xi} = k) = \lfloor U(100) + \frac{100k}{|\Xi|} \rfloor$ $(k = 1, 2, \ldots, |\Xi|$, ただし $U(100)$ は [0,100] における一様乱数) とする.
- 集線装置の容量は $b_i = 1600$ の定値とする.
- 集線装置の設置費用は $f_i = 180$ とする.

- 集線装置の容量あたりの増設費用は，各候補地において $q_i = \frac{180 \times 2}{1600} = 0.225$，すなわち集線装置の単位容量あたりの初期設置費用の2倍とする．

整数条件を考慮したL-shaped法 (I-L-shaped) と，(SCLP-MIP) に対する分枝限定法 (B&B) の比較を SUN sparcstation 2 で行った．線形計画法および分枝限定法にはXPRESS MP を用い，(I-L-shaped) のアルゴリズム全体は Perl 言語で記述した．(I-L-shaped) では，XPRESS MP のモデル記述ファイルに最適性カットを加え，XPRESS MP のモデル作成システムにより，XMPS 形式のファイルを生成し，その後に最適化を行うという手順をとった．また許容誤差を $\varepsilon = 0.01$，すなわち1% と定めた．集線装置設置候補地20，集線装置設置費用 $f_i = 180$，容量あたり設備増設費用 $q_i = 0.225$ の場合を標準ケースとし，次の3ケース (表5.2〜5.4) について，端末数40と60の場合，(I-L-shaped) と (B&B) を比較した．なお計算時間は，XPRESS MP における XMPS ファイルの生成時間を含む．表中，(I-L-shaped) の誤差は，以下のように定義される．

表 **5.2** 計算結果：標準ケース ($f_i = 180, q_i = 0.225$)

端末数 $\|J\|$	装置設置費用 f_i	容量あたり設備増設費用 q_i	(I-L-shaped) 計算時間 (s)	目的関数値 (誤差 (%)) (投資/増設)	(B&B) 計算時間 (s)	目的関数値 (投資/増設)
40	180	0.225	159	737.8(0.00) (684/53.8)	518	737.8 (684/53.8)
60	180	0.225	282	1089.4(0.36) (929/160.4)	847	1085.5 (930/155.5)

表 **5.3** 計算結果：集線装置の初期投資費用が小さいケース ($f_i = 150, q_i = 0.225$)

端末数 $\|J\|$	装置設置費用 f_i	容量あたり設備増設費用 q_i	(I-L-shaped) 計算時間 (s)	目的関数値 (誤差 (%)) (投資/増設)	(B&B) 計算時間 (s)	目的関数値 (投資/増設)
40	150	0.225	494	674.6(0.09) (594/80.6)	1138	674.0 (596/78.0)
60	150	0.225	188	978.2(0.29) (937/41.2)	2225	975.4 (939/36.4)

表 **5.4** 計算結果：容量あたり設備増設費用が大きいケース ($f_i = 180, q_i = 0.45$)

端末数 $\|J\|$	装置設置費用 f_i	容量あたり設備増設費用 q_i	(I-L-shaped) 計算時間 (s)	目的関数値 (誤差 (%)) (投資/増設)	(B&B) 計算時間 (s)	目的関数値 (投資/増設)
40	180	0.45	637	783.4(0.15) (684/99.4)	2440	782.2 (686/96.2)
60	180	0.45	1103	1137.6(0.00) (1089/48.6)	9741	1137.6 (1089/48.6)

$$\text{(I-L-shaped) の誤差} = \frac{\text{(I-L-shaped) の近似目的関数値} - \text{(B\&B) の最適目的関数値}}{\text{(B\&B) の最適目的関数値}} \times 100(\%)$$

- 標準ケース　$f_i = 180,\ q_i = 0.225$
- 集線装置の初期投資費用が小さいケース　$f_i = 150,\ q_i = 0.225$
- 容量あたり設備増設費用が大きいケース　$f_i = 180,\ q_i = 0.45$

いずれのケースにおいても, $|J| = 60$ の問題の方が $|J| = 40$ の問題に比べて規模が大きいため, 問題としての難易度は高い. これは, (B&B) の計算時間より明らかであるといえる. また, 標準ケースより設備設置費用を小さくした場合と容量あたり設備増設費用を大きくした場合はともに, 標準ケースより計算時間が大幅に長くなり, 問題の難易度が上がることがわかる. これは次のように解釈できる. 対象とする問題 (SCLP) の目的関数は, 1 段階費用と 2 段階費用とに分割できる. 1 段階費用は初期投資額を表すが, これは 1 段階決定変数 $\boldsymbol{x}, \boldsymbol{y}$ の 1 次関数である. 2 段階費用 $\mathcal{Q}(\boldsymbol{x}, \boldsymbol{y})$ は設備増設費用の平均額を表し, $\boldsymbol{x}, \boldsymbol{y}$ の凸関数となる. ここで, 初期投資費用 f_i が小さくなるか, または設備増設費用 q_i が大きくなる場合を考えると, これは目的関数における 2 段階費用 $\mathcal{Q}(\boldsymbol{x}, \boldsymbol{y})$ の割合が大きくなることに対応する. すなわち, 目的関数の非線形な度合が大きくなるために問題の難易度が大きくなると考えられる. また, (I-L-shaped) は $\varepsilon = 1(\%)$ 以内の誤差を許してはいるものの, 計算時間は通常の (B&B) に比べ非常に短いため, 有効であると考えられる.

最後に, (I-L-shaped) の各反復における目的関数値に対する上界値と下界値の値を表す. 主問題 (master problem) の最適解を $(\hat{\boldsymbol{x}}, \hat{\boldsymbol{y}}, \hat{\theta}, \hat{\theta}_\xi\ (\xi \in \Xi))$ とすると, 上界値と下界値は次のように与えられる.

$$\text{上界値} = \sum_{i \in I} \sum_{j \in J} c_{ij} \hat{x}_{ij} + \sum_{i \in I} f_i \hat{y}_i + \mathcal{Q}(\hat{\boldsymbol{x}}, \hat{\boldsymbol{y}})$$

$$\text{下界値} = \sum_{i \in I} \sum_{j \in J} c_{ij} \hat{x}_{ij} + \sum_{i \in I} f_i \hat{y}_i + \hat{\theta}$$

アルゴリズムでは, 各反復 (表 5.5, 5.6) までに求まった上界値の中で最もよいものを暫定目的関数値として採用している.

梅田ほか[153] では, 在庫融通問題への応用を行っている. また Shiina[130] では, 本節のモデルを拡張した多期間の集線装置配置問題の確率計画モデルを扱っている. 多期間モデルでは, 各期の決定がその期までに生じた確率変数の実現値の履歴に依存するため, 非常に多くのシナリオを含む問題となる. T 段階の各段階において確率変数のとりうる値の個数を n とすると, 全体として n^T 個のシナリオを考慮しなければならない. 追加コストと需要に関して, 段階に応じた単調性を仮定することによって, 問題を n 個のシナリオをもつ T 個の部分問題へと分解することができる. 多段階確率計画問題については, 6 章を参照されたい.

表 **5.5** 整数 L-shaped 法の反復 ($|J| = 40$)

標準ケース			初期投資費用が大きいケース			設備増設費用が大きいケース		
反復	下界値	上界値	反復	下界値	上界値	反復	下界値	上界値
1	427	1000.1	1	397	1256.7	1	427	1487.3
2	734.4	743.1	2	670.2	683.1	2	778.2	794.1
3	734.4	743.1	3	670.2	683.1	3	778.2	794.1
4	736.2	737.8	4	672.2	694.1	4	780.2	805.5
			5	672.2	681.1	5	780.2	796.5
			6	672.3	674.6	6	780.5	783.4

表 **5.6** 整数 L-shaped 法の反復 ($|J| = 60$)

標準ケース			初期投資費用が大きいケース			設備増設費用が大きいケース		
反復	下界値	上界値	反復	下界値	上界値	反復	下界値	上界値
1	577	1621.1	1	547	2113.2	1	577	2665.3
2	1083.5	1106.6	2	971.4	1027.8	2	1133.2	1240.4
3	1084.5	1089.4	3	972.4	978.2	3	1135.2	1150.7
						4	1135.2	1151.9
						5	1136.2	1149.9
						6	1136.6	1137.6

● 5.2 ● リコース変数に整数条件を含む確率計画問題 ●

5.2.1 リコース変数に含まれる整数条件

本節では, リコース変数に整数条件を有する 2 段階確率計画問題を考える. リコース変数に整数条件を有する場合, 問題は非常に困難なものとなる. なぜなら, 罰金または追加費用を表すリコース関数が非凸関数になり, しかも非連続になる場合もあるからである. このような 2 段階変数に整数条件を含む場合, Carøe and Tind[26] は凸でない不連続のカットを用いて L-shaped 法の解法を拡張したが, この手法を実装することは困難である.

とくに 2 段階問題が単純リコース型となる場合, Louveaux and van der Vlerk[84] によって問題の数学的な性質が研究され, 確率分布が特殊な場合のリコース関数の期待値が解析的に示された. Klein Haneveld, *et al.*[71], Klein Haneveld and van der Vlerk[72] は, 整数条件をもつ単純リコース型の問題において, リコース関数の期待値の閉凸包を求めるアルゴリズムを示した. Ahmed, *et al.*[2] は整数条件を有する単純リコース問題に対して, 有限回の反復で最適解を求める分枝限定法に基づく解法を示した.

しかし, 単純リコース型のモデルは, 2 段階でとりうるリコース変数の値が非負整数に限られるというものである. このような単純リコース型モデルでは, 決定変数が非負整数となるため, 現実の問題への応用は限られる. そのため, 現実問題に適用できるようなモデルを考える.

Shiina, *et al.*[133] は, 2 段階のリコース変数が正の値をとる場合に, 同時に正の罰金を有する確率計画問題を取り扱った. このモデルは, 需要あるいは資源価格や資産価値などに変動が含まれる場合, 変動に応じて新たな決定を行うときに固定費用を有する問題に適用可能である. 2 段階のリコース費用を求める問題は, 0–1 条件を有する混合整数計画問題となる.

5.2.2 罰金に固定費を含む確率計画問題

罰金に固定費を含む確率計画問題 (SPFCR: stochastic programming with fixed charge recourse) を次のように定義する.

$$
\begin{array}{rl}
\text{(SPFCR):} & \\
\min & \boldsymbol{c}^\top \boldsymbol{x} + \mathcal{Q}(\boldsymbol{x}) \\
\text{subject to} & A\boldsymbol{x} = \boldsymbol{b},\ \boldsymbol{x} \geq \boldsymbol{0} \\
& \mathcal{Q}(\boldsymbol{x}) = E_{\tilde{\boldsymbol{\xi}}}[Q(\boldsymbol{x}, \tilde{\boldsymbol{\xi}})] \\
& Q(\boldsymbol{x}, \boldsymbol{\xi}) = \min\{\boldsymbol{q}^\top \boldsymbol{y}(\boldsymbol{\xi}) + \boldsymbol{f}^\top \boldsymbol{z}(\boldsymbol{\xi}) \mid \boldsymbol{y}(\boldsymbol{\xi}) \geq \boldsymbol{\xi} - T\boldsymbol{x}, \\
& \quad \boldsymbol{0} \leq \boldsymbol{y}(\boldsymbol{\xi}) \leq M\boldsymbol{z}(\boldsymbol{\xi}),\ \boldsymbol{z}(\boldsymbol{\xi}) \in \{0,1\}^{n_2}\},\ \boldsymbol{\xi} \in \Xi
\end{array}
$$

$m_1 \times n_1$ 次元行列 A, n_1 次元列ベクトル $\boldsymbol{c}$, m_1 次元列ベクトル $\boldsymbol{b}$, $m_2 \times n_1$ 次元行列 T は確定値として与えられている. これらに関連する n_1 次元変数ベクトル $\boldsymbol{x}$ は 1 段階変数である. 同様に n_2 次元列ベクトル $\boldsymbol{q}$, $\boldsymbol{f}$ も確定値として与えられており, $\boldsymbol{f} > \boldsymbol{0}, \boldsymbol{q} > \boldsymbol{0}$ と仮定する. ここでは, $m_2 = n_2$ であることに注意されたい. n_2 次元変数ベクトル $\boldsymbol{y}(\boldsymbol{\xi})$ および $\boldsymbol{z}(\boldsymbol{\xi})$ は 2 段階変数であり, $\boldsymbol{y}(\boldsymbol{\xi})$ は非負, $\boldsymbol{z}(\boldsymbol{\xi})$ は 0–1 変数である. 定数 M は十分に大きい正数である. m_2 次元列ベクトル $\tilde{\boldsymbol{\xi}}$ は確率変数であり, その台を Ξ とする. 確率変数 $\tilde{\boldsymbol{\xi}}$ のとりうる値を ξ とする. 確率変数ベクトル $\tilde{\boldsymbol{\xi}}$ の第 i 成分である確率変数 $\tilde{\xi}_i$ の台を Ξ_i とする. 次の仮定をおく.

仮定 5.1 確率変数 $\tilde{\xi}_i$ $(i = 1, \ldots, n_2)$ は独立であり, $\tilde{\xi}_i = \xi_i^s$ となる確率 $p_i^s, s = 1, \ldots, |\Xi_i|$ は与えられている. また, 確率変数 $\tilde{\xi}_i$ は正の値のみをとり, $0 < \xi_i^s < \infty$ $(s = 1, \ldots, |\Xi_i|,\ i = 1, \ldots, n_2)$ を満たす.

仮定 5.2 1 段階実行可能解集合 $\{\boldsymbol{x} \mid A\boldsymbol{x} = \boldsymbol{b},\ \boldsymbol{x} \geq \boldsymbol{0}\}$ は空でなく, コンパクトな集合である.

確率変数ベクトル $\tilde{\boldsymbol{\xi}}$ の台は, $\Xi = \Xi_1 \times \cdots \times \Xi_{n_2}$ と示すことができる. また, 正数 M は $M \geq \max\{\xi_i^s,\ s = 1, \ldots, |\Xi_i|,\ i = 1, \ldots, n_2\}$ を満たすように設定することができる. 仮定 5.1 および 5.2 より, すべての実行可能な 1 段階変数と確率変数の実現値 $\boldsymbol{\xi}^s$ に対して, 2 段階問題の実行可能解 $\boldsymbol{y}(\boldsymbol{\xi}^s)$ および $\boldsymbol{z}(\boldsymbol{\xi}^s)$ が存在する. すなわち (SPFCR) は相対完全リコースをもつ.

ここで, 1 段階変数として新たな変数 $\boldsymbol{\chi} = T\boldsymbol{x}$ を定義すると, 問題 (SPFCR) は次の (SPFCRT) に変形できる. 変数 $\boldsymbol{\chi}$ は入札変数 (tender variable) とよばれる.

$$
\begin{aligned}
&\text{(SPFCRT):}\\
&\quad \min \quad \boldsymbol{c}^\top \boldsymbol{x} + \Psi(\boldsymbol{\chi})\\
&\quad \text{subject to} \quad A\boldsymbol{x} = \boldsymbol{b}\\
&\qquad \boldsymbol{x} \geq \boldsymbol{0}\\
&\qquad \boldsymbol{\chi} = T\boldsymbol{x}\\
&\qquad \Psi(\boldsymbol{\chi}) = E_{\tilde{\boldsymbol{\xi}}}[\psi(\boldsymbol{\chi}, \tilde{\boldsymbol{\xi}})]\\
&\qquad \psi(\boldsymbol{\chi}, \boldsymbol{\xi}) = \min\{\boldsymbol{q}^\top \boldsymbol{y}(\boldsymbol{\xi}) + \boldsymbol{f}^\top \boldsymbol{z}(\boldsymbol{\xi}) \mid \boldsymbol{y}(\boldsymbol{\xi}) \geq \boldsymbol{\xi} - \boldsymbol{\chi},\\
&\qquad\quad \boldsymbol{0} \leq \boldsymbol{y}(\boldsymbol{\xi}) \leq M\boldsymbol{z}(\boldsymbol{\xi}),\ \boldsymbol{z}(\boldsymbol{\xi}) \in \{0,1\}^{n_2}\},\ \boldsymbol{\xi} \in \Xi
\end{aligned}
$$

リコース関数 $\psi(\boldsymbol{\chi}, \boldsymbol{\xi})$ は $\boldsymbol{\chi}$ の関数であり, 次のように $\boldsymbol{\chi}$ の成分ごとに分離可能である.

$$
\psi(\boldsymbol{\chi}, \boldsymbol{\xi}) = \sum_{i=1}^{m_2} \psi_i(\chi_i, \xi_i) \tag{5.1}
$$

$$
\begin{aligned}
\psi_i(\chi_i, \xi_i) = \min\{&q_i y_i(\boldsymbol{\xi}) + f_i z_i(\boldsymbol{\xi}) \mid y_i(\boldsymbol{\xi}) \geq \xi_i - \chi_i,\\
&0 \leq y_i(\boldsymbol{\xi}) \leq M z_i(\boldsymbol{\xi}),\ z_i(\boldsymbol{\xi}) \in \{0,1\}\}
\end{aligned} \tag{5.2}
$$

式 (5.2) の関数 $\psi_i(\chi_i, \xi_i)$ を第 i リコース関数とよび, その期待値を $\Psi_i(\chi_i) = E_{\tilde{\boldsymbol{\xi}}}[\psi_i(\chi_i, \tilde{\boldsymbol{\xi}})]$ と表す. ただし, S を確率変数 $\tilde{\boldsymbol{\xi}}$ がとりうる値の総数とする. リコース関数の期待値 $\Psi(\chi)$ も, 式 (5.3) のように各入札変数 χ_i $(i = 1, \ldots, n_2)$ に関して分離できることがわかる.

$$
\begin{aligned}
\Psi(\boldsymbol{\chi}) &= \sum_{s=1}^{S} p^s \psi(\boldsymbol{\chi}, \boldsymbol{\xi}^s)\\
&= \sum_{s_1=1}^{|\Xi_1|} \cdots \sum_{s_{n_2}=1}^{|\Xi_{n_2}|} p_1^{s_1} \cdots p_{n_2}^{s_{n_2}} \sum_{i=1}^{n_2} \psi_i(\chi_i, \xi_i^{s_i})\\
&= \sum_{i=1}^{n_2} \left(\sum_{s_1=1}^{|\Xi_1|} \cdots \sum_{s_{n_2}=1}^{|\Xi_{n_2}|} p_i^{s_i} \prod_{\substack{j=1\\ j\neq i}}^{n_2} p_j^{s_j} \right) \psi_i(\chi_i, \xi_i^{s_i})\\
&= \sum_{i=1}^{n_2} \sum_{s_i=1}^{|\Xi_i|} p_i^{s_i} \psi_i(\chi_i, \xi_i^{s_i}) = \sum_{i=1}^{n_2} \Psi_i(\chi_i)
\end{aligned} \tag{5.3}
$$

例 5.1 1 段階変数 x の個数を $n_1 = 2$, 確率変数ベクトル $\tilde{\boldsymbol{\xi}}$ の次元を $m_1 = 2$ とする. 確率変数 $\tilde{\xi}_i$ $(i = 1, 2)$ において, $p_s = 1/|\Xi|$ $(s = 1, \ldots, 4)$ であり, そのとりうる値の集合を $\Xi = \{1, 2, 3, 4\}$ と仮定する. このとき $q_i = 2,\ f_i = 1,\ i = 1, 2,\ T = \begin{pmatrix} 1.2 & 0.4 \\ 0.5 & 1.0 \end{pmatrix}$ とすると, $E_{\tilde{\boldsymbol{\xi}}}[Q(\boldsymbol{x}, \tilde{\boldsymbol{\xi}})]$ および $E_{\tilde{\boldsymbol{\xi}}}[\psi(\boldsymbol{\chi}, \tilde{\boldsymbol{\xi}})]$ は図 5.3 のように表される.

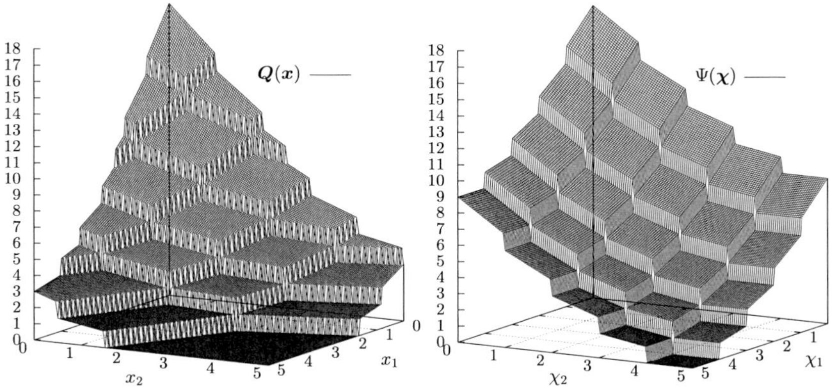

図 **5.3**　リコース関数の期待値 $\boldsymbol{Q}(\boldsymbol{x}) = E_{\tilde{\boldsymbol{\xi}}}[Q(\boldsymbol{x}, \tilde{\boldsymbol{\xi}})]$ と $\Psi(\boldsymbol{\chi}) = E_{\tilde{\boldsymbol{\xi}}}[\psi(\boldsymbol{\chi}, \tilde{\boldsymbol{\xi}})]$

5.2.3　リコース関数の性質

第 i リコース関数 $\psi_i(\chi_i, \xi_i)$ (5.2) を定義する混合整数計画問題の解は, $y_i(\boldsymbol{\xi}) = \xi_i - \chi_i$, $z_i(\boldsymbol{\xi}) = 1$ ($\chi_i < \xi_i$ の場合), $y_i(\boldsymbol{\xi}) = 0$, $z_i(\boldsymbol{\xi}) = 0$ ($\xi_i \leq \chi_i$ の場合) となる. したがって, 第 i リコース関数の期待値 $E_{\tilde{\boldsymbol{\xi}}}[\psi_i(\chi_i, \tilde{\boldsymbol{\xi}})]$ は, すべての s について, $\chi_i < \xi_i^s$ となる $\psi_i(\chi_i, \xi_i^s)$ を確率で重み付けして足し合わせた関数となる. 確率変数 $\tilde{\boldsymbol{\xi}}_i$ の実現値 ξ_i^s ($s = 1, \ldots, |\Xi_i|$) を降順に並べ替え, シナリオに対応する添字を付け替えることによって $\xi_i^1 \geq \xi_i^2 \geq \cdots \geq \xi_i^{|\Xi_i|}$ が成立するものとすると, 第 i リコース関数の期待値を次のように示すことができる.

$$E_{\tilde{\boldsymbol{\xi}}}[\psi_i(\chi_i, \tilde{\boldsymbol{\xi}})] = \begin{cases} 0 & (\xi_i^1 \leq \chi_i), \\ p^1\{q_i(\xi_i^1 - \chi_i) + f_i\} & (\xi_i^2 \leq \chi_i < \xi_i^1), \\ p^2\{q_i(\xi_i^2 - \chi_i) + f_i\} & \\ +p^1\{q_i(\xi_i^1 - \chi_i) + f_i\} & (\xi_i^3 \leq \chi_i < \xi_i^2), \\ \vdots & \\ \displaystyle\sum_{k=1}^{j-1} p^k\{q_i(\xi_i^k - \chi_i) + f_i\} & (\xi_i^j \leq \chi_i < \xi_i^{j-1}), \\ \vdots & \\ \displaystyle\sum_{k=1}^{|\Xi_i|-1} p^k\{q_i(\xi_i^k - \chi_i) + f_i\} & (\xi_i^{|\Xi_i|} \leq \chi_i < \xi_i^{|\Xi_i|-1}), \\ \displaystyle\sum_{k=1}^{|\Xi_i|} p^k\{q_i(\xi_i^k \chi_i) + f_i\} & (0 \leq \chi_i < \xi_i^{|\Xi_i|}) \end{cases} \tag{5.4}$$

第 i リコース関数の期待値は, 入札変数 χ_i が確率変数の各シナリオの値をとる点で不連続となることが示される.

補題 5.1 第 i リコース関数の期待値 $E_{\tilde{\boldsymbol{\xi}}}[\Psi_i(\chi_i, \tilde{\boldsymbol{\xi}})]$ は, $\chi_i = \xi_i^j \ (j = 1, \cdots, |\Xi_i|)$ において不連続であり, $\Psi_i(\chi_i)$ は下半連続な関数である.

証明：入札変数が $\chi_i = \xi_i^j$ となる点で不連続であるということを証明するために, その点における右極限と左極限の値が異なることを示す.

$$
\begin{aligned}
(\text{右極限}) &= \lim_{\chi_i \to \xi_i^j + 0} \Psi_i(\chi_i, \xi_i^j) = \lim_{\chi_i \to \xi_i^j + 0} \sum_{k=1}^{j-1} p^k \{q_i(\xi_i^k - \chi_i) + f_i\} \\
&= \sum_{k=1}^{j-1} p^k \{q_i(\xi_i^k - \xi_i^j) + f_i\} \\
(\text{左極限}) &= \lim_{\chi_i \to \xi_i^j - 0} \Psi_i(\chi_i, \xi_i^j) = \lim_{\chi_i \to \xi_i^j - 0} \sum_{k=1}^{j} p^k \{q_i(\xi_i^k - \chi_i) + f_i\} \\
&= \sum_{k=1}^{j-1} p^k \{q_i(\xi_i^k - \xi_i^j) + f_i\} + p^j f_i
\end{aligned}
$$

これより, 右極限の値と左極限の値が一致しないので不連続である. それ以外の点では連続であり, χ_i の線形関数であることは明らかである.

次に, 関数 $\Psi_i(\chi_i)$ が $\chi_i = \xi_i^s$ において下半連続であることを示す. 任意の $\varepsilon > 0$ に対し, $\bar{\delta}$ を式 (5.5) のように定義する. もし $\Psi_i(\xi_i^s) - \varepsilon \geq 0$ が成り立つならば, $\xi_i^s < \bar{\chi}_i \leq \xi_i^1$ かつ $\Psi_i(\bar{\chi}_i) \geq \Psi_i(\xi_i^s) - \varepsilon$ を満たす $\bar{\chi}_i$ が存在する. また, $\gamma > 0$ を任意の正数とする.

$$
\bar{\delta} = \begin{cases} \bar{\chi}_i - \xi_i^s & (\Psi_i(\xi_i^s) - \varepsilon \geq 0 \text{ となる場合}), \\ \gamma \ (> 0) & (\text{それ以外の場合}) \end{cases} \tag{5.5}
$$

$\chi_i < \xi_i^s + \bar{\delta}$ を満たす χ_i に対して, $\Psi_i(\xi_i^s) - \varepsilon \geq 0$ ならば $\Psi_i(\chi_i) - \Psi_i(\xi_i^s) > -\varepsilon$ が成り立つ. もし $\Psi_i(\xi_i^s) < \varepsilon$ となる場合も, $\Psi_i(\chi_i) - \Psi_i(\xi_i^s) > \Psi_i(\chi_i) - \varepsilon \geq -\varepsilon$ が成り立つ. 仮定 5.1 より, ある正数 $\zeta > 0$ が存在し, $0 < \xi_i^s - \zeta$ を満たす. $\delta = \min\{\xi_i^s - \zeta, \bar{\delta}\}$ とすると, 任意の $\varepsilon > 0$ に対しある $\delta > 0$ が存在し, $|\chi_i - \xi_i^s| < \delta$ ならば $\Psi_i(\chi_i) - \Psi_i(\xi_i^s) > -\varepsilon$ となる. これより下半連続性が示された. □

下半連続に関しては, 定義 A.2 を参照されたい.

関数 $\Psi_i(\chi_i)$ が不連続となる $\chi_i = \xi_i^j \ (j = 1, \cdots, |\Xi_i|)$ の各点を結んでリコース関数の近似を行っても, 凸関数になるとは限らない. そこで, このようなリコース関数の**閉凸包** (closed convex hull) を考えることにより, リコース関数を連続の凸関数に近似し, その下界を与える. リコース関数の期待値の閉凸包を求めるために, 平面上の点の凸包を求めるアルゴリズムを応用する. 平面上の点集合に対する凸包を求める手法は**計算幾何学** (computational geometry) の重要な研究分野の 1 つである (Preparata and Shamos[112)]). Graham[50)] は, 平面上の点をある内点を原点として偏角順にソートしておけば, それらの凸包の端点の集合は線形時間で求まることを示した. Graham のアル

ゴリズムでは, 走査する 3 点がある内点から見て 180° 以上の内角をなすか否かを, 3 点の符号付面積を計算することにより判定する. 問題 (SPFCRT) では, ξ_i^s $(s=1,\ldots,S)$ をソートすることにより $\Psi_i(\chi)$ は単調非増加関数となることが明らかである. そのため, Graham のアルゴリズムを単純化し, 傾きだけを比較することで閉凸包を構成する点を見つけることができる. すべての入札変数に対応して $i=1,\cdots,m_2$ について, 図 5.4 の手順に従って閉凸包を求める.

アルゴリズムが終了するとき, $k+1$ は凸包を構成する点の個数であり, 走査すべき点集合に最終的に含まれる点が, 凸包を構成する点集合をなす. このとき, ξ_i^{S+1} $(=0)$ は凸包を構成する点集合に含まれる. なぜなら, アルゴリズム終了時のステップ 1 では, 走査が行われる点は $PREV(\xi_i^{S+1})$ でなければならず, それには 1 反復前のステップ 3 に

ステップ 0　走査すべき点集合を $\{\xi_i^1,\ldots,\xi_i^S,\xi_i^{S+1}\ (=0)\}$ とし, ξ_i^s $(s=1,\ldots,S)$ を $\xi_i^1 \geq \cdots \geq \xi_i^S > \xi_i^{S+1}$ $(=0)$ が成立するように並べ替え, 番号を付け替える. 走査開始点を ξ_i^1, $k:=1$ とし, 降順に走査を行う.

ステップ 1　走査を行う点 ξ_i^k の次に走査する点を $NEXT(\xi_i^k)$, その次の走査点を $NEXT(NEXT(\xi_i^k))$ とする. また $k \geq 2$ の場合, 走査すべき点集合の ξ_i^k の 1 つ手前の点を $PREV(\xi_i^k)$ とする. $NEXT(\xi_i^k)=\xi_i^{S+1}$ $(=0)$ となれば終了.

ステップ 2　3 点間の傾きに対して,

$$\frac{\Psi_i(NEXT(NEXT(\xi_i^k)))-\Psi_i(NEXT(\xi_i^k))}{NEXT(NEXT(\xi_i^k))-NEXT(\xi_i^k)} \geq \frac{\Psi_i(NEXT(\xi_i^k))-\Psi_i(\xi_i^k)}{NEXT(\xi_i^k)-\xi_i^k}$$ が成り立つときステップ 3 へ, そうでない場合ステップ 4 へ.

ステップ 3　ξ_i^k, $NEXT(\xi_i^k)$, $NEXT(NEXT(\xi_i^k))$ の 3 点が, 現時点までの凸包の端点集合に含まれる. 次の走査点を $NEXT(\xi_i^k)$, $k:=k+1$ としてステップ 1 へ戻る.

ステップ 4　$NEXT(\xi^k)$ は凸包の端点集合に含まれないので, $NEXT(\xi^k)$ を走査すべき点集合から消去する. $k \geq 2$ の場合は, 走査点を $PREV(\xi_i^k)$, $k:=k-1$ としてステップ 1 へ戻る.

図 **5.4**　閉凸包を求めるアルゴリズム

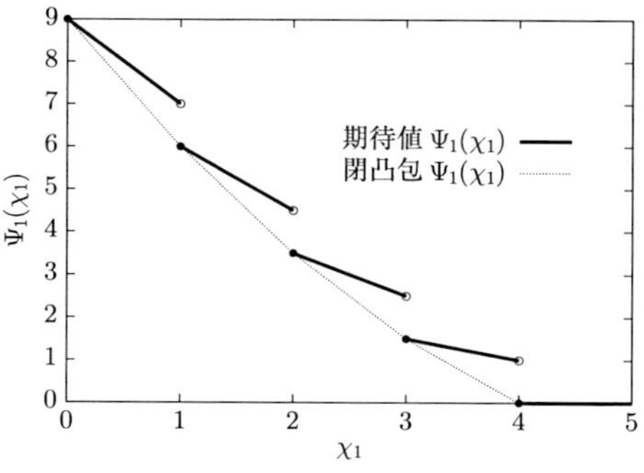

図 **5.5**　リコース関数の期待値 $\Psi_1(\chi_1)$ の閉凸包

おいて, $PREV(PREV(\xi_i^{S+1})), PREV(\xi_i^{S+1}), \xi_i^{S+1}$ が凸包を構成する点集合に含まれていなければならないためである.

例 5.2 確率変数 $\tilde{\xi}_i, m_2 = 1$ において, $p_s = 1/|\Xi|$ $(s = 1, \ldots, S)$ であり, そのとりうる値の集合を $\Xi_1 = \{1, 2, 3, 4\}$ と仮定する. このとき $q_1 = 2, f_1 = 4$ とすると, $\Psi_1(\chi_1)$ とその閉凸包は, 図 5.5 のように表される.

5.2.4 分枝カット法のアルゴリズム

分枝カット法 (branch and cut method) に基づく解法のアルゴリズムを示す. 第 i リコース関数 $(i = 1, \cdots, m_2)$ に対して, $(\xi_i^1, \Psi_i(\xi_i^1)), \ldots, (\xi_i^S, \Psi_i(\xi_i^S))$ の凸包の端点集合を次のように表す.

$$\left\{(\xi_i^{cl_i(1)}, \Psi(\xi_i^{cl_i(1)})), \ldots, (\xi_i^{cl_i(l(i))}, \Psi(\xi_i^{cl_i(l(i))}))\right\} \tag{5.6}$$

$cl_i(j)$ $(j = 1, \ldots, l(i))$ は, 第 i リコース関数の閉凸包を構成するシナリオに対する添字であり, $l(i)$ $(i = 1, \ldots, m_2)$ は, 第 i リコース関数の閉凸包を構成する点の個数である. リコース関数の下界を与える最適性カットは, 次のようになる.

$$\theta_i \geq \frac{\Psi_i(\xi_i^{cl_i(j+1)}) - \Psi(\xi_i^{cl_i(j)})}{\xi_i^{cl_i(j+1)} - \xi_i^{cl_i(j)}}(\chi_i - \xi_i^{cl_i(j)}) + \Psi(\xi_i^{cl_i(j)}),\ j = 1, \ldots, l(i) - 1 \tag{5.7}$$

この最適性カットをすべての $i = 1, \ldots, m_2$ について加えた次の問題 M_0 を解く. 変数 θ_i $(i = 1, \ldots, m_2)$ はそれぞれ, $\Psi_i(\chi_i)$ $(i = 1, \ldots, m_2)$ の上界を表す.

$$\begin{array}{ll}
(\mathrm{M}_0)\text{: min} & \boldsymbol{c}^\top \boldsymbol{x} + \displaystyle\sum_{i=1}^{m_2} \theta_i \\
\text{subject to} & A\boldsymbol{x} = \boldsymbol{b} \\
& T\boldsymbol{x} = \boldsymbol{\chi} \\
& \boldsymbol{x} \geq \boldsymbol{0} \\
& \theta_i \geq 0,\ i = 1, \ldots, m_2 \\
& \theta_i \geq \dfrac{\Psi_i(\xi_i^{cl_i(j+1)}) - \Psi(\xi_i^{cl_i(j)})}{\xi_i^{cl_i(j+1)} - \xi_i^{cl_i(j)}}(\chi_i - \xi_i^{cl_i(j)}) + \Psi(\xi_i^{cl_i(j)}), \\
& \quad j = 1, \ldots, l(i) - 1,\ i = 1, \ldots, m_2
\end{array}$$

問題 M_0 を解いて, 最適解 $(\boldsymbol{x}^*, \boldsymbol{\chi}^*, \theta_1^*, \ldots, \theta_{m_2}^*)$ が求まったものとする. このとき $\xi_{i_1}^{j_1+1} \leq \chi_{i_1} < \xi_i^{j_1}$ を満たす i_1, j_1 が存在し, $\theta_{i_1}^* < \Psi_{i_1}(\chi_{i_1}^*)$ が成り立つ場合, 次の 2 つの子問題 M_1, M_2 に問題 M_0 を分解する.

$$
\begin{aligned}
(\mathrm{M}_1)\text{: min}\quad & \boldsymbol{c}^\top \boldsymbol{x} + \sum_{i=1}^{m_2} \theta_i \\
\text{subject to}\quad & A\boldsymbol{x} = \boldsymbol{b},\ T\boldsymbol{x} = \boldsymbol{\chi},\ \boldsymbol{x} \geq \boldsymbol{0},\ \theta_i \geq 0,\ i = 1, \ldots, m_2 \\
& \theta_i \geq \frac{\Psi_i(\xi_i^{cl_i(j+1)}) - \Psi(\xi_i^{cl_i(j)})}{\xi_i^{cl_i(j+1)} - \xi_i^{cl_i(j)}}(\chi_i - \xi_i^{cl_i(j)}) + \Psi(\xi_i^{cl_i(j)}), \\
& \quad j = 1, \ldots, l(i) - 1,\ i = 1, \ldots, m_2 \\
& \theta_{i_1} \geq \frac{\Psi_{i_1}(\xi_{i_1}^{j_1+1}) - \Psi_{i_1}(\xi_{i_1}^{j_1})}{\xi_{i_1}^{j_1+1} - \xi_{i_1}^{j_1}}(\chi_{i_1} - \xi_{i_1}^{j_1}) + \Psi(\xi_{i_1}^{j_1}) \\
& \chi_{i_1} \leq \xi_i^{j_1}
\end{aligned}
$$

$$
\begin{aligned}
(\mathrm{M}_2)\text{: min}\quad & \boldsymbol{c}^\top \boldsymbol{x} + \sum_{i=1}^{m_2} \theta_i \\
\text{subject to}\quad & A\boldsymbol{x} = \boldsymbol{b},\ T\boldsymbol{x} = \boldsymbol{\chi},\ \boldsymbol{x} \geq \boldsymbol{0},\ \theta_i \geq 0,\ i = 1, \ldots, m_2 \\
& \theta_i \geq \frac{\Psi_i(\xi_i^{cl_i(j+1)}) - \Psi(\xi_i^{cl_i(j)})}{\xi_i^{cl_i(j+1)} - \xi_i^{cl_i(j)}}(\chi_i - \xi_i^{cl_i(j)}) + \Psi(\xi_i^{cl_i(j)}), \\
& \quad j = 1, \ldots, l(i) - 1,\ i = 1, \ldots, m_2 \\
& \chi_{i_1} \geq \xi_i^{j_1}
\end{aligned}
$$

図 5.6 は問題 M_0 の部分問題 M_1 および M_2 への分解を表す．最適性カット (5.7) は $\chi_{i_1} \in [\xi_{i_1}^{j_1+1}, \xi_{i_1}^{j_1})$ における最大の下界を与える．なぜなら，式 (5.7) の右辺は式 (5.8) に示されるように $\Psi_{i_1}(\chi_{i_1})$ に等しいからである．

$$
\begin{aligned}
& \frac{\Psi_{i_1}(\xi_{i_1}^{j_1+1}) - \{\Psi_{i_1}(\xi_{i_1}^{j_1}) + p_{i_1}^{j_1} f_{i_1}\}}{\xi_{i_1}^{j_1+1} - \xi_{i_1}^{j_1}}(\chi_{i_1} - \xi_{i_1}^{j_1}) + \Psi_{i_1}(\xi_{i_1}^{j_1}) + p_{i_1}^{j_1} f_{i_1} \\
= & \frac{\sum_{k=1}^{j_1} p_{i_1}^k \{q_{i_1}(\xi_{i_1}^k - \xi_{i_1}^{j_1+1}) + f_{i_1}\} - \sum_{k=1}^{j_1-1} p_{i_1}^k \{q_{i_1}(\xi_{i_1}^k - \xi_{i_1}^{j_1}) + f_{i_1}\} - p_{i_1}^{j_1} f_{i_1}}{\xi_{i_1}^{j_1+1} - \xi_{i_1}^{j_1}}
\end{aligned}
$$

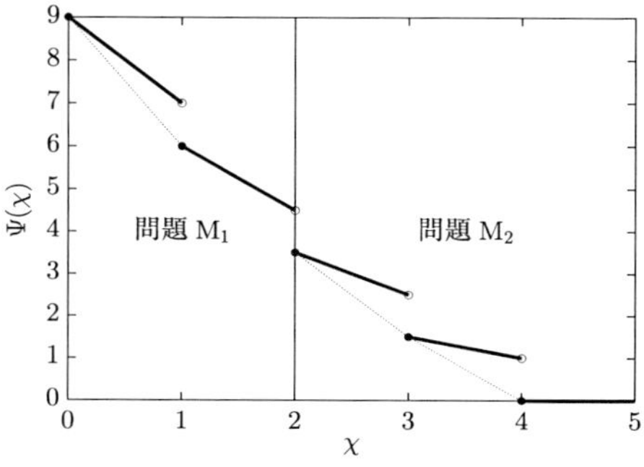

図 **5.6**　分枝操作による問題 M_1 と M_2 への分解

ステップ 0　$N := 0,\ w^* := \infty,\ \mathcal{P} = \{\mathrm{M}_0\}$ とする.
ステップ 1　$\mathcal{P} = \phi$ ならば終了.
ステップ 2　$\mathcal{P}$ より 1 つの問題 $\mathrm{M}_k \in \mathcal{P}$ を選択し, $\mathcal{P} = \mathcal{P} \setminus \mathrm{M}_k$ とする.
ステップ 3　問題 M_k を解く. M_k が実行可能解をもたない場合は, ステップ 2 に戻る. M_k が最適解をもつ場合, それを $(\boldsymbol{x}^k, \boldsymbol{\chi}^k, \theta_1^k, \ldots, \theta_{m_2}^k)$ とし, $w^k = \boldsymbol{c}^\top \boldsymbol{x}^k + \sum_{i=1}^{m_2} \theta_i^k$ とする. $w^k \geq w^*$ ならばステップ 1 へ戻る. $w^k < w^*$ ならばステップ 4 へ.
ステップ 4　$\theta_i^k \geq \Psi_i(\chi_i^k)\ (i = 1, \ldots, m_2)$ が成り立つならば, $(\boldsymbol{x}^*, \boldsymbol{\chi}^*, \theta_1^*, \ldots, \theta_{m_2}^*) = (\boldsymbol{x}^k, \boldsymbol{\chi}^k, \theta_1^k, \ldots, \theta_{m_2}^k)$ としてステップ 1 へ戻る.
ステップ 5　$\xi_{i_1}^{j_1+1} \leq \chi_{i_1} < \xi_i^{j_1}$ を満たす i_1, j_1 が存在し, $\theta_{i_1}^* < \Psi_{i_1}(\chi_{i_1}^*)$ が成り立つ場合, 問題 M_{N+1} を, 問題 M_k に制約 $\theta_{i_1} \geq \frac{\Psi_{i_1}(\xi_{i_1}^{j_1+1}) - \Psi_{i_1}(\xi_{i_1}^{j_1}))}{\xi_{i_1}^{j_1+1} - \xi_{i_1}^{j_1}}(\chi_{i_1} - \xi_{i_1}^{j_1}) + \Psi(\xi_{i_1}^{j_1})$ と $\chi_{i_1} \leq \xi_i^{j_1}$ を加えた問題とし, 問題 M_{N+2} を, 問題 M_k に制約 $\chi_{i_1} \geq \xi_i^{j_1}$ を加えた問題とする. 2 つの子問題 $\mathrm{M}_{N+1}, \mathrm{M}_{N+2}$ に問題 M_k を分解し, $\mathcal{P} = \mathcal{P} \cup \{\mathrm{M}_{N+1}, \mathrm{M}_{N+2}\}$, $k = N+2$ としてステップ 1 へ.

図 **5.7**　分枝カット法に基づく L-shaped 法

$$
\begin{aligned}
&\cdot(\chi_{i_1} - \xi_{i_1}^{j_1}) + \sum_{k=1}^{j_1-1} p_{i_1}^k \{q_{i_1}(\xi_{i_1}^k - \xi_{i_1}^{j_1}) + f_{i_1}\} + p_{i_1}^{j_1} f_{i_1} \\
&= \sum_{k=1}^{j_1} p_{i_1}^k q_{i_1}(\xi_{i_1}^{j_1} - \chi_{i_1}) + \sum_{k=1}^{j_1-1} p_{i_1}^k \{q_{i_1}(\xi_{i_1}^k - \xi_{i_1}^{j_1}) + f_{i_1}\} + p_{i_1}^{j_1} f_{i_1} \\
&= \sum_{k=1}^{j_1} p_{i_1}^k \{q_{i_1}(\xi_{i_1}^k - \chi_{i_1}) + f_{i_1}\} \\
&= \Psi_{i_1}(\chi_{i_1})\ (\chi_{i_1} \in [\xi_{i_1}^{j_1+1}, \xi_{i_1}^{j_1}))
\end{aligned} \tag{5.8}
$$

図 5.7 のアルゴリズムのステップ 5 では, 変数 χ_{i_1} のとりうる値の区間が $\xi_{i_1}^{j_1}$ との大小で分割される. 新たに生成された問題 M_{N+1} において, 変数 χ_{i_1} の真の最適解が区間 $[\xi_{i_1}^{j_1+1}, \xi_{i_1}^{j_1})$ に属するとき, θ_{i_1} は第 i_1 リコース関数 $\Psi_{i_1}(\chi_{i_1})$ の正しい評価値を与える. このように, 各反復で最適性カットがリコース関数に対する正確な近似となる χ_{i_1} の区間が少なくとも 1 つ増加する. よって, ξ の各成分の最大値が有限であり, さらにとりうる値の総数も有限であるとき, 分枝が無限に繰り返されることはないため, アルゴリズムは有限回の反復で終了する.

5.2.5　動的勾配スケーリング法による解法

本項では, 一種の線形近似による解法を示す. 固定費を有するネットワークフロー問題に対して, Kim and Pardalos[68] は, 目的関数を線形近似する動的勾配スケーリング法 (dynamic slope scaling procedure) という近似解法を示した (図 5.8, 5.9). 本手法は変数がとりうる領域を制限し, その領域を反復ごとに修整する手法へと拡張された

ステップ **0**　$N := 0$ とし, 収束判定のための正数 ε が与えられている.
ステップ **1**　問題 M_N を解き, 解 $(\boldsymbol{x}^N, \boldsymbol{\chi}^N, \theta_1^N, \ldots, \theta_{m_2}^N)$ を得る.
ステップ **2**　$N \geq 1$ の場合, $\sum_{i=1}^{n_1} |x_i^N - x_i^{N-1}| + \sum_{j=1}^{m_2} |\chi_j^N - \chi_j^{N-1}| + \sum_{j=1}^{m_2} |\theta_j^N - \theta_j^{N-1}| < \varepsilon$ ならば終了.
ステップ **3**　問題 M_N に加えられていたカット (5.9) を除去する. $\xi_{i_1}^{j_1+1} \leq \chi_{i_1}^* < \xi_i^{j_1}$ かつ $\theta_{i_1}^* < \Psi_{i_1}(\chi_{i_1}^*)$ を満たすすべての i_1, j_1 に対してカット (5.9) と制約 (5.10) を加え, $\xi_{i_1}^{j_1} = \chi_{i_1}^*$ かつ $\theta_{i_1}^* < \Psi_{i_1}(\chi_{i_1}^*)$ を満たすすべての $i_1, j_1\ (\geq 2)$ に対して, カット (5.9) と制約制約 (5.11) を加えた問題を (M_N) とする. $N := N + 1$ とし, ステップ 1 へ.

図 **5.8**　動的勾配スケーリング法による近似解法

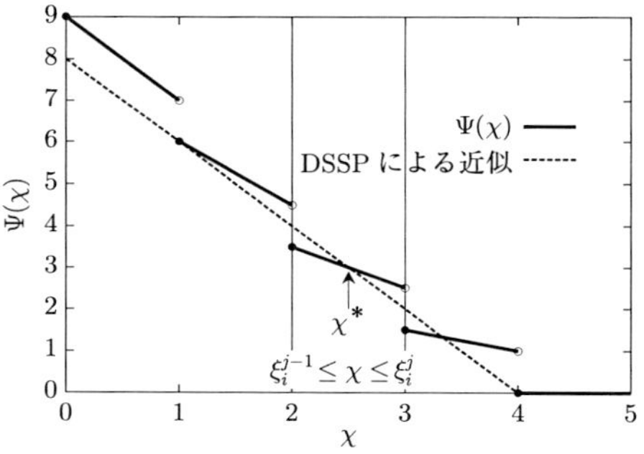

図 **5.9**　動的勾配スケーリング法による近似

(Kim and Pardalos[69,70]). 前節と同様に問題 M_0 を考える. 問題 M_0 を解いて, 最適解 $(\boldsymbol{x}^*, \boldsymbol{\chi}^*, \theta_1^*, \ldots, \theta_{m_2}^*)$ が求まったものとする. このとき $\xi_{i_1}^{j_1+1} \leq \chi_{i_1}^* < \xi_i^{j_1}$ を満たす i_1, j_1 が存在し, $\theta_{i_1}^* < \Psi_{i_1}(\chi_{i_1}^*)$ が成り立つ場合, カット (5.9) を加え, 変数 χ_{i_1} に上下限制約 (5.10) を加える.

$$\theta_{i_1} \geq \frac{\Psi_{i_1}(\chi_{i_1}^*)}{\chi_{i_1}^* - \xi_{i_1}^1}(\chi_{i_1} - \chi_{i_1}^*) + \Psi_{i_1}(\chi_{i_1}^*) \tag{5.9}$$

$$\xi_{i_1}^{j_1+1} \geq \chi_{i_1}^* \geq \xi_i^{j_1} \tag{5.10}$$

カット (5.9) は $\chi_{i_1} = \chi_{i_1}^*$ において, リコース関数 $\Psi_{i_1}(\chi_{i_1})$ に対する正確な近似になっていることに注意されたい. また $\xi_{i_1}^{j_1} = \chi_{i_1}^*$ を満たす $i_1, j_1\ (\geq 2)$ が存在し, $\theta_{i_1}^* < \Psi_{i_1}(\chi_{i_1}^*)$ が成り立つ場合, カット (5.9) を加え, 変数 χ_{i_1} に上下限制約 (5.11) を加える.

$$\xi_{i_1}^{j_1+1} \geq \chi_{i_1}^* \geq \xi_i^{j_1-1} \tag{5.11}$$

また, 西岡ほか[98] では, 2 段階の決定の値がある正整数の倍数に限定される問題に対して, 動的勾配スケーリング法を適用した.

5.2.6 分枝カット法による数値実験

Shiina, *et al.*[133) は，分枝カット法のアルゴリズムを ILOG OPL Development Studio を用いて実装し，DELL DIMENSION 8300 (CPU: Intel Pentium(R)4, 3.20 GHz) で計算実験を行った．部分問題の線形計画問題を解くために CPLEX 9.0 の線形計画ソルバを用いた．近似解法の動的勾配スケーリング法と，厳密解法である分枝カット法および従来の分枝限定法を比較する．分枝限定法としては，問題 (SPFCRT) の等価確定問題に対して，CPLEX 9.0 の混合整数計画ソルバを用いた．分枝カット法と分枝限定法ともに，列挙木におけるノード選択には，**奥行優先則** (depth first search) を適用した．

表 5.7 では，問題に含まれる確率変数の個数が 10, 15, 20 であり，各確率変数のとり

表 **5.7** 分枝カット法の計算結果

確率変数個数 n_2	個別シナリオ数 $\lvert\Xi_j\rvert$	固定費比率 f_j/q_j	ギャップ (%) $\frac{UB-LB}{LB}$	相対誤差 (%) $\frac{UB-OPT}{OPT}$	計算時間 (s) DSSP	BC	BB	部分問題個数 BC	BB
10	10	500	5.42	1.11	0.32	2.43	1.56	338	1454
10	10	1000	7.65	1.46	0.32	1.59	1.81	219	1442
10	10	1500	9.59	1.73	0.32	2.31	3.28	328	3348
10	15	500	3.95	1.76	0.50	4.36	15.10	449	12003
10	15	1000	6.60	1.77	0.50	3.36	24.01	395	17054
10	15	1500	8.05	1.68	0.52	4.72	16.22	560	11402
10	20	500	3.78	1.46	0.20	3.63	75.45	474	26927
10	20	1000	6.39	1.13	0.73	6.99	82.42	705	36550
10	20	1500	7.83	1.44	0.75	8.52	205.82	870	98307
15	10	500	3.48	0.58	0.45	8.12	31.62	811	26687
15	10	1000	4.38	0.72	0.46	5.67	73.07	578	44444
15	10	1500	5.01	1.25	0.48	7.86	52.53	793	35499
15	15	500	3.14	0.30	0.28	21.74	1182.05	789	492685
15	15	1000	3.11	0.55	0.73	14.60	718.30	1245	281900
15	15	1500	5.60	0.84	0.25	10.95	1084.13	1009	377704
15	20	500	1.67	0.45	0.31	13.39	3878.72	1117	1019114
15	20	1000	3.18	0.63	0.32	9.16	2901.50	756	657882
15	20	1500	5.37	0.76	0.28	8.90	3191.11	742	709039
20	10	500	2.71	0.37	0.35	10.80	223.78	836	158993
20	10	1000	4.21	0.95	0.32	20.36	36.22	1583	21119
20	10	1500	5.63	0.87	0.31	9.77	56.40	745	32604
20	15	500	2.09	0.34	0.37	27.04	4279.36	1952	1313029
20	15	1000	3.74	0.69	0.39	17.61	1328.03	1256	423012
20	15	1500	5.07	1.00	0.37	40.70	1427.94	2784	345240
20	20	500	1.67	0.29	0.38	204.46	–	13005	–
20	20	1000	3.80	0.68	0.37	135.27	–	8771	–
20	20	1500	4.73	0.80	0.38	49.03	–	3232	–

空欄 (–) は分枝限定法が 10000 秒で終了しなかったことを表す．

うる値の個数が 10, 15, 20 となる場合の結果を示しており, LB, UB, OPT はそれぞれ, 線形計画問題 M_0 の最適目的関数値の下界値, 動的勾配スケーリング法 (DSSP) による最適目的関数値の上界値, 分枝カット法 (BC) または分枝限定法 (BB) による最適目的関数値を表す. 相対誤差 $(UB-OPT)/OPT$ はギャップ $(UB-LB)/LB$ に比べて小さく, すべて 2 %以内に収まっている. また, (DSSP) の計算時間もすべて 1 秒以内であり, (DSSP) は近似解法として有効であることがわかる.

厳密解法の (BB) と (BC) を比較すると, 計算時間と部分問題数ともに (BC) が少なく有効であることがわかる. とくに, 確率変数の個数が 20, 各確率変数の個別シナリオ数が 20 の場合, 従来の分枝限定法では 10000 秒以内に最適解を求めることができなかった. この理由は次のように説明できる. 問題における 0–1 変数の個数は $\sum_{j=1}^{n_2} |\Xi_j|$ であるため, 分枝限定法 (BB) における部分問題の数は最悪の場合 $O(2^{\sum_{j=1}^{n_2} |\Xi_j|})$ となる. これに対し, 分枝カット法 (BC) において入札変数 χ_j は高々 $|\Xi_j|$ の区間に分割されるため, 部分問題の数は最悪でも $O(\prod_{j=1}^{n_2} |\Xi_j|)$ となる. よって, $n_j = 10$ かつ $|\Xi_j| = 10$ の場合, (BB) では最悪の場合 $2^{10\times 10} \approx 1000^{10}$ 個の部分問題を解かなければならないのに対して, (BC) では 10^{10} にすぎないことがわかる.

6 多段階確率計画問題

本章では, 多段階の確率計画問題について考える. 現実の問題における決定は多段階にわたって繰り返されるものが多く, 実用的な重要性は高いといえる. まずはじめに, 多段階確率計画問題において, どのような順番で意思決定が行われるかを説明する. 続いて, 多段階確率的線形計画問題について, 部分問題への分解が可能である場合に問題が満たすべき性質を明らかにし, 電源計画への応用例を示す. 最後に, 別の分解法であるシナリオ集約法を紹介する.

● 6.1 ● 多段階確率計画問題における決定の流れ ●

2.2.1 項で導いた 2 段階のリコースを有する確率計画問題 (SPR) を**多段階確率計画問題** (multistage stochastic programming) へ拡張する. 2 段階モデルでは, 段階 1 に 1 段階変数 $\boldsymbol{x}$ を決定し, 段階 2 において確率変数 $\tilde{\boldsymbol{\xi}}$ の実現値 $\boldsymbol{\xi}$ に応じて 2 段階変数 $\boldsymbol{y}(\boldsymbol{\xi})$ を決定するものであった. 2 段階モデルを拡張して, $H+1$ 段階にわたる決定 $\boldsymbol{x}^0, \boldsymbol{x}^1, \ldots, \boldsymbol{x}^H$ を行うものとする. 段階 0 の決定 $\boldsymbol{x}^0$ を行った後, 段階 1 において, 台 Ξ^1 をもつ確率変数 $\tilde{\boldsymbol{\xi}}^1$ が値 $\boldsymbol{\xi}^1$ をとるとき, 決定 $\boldsymbol{x}^1(\boldsymbol{\xi}^1)$ を行う. 同様に, 段階 t $(1 \leq t \leq H)$ において, 台 Ξ^t をもつ確率変数 $\tilde{\boldsymbol{\xi}}^t$ が値 $\boldsymbol{\xi}^t$ をとるとき, 決定 $\boldsymbol{x}^t(\boldsymbol{\xi}^1, \boldsymbol{\xi}^2, \ldots, \boldsymbol{\xi}^t)$ を行う. すなわち, 段階 t $(1 \leq t \leq H)$ の決定 $\boldsymbol{x}^t$ は, 確率変数 $\tilde{\boldsymbol{\xi}}^1, \ldots, \tilde{\boldsymbol{\xi}}^t$ の履歴 $\boldsymbol{\xi}^1, \ldots, \boldsymbol{\xi}^t$ と過去の決定 $\boldsymbol{x}^0, \boldsymbol{x}^1, \ldots, \boldsymbol{x}^{t-1}$ に依存する. 多段階確率計画問題における決定の流れを図 6.1 に示す. なお記述上, 多段階問題においては, 初期段階を段階 0 としていることに注意されたい.

段階 0 決定 $\boldsymbol{x}^0$ を行う.
段階 1 確率変数 $\tilde{\boldsymbol{\xi}}^1$ が値 $\boldsymbol{\xi}^1$ をとるとき, 決定 $\boldsymbol{x}^1(\boldsymbol{\xi}^1)$ を行う.
段階 2 確率変数 $\tilde{\boldsymbol{\xi}}_2$ が値 $\boldsymbol{\xi}_2$ をとるとき, 決定 $\boldsymbol{x}^2(\boldsymbol{\xi}^1, \boldsymbol{\xi}^2)$ を行う.
⋮
段階 $\boldsymbol{H}$ 確率変数 $\tilde{\boldsymbol{\xi}}^H$ が値 $\boldsymbol{\xi}^H$ をとるとき, 決定 $\boldsymbol{x}^H(\boldsymbol{\xi}^1, \boldsymbol{\xi}^2, \ldots, \boldsymbol{\xi}^H)$ を行う.

図 **6.1** 多段階確率計画問題における決定の流れ

目的関数は, 段階 0 の費用 $q^0(\boldsymbol{x}^0)$ と段階 1 から段階 H までのリコース費用の総和である. 段階 t のリコース関数 $Q^t(\boldsymbol{x}^0,\boldsymbol{x}^1,\ldots,\boldsymbol{x}^{t-1},\boldsymbol{\xi}^1,\boldsymbol{\xi}^2,\ldots,\boldsymbol{\xi}^t)$ $(1\le t\le H)$ を, 以下のように定義する.

$$
\begin{aligned}
&Q^t(\boldsymbol{x}^0,\boldsymbol{x}^1,\ldots,\boldsymbol{x}^{t-1},\boldsymbol{\xi}^1,\boldsymbol{\xi}^2,\ldots,\boldsymbol{\xi}^t)\\
&=\min_{\boldsymbol{x}^t}\{q^t(\boldsymbol{x}^t)\mid g^t(\boldsymbol{x}^0,\boldsymbol{x}^1,\ldots,\boldsymbol{x}^{t-1},\boldsymbol{x}^t,\boldsymbol{\xi}^1,\boldsymbol{\xi}^2,\ldots,\boldsymbol{\xi}^t)\le 0\}
\end{aligned}
$$

ただし, $g^t(\boldsymbol{x}^0,\boldsymbol{x}^1,\ldots,\boldsymbol{x}^t,\boldsymbol{\xi}^1,\boldsymbol{\xi}^2,\ldots,\boldsymbol{\xi}^t)\le 0$ は段階 t の決定変数 $\boldsymbol{x}^t$ が満たすべき制約条件である. 多段階確率計画問題 (MSP) を以下のように定義する.

(多段階確率計画問題 MSP)

$$
\begin{aligned}
\min\quad & q^0(\boldsymbol{x}^0)+\sum_{t=1}^{H}E_{\tilde{\boldsymbol{\xi}}^1\cdots\tilde{\boldsymbol{\xi}}^t}[Q^t(\boldsymbol{x}^0,\ldots,\boldsymbol{x}^{t-1},\tilde{\boldsymbol{\xi}}^1,\ldots,\tilde{\boldsymbol{\xi}}^t)]\\
\text{subject to}\quad & g^0(\boldsymbol{x}^0)\le 0\\
& Q^t(\boldsymbol{x}^0,\ldots,\boldsymbol{x}^{t-1},\boldsymbol{\xi}^1,\ldots,\boldsymbol{\xi}^t)\\
& =\min_{\boldsymbol{x}^t}\{q^t(\boldsymbol{x}^t)\mid g^t(\boldsymbol{x}^0,\ldots,\boldsymbol{x}^t,\boldsymbol{\xi}^1,\ldots,\boldsymbol{\xi}^t)\le 0\},\\
& \quad \boldsymbol{\xi}^1\in\Xi^1,\ldots,\boldsymbol{\xi}^t\in\Xi^t,\ 1\le t\le H
\end{aligned}
$$

多段階問題の基礎的な定式化に関しては, Kall and Mayer[65], Olsen[99−101] などを参照されたい. 目的関数が線形の場合は, Birge[15] により L-shaped 法を多段階確率計画問題に応用した入れ子式分解法 (nested decomposition method) が示されている. Louveaux[81] は, 目的関数が凸 2 次関数である多段階確率計画問題を取り扱った. Birge, *et al.*[17] は, 並列計算による入れ子式分解法のアルゴリズムを示した.

6.2 多段階確率的線形計画問題

6.2.1 多段階確率的線形計画問題の基礎

以下の多段階確率的線形計画問題 (MSLP: multistage stochastic linear programming problem) を考える. 記号 a.s. は, 定義 A.15 のとおり, ほとんど確実に (almost surely) あるいは確率 1 で制約が成り立つことを示す. なお, 本節では Birge, *et al.*[17] の記法に従い, ボールド体で表される記号は確率変数に従うパラメータまたは決定変数を表し, 通常のローマン体 (イタリックになっているものも含む) で表される記号は確率変数に依存しないパラメータまたは決定変数を表すものとする.

$$
\begin{aligned}
\text{(MSLP)}:\min\quad & c^{0\top}x^0+E_{\tilde{\boldsymbol{\xi}}^1}[\min \boldsymbol{c}^{1\top}\boldsymbol{x}^1+\cdots+E_{\tilde{\boldsymbol{\xi}}^H}[\min \boldsymbol{c}^{H\top}\boldsymbol{x}^H]+\cdots]\\
\text{subject to}\quad & W^0x^0=h^0\\
& \boldsymbol{T}^0x^0+W^1\boldsymbol{x}^1=\boldsymbol{h}^1,\ \text{a.s.}\\
& \vdots\\
& \boldsymbol{T}^{H-1}\boldsymbol{x}^{H-1}+W^H\boldsymbol{x}^H=\boldsymbol{h}^H,\ \text{a.s.}\\
& x^0\ge 0,\ \boldsymbol{x}^t\ge 0,\ t=1,\ldots,H,\ \text{a.s.}
\end{aligned}
$$

問題に含まれる c^0, h^0, W^0 はそれぞれ, n_0, m_0 次元定数ベクトル, および $m_t \times n_t$ 次元定数行列である. 段階 t の目的関数と制約に含まれる $\boldsymbol{c^t}$, $\boldsymbol{h^t}$, $\boldsymbol{T^{t-1}}$ はそれぞれ, n_t, m_t 次元確率変数ベクトル, および $m_t \times n_{t-1}$ 次元確率変数行列であり, $\tilde{\boldsymbol{\xi}}^t = (\boldsymbol{c^t}, \boldsymbol{h^t}, \boldsymbol{T^t})$ と定める. 確率変数ベクトル $\tilde{\boldsymbol{\xi}}^t$ はとりうる値の個数が有限である離散分布に従うと仮定し, 確率空間 $(\Xi^t, \sigma(\Xi^t), P)$ は与えられているものとする. ただし Ξ^t は $\tilde{\xi}^t$ の台であり, $\sigma(\Xi^t)$ は Ξ^t の部分集合の集まりを表す. $\tilde{\boldsymbol{\xi}}^t = (\boldsymbol{T^t}, \boldsymbol{h^t}, \boldsymbol{c^t})$ の実現値を $\xi_s^t = (T_s^t, h_s^t, c_s^t)$ とすると, $\Xi^t = \{\xi_s^t = (T_s^t, h_s^t, c_s^t),\ s = 1, \ldots, k_t\}$ と表すことができる. ただし k_t は $\tilde{\boldsymbol{\xi}}^t$ のとりうる値の個数を表す.

段階 $\boldsymbol{t}$ までのシナリオ (stage t scenario) を段階 1 から段階 t にわたる確率変数 $\tilde{\boldsymbol{\xi}}^t$ $(1 \leq t \leq H)$ の実現値の組 $\xi = (\xi_1, \ldots, \xi_t)$ と定義する. 図 6.2 における通常の意味でのシナリオ (scenario) は, 最終段階 H までのシナリオとなることに注意されたい. 段階 t までのシナリオは, **有向グラフ** (directed graph) であるシナリオツリー (scenario tree) 上の根から長さ t の**有向道** (directed path) に対応する. これより, シナリオツリー上の段階 t におけるノードは, 段階 t までのシナリオとみなすことができる.

図 6.2 において, 段階 1 までのシナリオの数は 2 個であり, 段階 2 までのシナリオの数は 4 個である. 段階 $t-1$ における s 番目のノードの**子** (son) の集合を $D^t(s)$ と表す. 集合 $D^t(s)$ に含まれる添字のノードは, 段階 t までのシナリオに相当する. 逆に, 段階 t における s 番目のノードの**親** (parent) を $\alpha(s,t)$ と表す. 添字 $\alpha(s,t)$ をもつノードは,

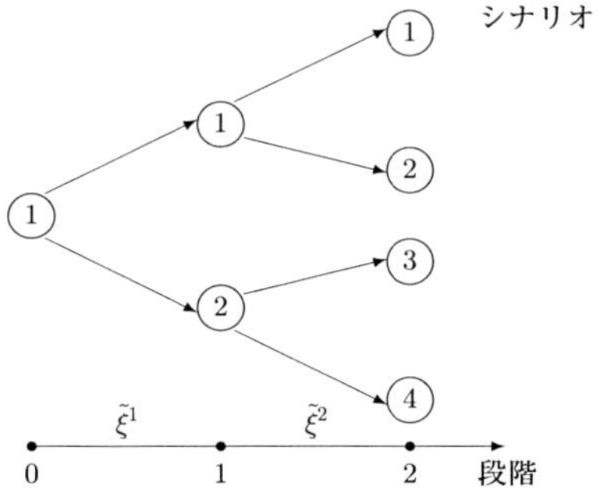

図 **6.2**　段階 t までのシナリオ

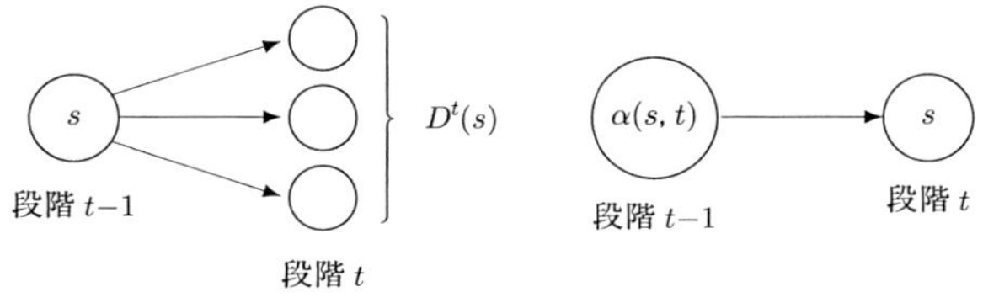

図 **6.3**　シナリオツリーにおける親子関係

段階 $t-1$ までのシナリオに相当する．この関係を図 6.3 に示す．

このように段階数が増えるに従ってシナリオ数が増大するため, 問題 (MSLP) に対して L-shaped 法を直接応用すると, 計算時間が非常に長くなるおそれがある．そのため, 問題の特殊構造を考慮した解法が考えられている．ここでは, Louveaux[82) によって示されたブロック分解可能リコース (block separable recourse) という性質を紹介する．

定義 6.1　多段階確率的線形計画問題 (MSLP) において, 段階 t の決定変数 $\boldsymbol{x}^t$ を $\boldsymbol{x}^t = (\boldsymbol{w}^t, \boldsymbol{y}^t)$ と 2 つの成分に分け, $\boldsymbol{w}^t$ を**総合決定** (aggregate level decision), $\boldsymbol{y}^t$ を**詳細決定** (detailed level decision) とよぶ．次の 3 つの条件が満たされるとき, 問題 (MSLP) はブロック分解可能リコースを有するという．

1)　段階 t の目的関数は総合決定 $\boldsymbol{w}^t$ と詳細決定 $\boldsymbol{y}^t$ の項に分離可能である．$\boldsymbol{c}^{t\top}\boldsymbol{x}^t = \boldsymbol{r}^{t\top}\boldsymbol{w}^t + \boldsymbol{q}^{t\top}\boldsymbol{y}^t$

2)　段階 t のリコース行列に相当する W^t が**ブロック対角** (block diagonal) である．$W^t = \begin{pmatrix} A^t & 0 \\ 0 & B^t \end{pmatrix}$, ただし A^t は総合決定 $\boldsymbol{w}^t$ に対応し, B^t は詳細決定 $\boldsymbol{y}^t$ に対応する．

3)　制約に含まれる行列 $\boldsymbol{T}^t$ と右辺ベクトル $\boldsymbol{h}^t$ は以下のように表すことができる．$\boldsymbol{T}^t = \begin{pmatrix} \boldsymbol{R}^t & 0 \\ \boldsymbol{S}^t & 0 \end{pmatrix}$ かつ $\boldsymbol{h}^t = \begin{pmatrix} \boldsymbol{b}^t \\ \boldsymbol{d}^t \end{pmatrix}$, ただし, 各要素は $\boldsymbol{x}^t = \begin{pmatrix} \boldsymbol{w}^t \\ \boldsymbol{y}^t \end{pmatrix}$ の各成分への分割に対応する．

総合決定は次段階以降の決定に影響を及ぼす決定であり, 詳細決定は当該段階のみの決定で次段階以降の決定に影響を及ぼさない．問題 (MSLP) がブロック分解可能リコースを有するとき, 問題は以下の (MSLP-BSR) と表すことができる．

$$
\begin{aligned}
\textbf{(MSLP-BSR)}: \ \min \quad & r^{0\top} w^0 + q^{0\top} y^0 \\
& + E_{\tilde{\xi}^1}[\min(\boldsymbol{r}^{1\top}\boldsymbol{w}^1 + \boldsymbol{q}^{1\top}\boldsymbol{y}^1) \\
& \vdots \\
& + E_{\tilde{\xi}^H}[\min(\boldsymbol{r}^{H\top}\boldsymbol{w}^H + \boldsymbol{q}^{H\top}\boldsymbol{y}^H)] + \cdots] \\
\text{subject to} \quad & A^0 w^0 = b^0 \\
& B^0 y^0 = d^0 \\
& \boldsymbol{R}^0 w^0 + A^1 \boldsymbol{w}^1 = \boldsymbol{b}^1, \ \text{a.s.} \\
& \boldsymbol{S}^0 w^0 + B^1 \boldsymbol{y}^1 = \boldsymbol{d}^1, \ \text{a.s.} \\
& \vdots \\
& \boldsymbol{R}^{H-1}\boldsymbol{w}^{H-1} + A^H \boldsymbol{w}^H = \boldsymbol{b}^H, \ \text{a.s.} \\
& \boldsymbol{S}^{H-1}\boldsymbol{w}^{H-1} + B^H \boldsymbol{y}^H = \boldsymbol{d}^H, \ \text{a.s.} \\
& w^0 \geq 0, \ \boldsymbol{w}^t \geq 0, \ t = 1, \ldots, H, \ \text{a.s.} \\
& y^0 \geq 0, \ \boldsymbol{y}^t \geq 0, \ t = 1, \ldots, H, \ \text{a.s.}
\end{aligned}
$$

Louveaux[82] は, (MSLP-BSR) は 2 段階の確率的線形計画問題に帰着できることを示した.

定理 6.1 問題 (MSLP-BSR) は, すべての総合決定に含まれる変数を 1 段階変数, すべての詳細決定に含まれる変数を 2 段階変数と定め, 段階 t までのシナリオに関するリコース関数の期待値を $t=1,\ldots,H$ に対して与えることにより, 2 段階確率的線形計画問題と等価になる.

定理 6.1 における「段階 t までのシナリオに関するリコース関数の期待値を $t=1,\ldots,H$ に対して与える」という意味は, シナリオツリー上の根ノード以外のすべてのノードを終点とするシナリオを考えるということである. 通常の意味でのツリーの末端までの道に対応するシナリオ以外にも, 根と末端ノードを結ぶ道上のノードに対応するシナリオも考慮していることに注意されたい.

問題 (MSLP-BSR) の展開形による定式化を以下に示す. 定理 6.1 より, この問題は 2 段階確率計画問題と等価である. ただし, 段階 0 の決定を $w^{1,0} \equiv w^0$, $y^{1,0} \equiv y^0$ と定めた. また Q_1^0 は線形計画問題 $\min\{q^{1,0\top} y^{1,0} \mid B^0 y^{1,0} = d^0,\ y^{1,0} \geq 0\}$ の最適値を表す. 他の記号は, 表 6.1 のように定義した.

表 6.1 問題 (MSLP-BSR) における記号の定義

K_t	段階 t までのシナリオ数, $K_t = k_0 \times k_1 \times \cdots \times k_t$, $t=1,\ldots,H$, $k_0 = 1$
(r^{st}, q^{st})	段階 t までのシナリオ s における目的関数の係数ベクトル $(\boldsymbol{r}^t, \boldsymbol{q}^t)$ $s=1,\ldots,K_t$, $t=0,1,\ldots,H$, $(r^{1,0}, q^{1,0}) \equiv (r^0, q^0)$
(R^{st}, S^{st})	段階 t までのシナリオ s における係数行列 $(\boldsymbol{R}^t, \boldsymbol{S}^t)$ $s=1,\ldots,K_t$, $t=0,1,\ldots,H-1$
p_s^t	段階 t までのシナリオ s が起こる確率

(MSLP-BSR)：展開形

$$
\begin{aligned}
\min\quad & r^{1,0\top} w^{1,0} \\
& + \sum_{s=1}^{K_1} p_s^1 r^{s1\top} w^{s1} + \cdots + \sum_{s=1}^{K_H} p_s^H r^{sH\top} w^{sH} \\
& + Q_1^0 + \sum_{s=1}^{K_1} p_s^1 Q_s^1(w^{1,0}) + \cdots + \sum_{s=1}^{K_H} p_s^H Q_s^H(w^{\alpha(s,H),H-1}) \\
\text{subject to}\quad & A^0 w^{1,0} = b^0 \\
& R^{\alpha(s,1),0} w^{s0} + A^1 w^{s1} = b^{s1},\ s=1,\ldots,K_1 \\
& \vdots \\
& R^{\alpha(s,H),H-1} w^{s,H-1} + A^H w^{sH} = b^{sH},\ s=1,\ldots,K_H \\
& w^0 \geq 0,\ w^{st} \geq 0,\ s=1,\ldots,K_t,\ t=1,\ldots,H \\
& Q_1^0 = \min\{q^{1,0} y^{1,0} \mid B^0 y^{1,0} = d^0,\ y^{1,0} \geq 0\}
\end{aligned}
$$

$$
\begin{aligned}
&Q_s^t(w^{\alpha(s,t),t-1})\\
&= \min\{q^{st}y^{st} \mid S^{\alpha(s,t),t-1}w^{\alpha(s,t),t-1} + B^t y^{st} = d^{st},\ y^{st} \geq 0\},\\
&\ s = 1,\ldots,K_t,\ t = 1,\ldots,H
\end{aligned}
$$

図 6.2 でシナリオツリーが与えられる問題に対して, 問題の構造を図 6.4, 6.5 に示す. すべての総合決定 w^0, w^{st} $(s = 1,\ldots,K_t,\ t = 1,\ldots,H)$ を改めて 1 段階変数と定義し, すべての詳細決定 y^0, y^{st} $(s = 1,\ldots,K_t,\ t = 1,\ldots,H)$ を改めて 2 段階変数と定義すれば, 問題は 2 段階確率的線形計画問題になる.

段階 0		段階 1				段階 2								
w^{10}	y^{10}	w^{11}	y^{11}	w^{21}	y^{21}	w^{12}	y^{12}	w^{22}	y^{22}	w^{32}	y^{32}	w^{42}	y^{42}	
A^0														b^0
	B^0													d^0
R^{10}		A^1												b^{11}
S^{10}			B^1											d^{11}
R^{10}				A^1										b^{21}
S^{10}					B^1									d^{21}
		R^{11}				A^2								b^{12}
		S^{11}					B^2							d^{12}
		R^{11}						A^2						b^{22}
		S^{11}							B^2					d^{22}
				R^{21}						A^2				b^{32}
				S^{21}							B^2			d^{32}
				R^{21}								A^2		b^{42}
				S^{21}									B^2	d^{42}

図 **6.4** 3 段階の確率的線形計画問題の制約構造

段階 0							段階 1							
w^{10}	w^{11}	w^{21}	w^{12}	w^{22}	w^{32}	w^{42}	y^{10}	y^{11}	y^{21}	y^{12}	y^{22}	y^{32}	y^{42}	
A^0														b^0
R^{10}	A^1													b^{11}
R^{10}		A^1												b^{21}
	R^{11}		A^2											b^{12}
	R^{11}			A^2										b^{22}
		R^{21}			A^2									b^{32}
		R^{21}				A^2								b^{42}
							B^0							d^0
S^{10}								B^1						d^{11}
S^{10}									B^1					d^{21}
	S^{11}									B^2				d^{12}
	S^{11}										B^2			d^{22}
		S^{21}										B^2		d^{32}
		S^{21}											B^2	d^{42}

図 **6.5** 変換された 2 段階の確率的線形計画問題の制約構造

6.2.2　電源計画への応用

多段階確率的線形計画問題を応用した**電源計画** (generation planning) に対する多段階確率計画モデルと, Shiina and Birge[131] による解法を示す. 増大することが予想される将来の電力需要に対して, 新たな発電設備の建設を考える. 石炭火力, LNG 火力, 石油火力, (揚水式) 水力, 原子力など各種発電方式によって電力供給を行う. 各種方式は経済性, 供給安定性などが異なるので, どのような容量と発電方式の発電所をいつどこに建設するかを, 経済性だけからでなく環境への調和にも配慮しつつ, 信頼度や運営機能の面からも有利かを検討することが問題となる.

計画の経済性を示す費用は, 次の 2 つの要素に分けられる. 最初の要素は, 発電設備を所有するために必要な固定費である. 固定費は, 設備の償却費, 発電所を維持するための人件費などから構成される. 2 つめは, 発電に要する経費 (変動費) である. 燃料費が変動費の主な構成要素となっている. 電力需要の値は, 年間の各時間における負荷を大きさの順に配列して得られる図 6.6 の**負荷持続曲線** (load duration curve), あるいはその線形近似が用いられている. Murphy, *et al.*[94] は, 新設備導入のための固定費を連続変数のみによる決定変数で近似する線形計画モデルを示した.

目的関数における固定費と変動費, さらに電力需要を確率変数と定義し, さらにこれらの確率変数はとりうる値の個数が有限の離散分布に従うものと仮定する. 発電所の建設を行うか否かの決定は, 0–1 変数で示される. 計画期間 (段階), 発電所の種類, 負荷持続

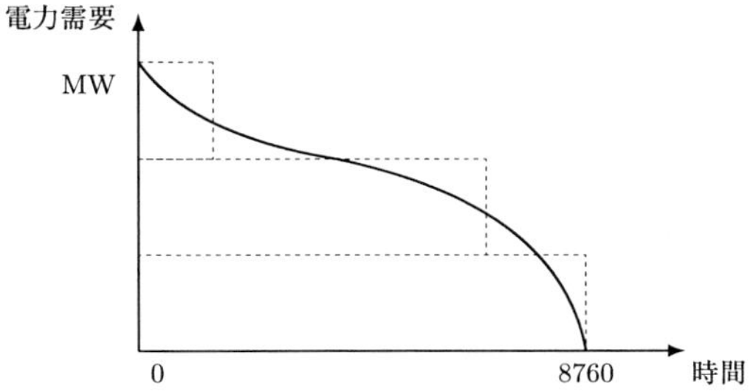

図 **6.6**　負荷持続曲線

表 **6.2**　電源計画におけるパラメータ

a_i	発電所 i の利用率
g_i^t	段階 t における発電所 i に追加される容量 ($t=0$ 以前に決定済み)
C_i^t	段階 t における発電所 i に拡張される容量の最大値
$\boldsymbol{r}_i^t$	段階 t における発電所 i の容量拡張費用
$\boldsymbol{f}_i^t$	段階 t における発電所 i の建設費
$\boldsymbol{q}_i^t$	段階 t における発電所 i の変動費
$\boldsymbol{d}_j^t$	段階 t における需要領域 j における電力需要
$\boldsymbol{\tau}_j^t$	段階 t における需要領域 j の持続時間

表 **6.3** 電源計画における決定変数

$\boldsymbol{x}_i^t$	発電所 i への段階 t における追加容量
$\boldsymbol{w}_i^t$	発電所 i の段階 t における総容量
$\boldsymbol{v}_i^t$	$\begin{cases} 1 \text{ (発電所 } i \text{ に対して段階 } t \text{ で容量が拡張される場合)}, \\ 0 \text{ (それ以外の場合)} \end{cases}$
$\boldsymbol{y}_{ij}^t$	発電所 i の段階 t, 負荷領域 j における出力

曲線における負荷領域に対する添字を以下のように定義する.

- 計画期間 (段階) $t = 0, 1, \ldots, H$
- 発電所の種類 $i = 1, \ldots, n$
- 負荷持続曲線における負荷領域 $j = 1, \ldots, m$

電源計画におけるパラメータ, 決定変数をそれぞれ表 6.2, 6.3 に示す.

これより Shiina and Birge[131] による多段階確率的電源計画問題の定式化を以下に示す.

(多段階確率的電源計画問題)

$$
\begin{aligned}
\min \quad & \sum_{i=1}^{n}(r_i^0 w_i^0 + f_i^0 v_i^0) \\
& + E_{\xi^1}\left[\min \sum_{i=1}^{n}\left(\boldsymbol{r}_i^1 \boldsymbol{w}_i^1 + \boldsymbol{q}_i^1 \sum_{j=1}^{m} \boldsymbol{\tau}_j^1 \boldsymbol{y}_{ij}^1 + \boldsymbol{f}_i^1 \boldsymbol{v}_i^1\right)\right. \\
& \vdots \\
& \left. + E_{\xi^H|\xi^1\ldots\xi^{H-1}}\left[\min \sum_{i=1}^{n}\left(\boldsymbol{r}_i^H \boldsymbol{w}_i^H + \boldsymbol{q}_i^H \sum_{j=1}^{m} \boldsymbol{\tau}_j^H \boldsymbol{y}_{ij}^H + \boldsymbol{f}_i^H \boldsymbol{v}_i^H\right)\right] + \cdots \right] \\
\text{subject to} \quad & w_i^0 = x_i^0, \ i = 1, \ldots, n \\
& \boldsymbol{w}_i^1 = w_i^0 + \boldsymbol{x}_i^1, \ i = 1, \ldots, n, \ \text{a.s.} \\
& \boldsymbol{w}_i^t = \boldsymbol{w}_i^{t-1} + \boldsymbol{x}_i^t, \ i = 1, \ldots, n, \ t = 2, \ldots, H, \ \text{a.s.} \\
& x_i^0 \le C_i^0 v_i^0, \ i = 1, \ldots, n \\
& \boldsymbol{x}_i^t \le C_i^t \boldsymbol{v}_i^t, \ i = 1, \ldots, n, \ t = 1, \ldots, H, \ \text{a.s.} \\
& \sum_{i=1}^{n} \boldsymbol{y}_{ij}^t = \boldsymbol{d}_j^t, \ j = 1, \ldots, m, \ t = 1, \ldots, H, \ \text{a.s.} \\
& \sum_{j=1}^{m} \boldsymbol{y}_{ij}^t \le a_i(g_i^t + \boldsymbol{w}_i^{t-1}), \ i = 1, \ldots, n, \ t = 1, \ldots, H, \ \text{a.s.} \\
& v_i^0 \in \{0, 1\}, \ \boldsymbol{v}_i^t \in \{0, 1\}, \ i = 1, \ldots, n, \ t = 1, \ldots, H, \ \text{a.s.} \\
& w_i^0 \ge 0, \ \boldsymbol{w}_i^t \ge 0, \ i = 1, \ldots, n, \ t = 1, \ldots, H, \ \text{a.s.} \\
& x_i^0 \ge 0, \ \boldsymbol{x}_i^t \ge 0, \ i = 1, \ldots, n, \ t = 1, \ldots, H, \ \text{a.s.} \\
& \boldsymbol{y}_{ij}^t \ge 0, \ i = 1, \ldots, n, \ j = 1, \ldots, m, \ t = 1, \ldots, H, \ \text{a.s.}
\end{aligned}
$$

多段階確率的電源計画問題がブロック分解可能リコースを有することは, 図 6.7 よりわかる. ただし, I は単位行列であり, $e^\top = (1, \ldots, 1)$ である.

$$
\left(\begin{array}{ccc|c|c|c|c|c}
 & I & & 0 & 0 & 0 & \cdots & 0 \\ \hline
 & 0 & & 0 & 0 & 0 & \cdots & 0 \\ \hline
 & 0 & & 0 & 0 & 0 & \cdots & 0 \\ \hline
a_1 & & 0 & & & & & \\
 & \ddots & & 0 & 0 & 0 & \cdots & 0 \\
0 & & a_n & & & & &
\end{array}\right)
\left(\begin{array}{c}
\boldsymbol{w}^{t-1} \\ \boldsymbol{x}^{t-1} \\ \boldsymbol{v}^{t-1} \\ \hline \boldsymbol{y}_1^{t-1} \\ \vdots \\ \boldsymbol{y}_n^{t-1}
\end{array}\right)
\begin{array}{l}
\left.\begin{array}{c} \\ \\ \\ \end{array}\right\} \text{総合決定} \\
\left.\begin{array}{c} \\ \\ \\ \end{array}\right\} \text{詳細決定}
\end{array}
$$

$$
+\left(\begin{array}{c|c|ccc|c|c|c}
-I & I & & 0 & & 0 & \cdots & 0 \\ \hline
 & & C_1^t & & 0 & & & \\
0 & -I & & \ddots & & 0 & \cdots & 0 \\
 & & 0 & & C_n^t & & & \\ \hline
0 & 0 & & 0 & & I & \cdots & I \\ \hline
0 & 0 & & 0 & & -e^{\top} & \cdots & 0 \\
 & & & & & 0 & & -e^{\top}
\end{array}\right)
\left(\begin{array}{c}
\boldsymbol{w}^t \\ \boldsymbol{x}^t \\ \boldsymbol{v}^t \\ \hline \boldsymbol{y}_1^t \\ \vdots \\ \boldsymbol{y}_n^t
\end{array}\right)
\begin{array}{c}
= \\ \geq \\ = \\ \\ \geq \\ \\
\end{array}
\left(\begin{array}{c}
0 \\ \hline 0 \\ \hline \boldsymbol{d}^t \\ \hline -a_1 g_1^t \\ \vdots \\ -a_n g_n^t
\end{array}\right)
$$

図 6.7 多段階確率的電源計画問題におけるブロック分解可能リコースの図示

多段階確率的電源計画問題において，$v_i^0, \boldsymbol{v}_i^t, w_i^0, \boldsymbol{w}_i^t, x_i^0, \boldsymbol{x}_i^t$ $(i = 1, \ldots, n,\ t = 1, \ldots, H)$ は総合決定であり，$\boldsymbol{y}_{ij}^t$ $(i = 1, \ldots, n,\ j = 1, \ldots, m,\ t = 1, \ldots, H)$ は詳細決定である．

確率変数ベクトル $\tilde{\xi}^t = (\boldsymbol{r}_i^t, \boldsymbol{f}_i^t, \boldsymbol{q}_i^t, \boldsymbol{d}_j^t, \boldsymbol{\tau}_j^t)$ はとりうる値の個数が有限である離散分布に従うと仮定し，確率空間 $(\Xi^t, \sigma(\Xi^t), P)$ は与えられているものとする．Ξ^t は $\tilde{\xi}^t$ の台であり，$\sigma(\Xi^t)$ は Ξ^t の部分集合の集まりを表す．$\tilde{\xi}^t = (\boldsymbol{r}_i^t, \boldsymbol{f}_i^t, \boldsymbol{q}_i^t, \boldsymbol{d}_j^t, \boldsymbol{\tau}_j^t)$ の実現値を $\xi_s^t = (r_i^{st}, f_i^{st}, q_i^{st}, d_j^{st}, \tau_j^{st})$ とすると，$\Xi^t = \{\xi_s^t = (r_i^{st}, f_i^{st}, q_i^{st}, d_j^{st}, \tau_j^{st}),\ s = 1, \ldots, k_t\}$ と表すことができる．ここで，k_t は $\tilde{\xi}^t$ のとりうる値の個数を表す．多段階確率的電源計画問題の展開形による定式化を以下に示す．ただし，$(r^{1,0}, f^{1,0}) \equiv (r^0, f^0)$ と定めた．

(多段階確率的電源計画問題：展開形)

$$
\begin{array}{ll}
\min & \displaystyle\sum_{i=1}^{n}(r_i^{1,0} w_i^{1,0} + f_i^{1,0} v_i^{1,0}) \\
 & \displaystyle +\sum_{s=1}^{K_1} p_s^1 \sum_{i=1}^{n}(r_i^{s1} w_i^{s1} + f_i^{s1} v_i^{s1}) + \cdots + \sum_{s=1}^{K_H} p_s^H \sum_{i=1}^{n}(r_i^{sH} w_i^{sH} + f_i^{sH} v_i^{sH}) \\
 & \displaystyle +\sum_{s=1}^{K_1} p_s^1 Q_s^1(w^{1,0}) + \cdots + \sum_{s=1}^{K_H} p_s^H Q_s^H(w^{\alpha(s,H),H-1}) \\
\text{subject to} & w_i^{1,0} = x_i^{1,0},\ i = 1, \ldots, n \\
 & w_i^{st} = w_i^{\alpha(s,t),t-1} + x_i^{st},\ i = 1, \ldots, n,\ s = 1, \ldots, K_t,\ t = 1, \ldots, H \\
 & x_i^{st} \leq C_i^t v_i^{st},\ i = 1, \ldots, n,\ s = 1, \ldots, K_t,\ t = 0, 1, \ldots, H
\end{array}
$$

$$
\begin{aligned}
&v_i^{st} \in \{0,1\},\ i=1,\dots,n,\ s=1,\dots,K_t,\ t=0,1,\dots,H\\
&w_i^{st}, x_i^{st} \geq 0,\ i=1,\dots,n,\ s=1,\dots,K_t,\ t=0,1,\dots,H\\
&Q_s^t(w^{\alpha(s,t),t-1})\\
&= \min \left\{ \sum_{i=1}^{n}\sum_{j=1}^{m} q_i^{st}\tau_j^{st}y_{ij}^{st} \;\middle|\; \sum_{i=1}^{n} y_{ij}^{st} = d_j^{st},\ j=1,\dots,m \right.\\
&\qquad \sum_{j=1}^{m} y_{ij}^{st} \leq a_i(g_i^t + w_i^{\alpha(s,t),t-1}),\ i=1,\dots,n\\
&\qquad \left. y_{ij}^{st} \geq 0,\ i=1,\dots,n,\ j=1,\dots,m \right\},\\
&\quad s=1,\dots,K_t,\ t=1,\dots,H
\end{aligned}
$$

多段階確率的電源計画問題の展開形による定式化における記号の定義を表 6.4 に示す.

表 **6.4**　多段階確率的電源計画問題の展開形による定式化における記号の定義

K_t	段階 t までのシナリオの個数 $K_t = k_0 \times k_1 \times \cdots \times k_t,\ t=1,\dots,H,\ k_0=1$
(r^{st}, q^{st}, f^{st})	段階 t までのシナリオ s における目的関数の係数ベクトル $(\boldsymbol{r}^t, \boldsymbol{q}^t, \boldsymbol{f}^t)$ $s=1,\dots,K_t,\ t=0,1,\dots,H$
(τ^{st}, d^{st})	段階 t までのシナリオ s における持続時間および電力需要 $(\boldsymbol{\tau}^{st}, \boldsymbol{d}^t)$ $s=1,\dots,K_t,\ t=1,\dots,H$
w^{st}	段階 t までのシナリオ s における総容量を表す変数 $s=1,\dots,K_t,\ t=0,1,\dots,H$
x^{st}	段階 t までのシナリオ s における追加容量を表す変数 $s=1,\dots,K_t,\ t=0,1,\dots,H$
v^{st}	段階 t までのシナリオ s における容量拡張を行うか否かを表す 0–1 変数 $s=1,\dots,K_t,\ t=0,1,\dots,H$
y^{st}	段階 t までのシナリオ s における出力を表す変数 $s=1,\dots,K_t,\ t=0,1,\dots,H$
p_s^t	段階 t までのシナリオ s の確率 $s=1,\dots,K_t,\ t=0,1,\dots,H$

定理 6.1 より, この問題は 2 段階確率計画問題に帰着できるため, L-shaped 法の解法を示す. 次の多段階確率的電源計画問題に対する主問題を考える.

(多段階確率的電源計画問題に対する主問題)

$$
\begin{aligned}
\min\quad & \sum_{i=1}^{n}(r_i^{1,0}w_i^{1,0} + f_i^{1,0}v_i^{1,0})\\
& + \sum_{s=1}^{K_1} p_s^1 \sum_{i=1}^{n}(r_i^{s1}w_i^{s1} + f_i^{s1}v_i^{s1}) + \cdots + \sum_{s=1}^{K_H} p_s^H \sum_{i=1}^{n}(r_i^{sH}w_i^{sH} + f_i^{sH}v_i^{sH})\\
& + \sum_{s=1}^{K_1} p_s^1\theta_s^1 + \cdots + \sum_{s=1}^{K_H} p_s^H\theta_s^H
\end{aligned}
$$

$$
\begin{aligned}
\text{subject to} \quad & w_i^{1,0} = x_i^{1,0},\ i = 1,\ldots,n \\
& w_i^{st} = w_i^{\alpha(s,t),t-1} + x_i^{st},\ i = 1,\ldots,n,\ s = 1,\ldots,K_t,\ t = 1,\ldots,H \\
& x_i^{st} \le C_i^t v_i^{st},\ i = 1,\ldots,n,\ s = 1,\ldots,K_t,\ t = 0,1,\ldots,H \\
& v_i^{st} \in \{0,1\},\ i = 1,\ldots,n,\ s = 1,\ldots,K_t,\ t = 0,1,\ldots,H \\
& w_i^{st} \ge 0,\ i = 1,\ldots,n,\ s = 1,\ldots,K_t,\ t = 0,1,\ldots,H \\
& x_i^{st} \ge 0,\ i = 1,\ldots,n,\ s = 1,\ldots,K_t,\ t = 0,1,\ldots,H \\
& \theta_s^t \ge Q_s^t(w^{\alpha(s,t),t-1}),\ s = 1,\ldots,K_t,\ t = 1,\ldots,H
\end{aligned}
$$

この定式化では, リコース関数 $Q_s^t(w^{\alpha(s,t),t-1})$ $(s = 1,\ldots,K_t,\ t = 1,\ldots,H)$ はあらかじめ与えられていない. そのため, $\theta_s^t \ge Q_s^t(w^{\alpha(s,t),t-1})$ を近似する最適性カットを加える. 多段階確率的電源計画問題に対する主問題は, 混合 0–1 整数計画問題であるため, 分枝限定法などの解法により解くことができる. 主問題の解を $v_i^{*st}, w_i^{*st}, x_i^{*st}$ $(i = 1,\ldots,n,\ s = 0,1,\ldots,K_t,\ t = 1,\ldots,H)$, θ_s^{*t} $(s = 1,\ldots,K_t,\ t = 1,\ldots,H)$ とする. すると, 主問題の解である $w_i^{*\alpha(s,t),t-1}$ $(i = 1,\ldots,n)$ に対して, 段階 t までのシナリオ s に対するリコース問題 $(s = 1,\ldots,K_t,\ t = 1,\ldots,H)$ を以下のように定義することができる.

(段階 $\boldsymbol{t}$ までのシナリオ $\boldsymbol{s}$ に対するリコース問題)

$$
\begin{aligned}
Q_s^t(w^{\alpha(s,t),t-1}) = \min \Bigg\{ & \sum_{i=1}^{n}\sum_{j=1}^{m} q_i^{st}\tau_j^{st}y_{ij}^{st} \ \Bigg|\ \sum_{i=1}^{n} y_{ij}^{st} = d_j^{st},\ j = 1,\ldots,m \\
& \sum_{j=1}^{m} y_{ij}^{st} \le a_i(g_i^t + w_i^{\alpha(s,t),t-1}),\ i = 1,\ldots,n \\
& y_{ij}^{st} \ge 0,\ i = 1,\ldots,n,\ j = 1,\ldots,m \Bigg\}
\end{aligned}
$$

段階 t までのシナリオ s に対するリコース問題が実行不可能であれば, 実行可能性カットが主問題に追加される. また, 段階 t までのシナリオ s に対するリコース問題が実行可能であり, かつ $\theta_s^{*t} \ge Q_s^t(w^{*\alpha(s,t),t-1})$ が成立しない場合, $Q_s^t(w^{\alpha(s,t),t-1})$ を近似する最適性カットが追加される. 段階 t までのシナリオ s に対するリコース問題の双対問題を以下に示す.

(段階 $\boldsymbol{t}$ までのシナリオ $\boldsymbol{s}$ に対するリコース問題の双対問題)

$$
\begin{aligned}
\max \quad & \sum_{j=1}^{m} d_j^{st}\lambda_j^{st} - \sum_{i=1}^{n} a_i(g_i^t + w_i^{\alpha(s,t),t-1})\mu_i^{st} \\
\text{subject to} \quad & \lambda_j^{st} - \mu_i^{st} \le q_i^{st}\tau_j^{st},\ j = 1,\ldots,m,\ i = 1,\ldots,n \\
& \mu_i \ge 0,\ i = 1,\ldots,n
\end{aligned}
$$

もし $Q_s^t(w^{*\alpha(s,t),t-1}) = +\infty$ ならば, 主問題の解 $w^{*\alpha(s,t),t-1}$ は元問題の実行可能解ではない. この場合, A.1.3 項の双対理論より $\sum_{j=1}^{m} d_j^{st}\hat{\lambda}_j^{st} - \sum_{i=1}^{n} a_i(g_i^t +$

$w_i^{*\alpha(s,t),t-1})\hat{\mu}_i^{st} > 0$ かつ $\hat{\lambda}_j^{st} - \hat{\mu}_i^{st} \le 0$ を満たす双対解 $\hat{\lambda}_j^{st}$ $(j = 1, \ldots, m), \hat{\mu}_i^{st}$ $(\ge 0,\ i = 1, \ldots, n)$ が存在する．元問題で実行可能な $w^{\alpha(s,t),t-1}$ に対しては，$\sum_{i=1}^n y_{ij}^{st} = d_j^{st}$ $(j = 1, \ldots, m), \sum_{j=1}^m y_{ij}^{st} \le a_i(g_i^t + w_i^{\alpha(s,t),t-1})$ $(i = 1, \ldots, n)$ を満たす $y^{st} \ge 0$ が存在する．これらの制約に対し，それぞれ $\hat{\lambda}_j^{st}$ $(j = 1, \ldots, m)$, $-\hat{\mu}_i^{st}$ $(i = 1, \ldots, n)$ を掛けて加えることにより，次の不等式が得られる．

$$\begin{aligned}\sum_{j=1}^m d_j^{st}\hat{\lambda}_j^{st} - \sum_{i=1}^n a_i(g_i^t + w_i^{\alpha(s,t),t-1})\hat{\mu}_i^{st} &\le \sum_{j=1}^m\sum_{i=1}^n \hat{\lambda}_j^{st} y_{ij}^{st} - \sum_{i=1}^n\sum_{j=1}^m \hat{\mu}_i^{st} y_{ij}^{st} \\ &= \sum_{j=1}^m\sum_{i=1}^n (\hat{\lambda}_j^{st} - \hat{\mu}_i^{st}) y_{ij}^{st} \le 0\end{aligned}$$

元問題で実行不可能な $w^{*\alpha(s,t),t-1}$ はこの不等式を満たさない．なぜなら，$\sum_{j=1}^m d_j^{st}\hat{\lambda}_j^{st} - \sum_{i=1}^n a_i(g_i^t + w_i^{*\alpha(s,t),t-1})\hat{\mu}_i^{st} > 0$ であるからである．よって，実行可能性カットは次のようになる．

$$\text{実行可能性カット：}\quad \sum_{j=1}^m d_j^{st}\hat{\lambda}_j^{st} - \sum_{i=1}^n a_i(g_i^t + w_i^{\alpha(s,t),t-1})\hat{\mu}_i^{st} \le 0 \qquad (6.1)$$

もし $Q_s^t(w^{*\alpha(s,t),t-1})$ が有界な値をとるならば，リコース問題の最適解 y_{ij}^{*st} $(i = 1, \ldots, n,\ j = 1, \ldots, m)$ と双対問題の最適解 λ_j^{*st} $(j = 1, \ldots, m), \mu^{*st}$ $(i = 1, \ldots, n)$ が得られる．次の関係が成り立つ．

$$\begin{aligned}\theta_s^t &\ge Q_s^t(w^{*\alpha(s,t),t-1}) \\ &= \max\left\{\sum_{j=1}^m d_j^{st}\lambda_j^{st} - \sum_{i=1}^n a_i(g_i^t + w_i^{*\alpha(s,t),t-1})\mu_i^{st} \;\middle|\; \begin{array}{l}\lambda_j^{st} - \mu_i^{st} \le q_i^{st}\tau_j^{st},\ j = 1, \ldots, m,\ i = 1, \ldots, n \\ \mu_i \ge 0,\ i = 1, \ldots, n\end{array}\right\} \\ &= \sum_{j=1}^m d_j^{st}\lambda_j^{*st} - \sum_{i=1}^n a_i(g_i^t + w_i^{*\alpha(s,t),t-1})\mu_i^{*st}\end{aligned}$$

リコース関数を下から近似するため，$\theta_s^{*t} < Q_s^t(w^{*\alpha(s,t),t-1})$ を満たす $(w^{*\alpha(s,t),t-1}, \theta_s^{*t})$ を排除する最適性カットを主問題に追加する．

$$\text{最適性カット：}\quad \theta_s^t \ge \sum_{j=1}^m d_j^{st}\lambda_j^{*st} - \sum_{i=1}^n a_i(g_i^t + w_i^{\alpha(s,t),t-1})\mu_i^{*st} \qquad (6.2)$$

多段階確率的電源計画問題に対する L-shaped 法のアルゴリズムを図 6.8 に示す．

ステップ 1　主問題を分枝限定法などにより解き, 解 w_i^{*st} $(i=1,\ldots,n,\ s=0,1,\ldots,K_t,\ t=1,\ldots,H)$, θ_s^{*t} $(s=1,\ldots,K_t,\ t=1,\ldots,H)$ を得る.
ステップ 2　段階 t までのシナリオ s $(s=1,\ldots,K_t,\ t=1,\ldots,H)$ に対するリコース問題を解く.
ステップ 3　段階 t までのシナリオ s に対するリコース問題が実行不可能ならば, 実行可能性カット (6.1) を主問題に追加する. ステップ 1 へ.
ステップ 4　リコース関数 $Q_{s'}^t(w^{*s,t-1})$ $(\forall s' \in D^t(s),\ s=1,\ldots,K_t,\ t=0,\ldots,H-1)$ の値を求め, $\theta_{s'}^{*t} < (1-\varepsilon)Q_{s'}^t(w^{*s,t-1})$ $(s' \in D^t(s))$ ならば, 最適性カット (6.2) を主問題に追加する ($\varepsilon > 0$：許容誤差). ステップ 1 へ.
ステップ 5　最適性カットが追加されない場合は終了.

図 **6.8**　多段階確率的電源計画問題に対する L-shaped 法のアルゴリズム

最適目的関数値に対する上界値は次のように計算できる.

$$
\begin{aligned}
&\sum_{i=1}^{n}(r_i^{1,0}w_i^{*1,0}+f_i^{1,0}v_i^{*1,0})\\
&+\sum_{s=1}^{K_1}p_s^1\sum_{i=1}^{n}(r_i^{s1}w_i^{*s1}+f_i^{s1}v_i^{*s1})+\cdots+\sum_{s=1}^{K_H}p_s^H\sum_{i=1}^{n}(r_i^{sH}w_i^{*sH}+f_i^{sH}v_i^{*sH})\\
&+\sum_{s=1}^{K_1}p_s^1Q_s^1(w^{*1,0})+\cdots+\sum_{s=1}^{K_H}p_s^HQ_s^H(w^{*\alpha(s,H),H-1})
\end{aligned}
\tag{6.3}
$$

●6.3● シナリオ集約法 ●

本節では, Rockafellar and Wets[118] によるシナリオ集約法 (scenario aggregation method) またはプログレッシブヘッジ法 (progressive hedging method) について紹介する.

T 期間にわたる計画問題を考える. $t=1,\ldots,T$ の各期においては, 離散分布に従う確率変数ベクトル $\tilde{\boldsymbol{\xi}}_t$ の実現値 $\boldsymbol{\xi}_t$ が与えられるものとする. 各期における確率変数の実現値の集合 $\boldsymbol{\xi}=(\boldsymbol{\xi}_1,\ldots,\boldsymbol{\xi}_T)$ がシナリオである. すべてのシナリオに対する添字集合を S とし, $\boldsymbol{\xi}^s=(\boldsymbol{\xi}_1^s,\ldots,\boldsymbol{\xi}_T^s)$ $(s\in S)$ を第 s シナリオとよぶ. 6.1 節とは異なり, 上側添字, 下側添字はそれぞれ, シナリオ番号, 段階に相当することに注意されたい. 第 s シナリオが生起する確率 p_s $(>0,\ \sum_{s\in S}p_s=1)$ は与えられているものとする. シナリオ s に対する段階 t の決定を $X_t(s)\in\mathbb{R}^{n_t}$ $(t=1,\ldots,T)$ とし, T 段階にわたる決定をまとめて $X(s)=(X_1(s),\ldots,X_T(s))$ と表す. 決定 $X(s)$ はシナリオ $s\in S$ から $\mathbb{R}^n$ $(n=n_1+\cdots+n_T)$ への写像とみなされる. このとき, 各シナリオ $s\in S$ に対して, **シナリオ部分問題** (scenario subproblem) が次のように定義できる. ただし $f_s(X(s)), C_s$ をそれぞれ第 s シナリオにおける目的関数, 第 s シナリオにおける実行可能解集合とする.

(シナリオ部分問題)

$$\begin{array}{ll} \min & f_s(X(s)) \\ \text{subject to} & X(s) \in C_s \subset \mathbb{R}^n \end{array}$$

全シナリオに対する総合的な決定を考えると, 目的関数としては $E_{s\in S}[f_s(X(s))]$ を考えることができるが, 各シナリオ $s \in S$ についてシナリオ部分問題を解いてシナリオごとに解 $X(s)$ を求めればよいわけではない. 2 つのシナリオ s と s' が段階 τ まで識別不可能 (indistinguishable), すなわち $(\boldsymbol{\xi}_1^s, \ldots, \boldsymbol{\xi}_\tau^s) = (\boldsymbol{\xi}_1^{s'}, \ldots, \boldsymbol{\xi}_\tau^{s'})$ であれば, τ 段階までの決定は $(X_1(s), \ldots, X_\tau(s)) = (X_1(s'), \ldots, X_\tau(s'))$ を満たすように等しくなければならないためである. すべてのシナリオの添字集合 S は, 各段階 t $(t = 1, \ldots, T)$ において, 各要素が識別不可能な互いに素である集合に分割される. この集合を**シナリオ束** (scenario bundle) とよぶ. 段階 t におけるシナリオ束の集合を $\mathcal{A}_t$ とすると, シナリオ束 $A \in \mathcal{A}_t$ に含まれる異なるシナリオは段階 t において識別不可能である.

全シナリオに対する総合的な決定 $X(s)$ $(s \in S)$ をまとめて $X \in \mathbb{R}^{n|S|}$ とし, $\mathbb{R}^{n|S|}$ に次の**内積** (inner product)$\langle \cdot, \cdot \rangle$ を定義した空間を $\mathcal{E}$ と定める.

$$\langle X, Y \rangle = E_{s\in S}[X(s) \cdot Y(s)] = \sum_{s\in S} p_s X(s) \cdot Y(s), \ X, Y \in \mathcal{E} \tag{6.4}$$

空間 $\mathcal{E}$ に含まれる $X \in \mathcal{E}$ において, 同じシナリオ束に対して等しい決定 X からなる空間を $\mathcal{N}$ とする.

$$\begin{aligned} \mathcal{N} = \{X \in \mathcal{E} \mid & \text{ 同じシナリオ束 } A \in \mathcal{A}_t, \ t = 1, \ldots, T \text{ に属する} \\ & \text{シナリオ } s \in A \text{ に対する決定 } X_t(s) \text{ は等しい } \} \end{aligned} \tag{6.5}$$

決定 $X \in \mathcal{N}$ は**実施可能** (implementable) とよばれる. また次の集合 $\mathcal{C}$ に含まれる決定 $X \in \mathcal{E}$ を**許容的** (admissible) とよぶ.

$$\mathcal{C} = \{X \in \mathcal{E} \mid X(s) \in C_s, \ s \in S\} \tag{6.6}$$

シナリオ部分問題を解いて得られる解は, 許容的であるが実施可能であるとは限らない. そこで実施可能な決定 X を求める方法を示す. 段階 t のシナリオ束集合 $\mathcal{A}_t$ に属する $A \in \mathcal{A}_t$ に対して, 次のように $X_t(A)$ を定義する.

$$X_t(A) = \frac{\sum_{s\in A} p_s X_t(s)}{\sum_{s\in A} p_s} \tag{6.7}$$

新たな決定 $\hat{X}$ を次のように定める.

$$\hat{X}_t(s) = X_t(A), \ \forall s \in A \tag{6.8}$$

明らかに $\hat{X} \in \mathcal{N}$ であり, $\hat{X}$ は実施可能である. 決定 X の空間 $\mathcal{E}$ から $\mathcal{N}$ への直交射影 (orthogonal projection)J を**集約作用素** (aggregation operator) とよぶが, J は $J^2 = J$

を満たす．また $K=I-J$ は，$\mathcal{E}$ の $\mathcal{N}$ に対する補空間 $\mathcal{M}$ への直交射影となる．

$$\begin{aligned}\mathcal{M} &= \{W \in \mathcal{E} \mid JW = 0\} \\ &= \{W \in \mathcal{E} \mid E_{s\in S}[W_t(s) \mid A] = 0,\ \forall A \in \mathcal{A}_t,\ t = 1,\dots,T\}\end{aligned} \tag{6.9}$$

次は明らかである．

$$\begin{aligned}\mathcal{N} &= \{X \in \mathcal{E} \mid KX = 0\} \\ &= \{X \in \mathcal{E} \mid X = \hat{X}\}\end{aligned} \tag{6.10}$$

よって，全シナリオを考慮して次の問題 $(\mathcal{P})$ を解くことが目標である．

$$\begin{array}{rl} (\mathcal{P}):\min & F(X) = E_{s\in S}[f_s(X(s))] \\ \text{subject to} & X \in \mathcal{C} \\ & KX = 0 \end{array}$$

問題 $(\mathcal{P})$ に対する Lagrange 緩和問題は，Y を Lagrange 乗数とすると，次のようになる．

$$\begin{array}{rl} \min & F(X) + \langle KX, Y\rangle \\ \text{subject to} & X \in \mathcal{C},\ Y \in \mathcal{E} \end{array}$$

K は直交射影であるから，次の関係が成り立つ．

$$\langle KX, Y\rangle = \langle X, KY\rangle = \langle KX, KY\rangle \tag{6.11}$$

ここで，$Y \in \mathcal{N}$ となる Y は $KY=0$ となるため，Lagrange 乗数として意味をもたない．よって，$W = KY \in \mathcal{M}$ となる W を考え，Lagrange 関数を $L(X,W) = F(X)+\langle X, W\rangle$ $(X \in \mathcal{C},\ W \in \mathcal{M})$ とする．さらに，2 次のペナルティ項を加えた**拡張 Lagrange 関数** (augmented Lagrangian)$L_r(X,W)$ を定義する．

$$\begin{aligned}L_r(X,W) &= F(X) + \langle X, W\rangle + \frac{1}{2}r\|KX\|^2 \\ &= F(X) + \langle X, W\rangle + \frac{1}{2}r\|X-\hat{X}\|^2, \\ &\quad X \in \mathcal{C},\ W \in \mathcal{M},\ r > 0\end{aligned} \tag{6.12}$$

シナリオ集約法のアルゴリズムを図 6.9 に示す．

ステップ 0 反復回数を $\nu = 0$ とし, 初期解 $X^0(s)$ $(s \in S)$, $W^0 = 0$ が与えられている. $(X^0(s) \in \mathcal{C},\ W^0 \in \mathcal{M})$

ステップ 1 集約作用素 J により $\hat{X}^\nu = JX^\nu$ を求める. $\hat{X}^\nu$ は実施可能であるが, 必ずしも許容的でない.

ステップ 2 解 $X^{\nu+1}$ を, 拡張 Lagrange 緩和問題 $(\mathcal{P}^\nu)$ を解くことにより求める.

$$\begin{array}{ll} (\mathcal{P}^\nu):\min & L_r(X, W) \\ \text{subject to} & X \in \mathcal{C} \end{array}$$

問題 $(\mathcal{P}^\nu)$ をシナリオ部分問題 $(\mathcal{P}^\nu_s)$ $(s \in S)$ に分解し, シナリオ s に対する解 $X^{\nu+1}(s)$ を求める.

$$\begin{array}{ll} (\mathcal{P}^\nu_s):\min & f_s(X(s)) + X(s) \cdot W^\nu(s) + \dfrac{1}{2} r |X(s) - \hat{X}^\nu(s)|^2 \\ \text{subject to} & X \in C_s \end{array}$$

解 $X^{\nu+1}$ は許容的であるが, 実施可能とは限らない.

ステップ 3 $W^{\nu+1} \in \mathcal{M}$ を満たすように, $W^{\nu+1} = W^\nu + rKX^{\nu+1}$ と更新する. $\nu = \nu + 1$ としてステップ 1 へ.

図 **6.9** シナリオ集約法のアルゴリズム

7 発電機起動停止問題

前章に続く多段階確率計画問題の応用として, 発電機起動停止問題を取り上げる. この問題は電気事業におけるスケジューリング問題であるが, 生産分野などの他分野にも応用可能である. 電気事業においては, 電力自由化や規制緩和の進展 (Shahidehpour[125]) により, 不確実な状況下での意思決定やリスク管理手法が重要となるため, 確率計画法の理論, 手法のより一層の進展が求められている. **電力系統** (power system) の計画と運用の問題 (関根ほか[124], Delson and Shahidehpour[35], Sheble and Fahd[127], Wood and Wollenberg[163], Momoh[90]) は, 数理計画法が適用される代表的なシステムといえる. 電気エネルギーは, 照明・動力源・コンピュータや通信など家庭から産業・交通などのさまざまな分野にわたり用いられ, 現代社会の活動を支える基盤をなしている. 電力系統とは, 電気エネルギーを発生してから, 輸送しそれを消費するまでの一連の過程とそれを構成する要素からなるシステムである (田村[151]). これらに加え, 電力系統は運用に必要な保護・制御・監視設備・通信設備などの諸施設を備えている. 電力系統に対しては, 各要素となる設備のサービスレベルを確保した上で, 系統全体を安定的かつ効率的に運用することが求められる. これらの問題には不確実性が含まれているために, 確率計画法を適用することが可能である (椎名[140]).

7.1 発電機起動停止問題

本章では, 発電機 (unit) の電力供給への関与 (commitment) を決定する**発電機起動停止問題** (unit commitment problem) を考える. この問題は, 時間帯ごとに与えられた電力需要を満たすように, 各発電機の起動停止スケジュールおよび発電量を求めるスケジューリング問題である (Sheble and Fahd[127]). 従来は電力需要を確定値で与えたモデル (Bard[10], Muckstadt and Koenig[92]) が用いられていたが, これらを拡張した電力需要の変動を考慮したモデル (Takriti, *et al.*[149], Takriti and Birge[147]) が示された. 椎名[139] は, これらのモデルを改良して現実のシステムの運用を反映させ, かつ電力需要の不確実性を考慮した確率計画モデルを示した. この問題を解くための解法では, **Lagrange 緩和法** (Lagrangian relaxation method, Bertsekas[13]) によって各発電設備ごとに問題を分割することにより, 効率的にスケジュールを生成し, 同時に電力需要を満たすようにスケジュールを合成する．本手法により，需要変動による供給費用コスト上昇のリスクを回避することができる．

● 7.2 ● シナリオツリーによる需要変動の表現 ●

起動停止の運用を $t=1,\ldots,T$ の離散的な時間で考える．時間帯 t における電力需要 $\tilde{d}_t$ を確率変数であると定義し，その実現値を d_t と表す．確率変数 $\tilde{d}_t$ はとりうる値の個数が有限の離散分布に従うと仮定する．T 時間にわたる確率変数の実現値の組 $\boldsymbol{d}=(d_1,\ldots,d_T)$ をシナリオとよぶ．分布の離散有限性から，シナリオの個数を S 個と定義し，s 番目のシナリオ $\boldsymbol{d}^s=(d_1^s,\ldots,d_T^s)$ が生起する確率を p_s $(\sum_{s=1}^S p_s=1)$ とする．シナリオは図 7.1 の有向グラフであるシナリオツリーにおいて，ツリーの根ノードから末端のノードへの路として表される．

2 つのシナリオ $\boldsymbol{d}^{s_1}$，$\boldsymbol{d}^{s_2}$ $(s_1 \neq s_2)$ がある時間帯 t までの履歴において，$(d_1^{s_1},\ldots,d_t^{s_1})=(d_1^{s_2},\ldots,d_t^{s_2})$ を満たす場合，これらは時間帯 t までツリー上の同じ路をたどる．2 つのシナリオ $\boldsymbol{d}^{s_1}$，$\boldsymbol{d}^{s_2}$ に対する意思決定は，時間帯 t まで等しくなければならない．意思決定者は，時間 t の段階ではシナリオ $\boldsymbol{d}^{s_1}$ と $\boldsymbol{d}^{s_2}$ が将来 2 つの異なるシナリオに分岐することを見越して決定を行うことができない．時間 t では時間 $t+1$ 以降の将来に関する情報が意思決定者には与えられておらず，時間 t までの d_t の履歴に従って決定をしなければならないためである．この条件を**予測不可能性条件** (nonanticipativity) とよぶ．シナリオの添字集合 $\{1,\ldots,S\}$ は，各時間において互いに素な部分集合に分割できる．時間 t までの履歴においてシナリオ s と等しいシナリオの添字集合を $B(s,t)$ で表し，これをシナリオ束とよぶ．図 7.1 においては，$B(1,1)=B(2,1)=\{1,2\}$，$B(3,1)=B(4,1)=\{3,4\}$ となる．条件 $B(s',t)=B(s,t)$ かつ $B(s',t+1)\neq B(s,t+1)$ $(s'<s)$ が満たされるならば，シナリオ s とシナリオ s' は時間 $t+1$ にツリー上で分岐する．シナリオ s がすべての $s'<s$ と過去の履歴を共有しない最初の時間を $\mathcal{T}(s)$ で表し，シナリオ s の分岐点 (split point) とよぶ．シナリオ

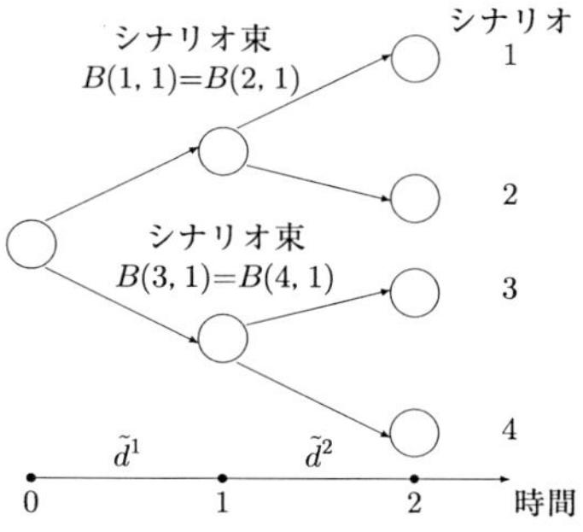

図 **7.1** シナリオツリーとシナリオ束

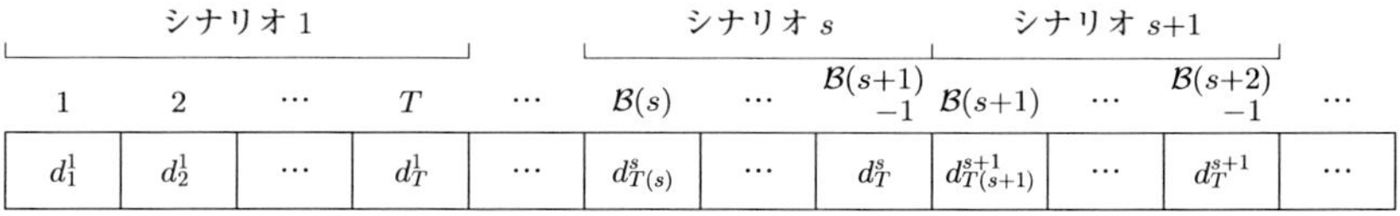
シナリオ 1
シナリオ s
シナリオ $s+1$
1
2
⋯
T
⋯
$\mathcal{B}(s)$
⋯
$\mathcal{B}(s+1)-1$
$\mathcal{B}(s+1)$
⋯
$\mathcal{B}(s+2)-1$
⋯
d_1^1
d_2^1
⋯
d_T^1
⋯
$d_{\mathcal{T}(s)}^s$
⋯
d_T^s
$d_{\mathcal{T}(s+1)}^{s+1}$
⋯
d_T^{s+1}
⋯

図 **7.2** 電力需要に対するデータ構造

1 に対しては, $\mathcal{T}(1) = 1$ とおく. 図 7.1 では, $\mathcal{T}(2) = \mathcal{T}(4) = 2$, $\mathcal{T}(3) = 1$ である.

電力需要データ d_t^s $(t = 1, \ldots, T,\ s = 1, \ldots, S)$ は記憶領域の節約のため, 図 7.2 のようなリスト (list) を用いる (Takriti, *et al.*[150]). シナリオ s については, ツリーの分岐点以降の需要データ $d_{\mathcal{T}(s)}^s, \ldots, d_T^s$ のみを保持する. 需要データ $d_{\mathcal{T}(s)}^s$ が保存されるアドレスを $\mathcal{B}(s)$ とすると, データ $d_{\mathcal{T}(s)}^s, \ldots, d_T^s$ は次のアドレス $\mathcal{B}(s), \ldots, \mathcal{B}(s+1)-1$ に保存される.

椎名[139] のアルゴリズムでは, 発電機の出力の予測不可能性条件を満たすために, 各出力についても需要データと同様 x_{it}^s $(t = 1, \ldots, T,\ s = 1, \ldots, S)$ ではなく, x_{it}^s $(t = \mathcal{T}(s), \ldots, T,\ s = 1, \ldots, S)$ のみを考慮する. その場合, 時間 t におけるシナリオ s の生起確率 p_s を $\sum_{s' \in B(s,t)} p_{s'}$ と置き換える.

● 7.3 ● 確率計画法による定式化 ●

確率計画法に基づく起動停止問題モデルを以下の問題 (SUC) に示す. 従来の確率計画モデル (Takriti, *et al.*[149], Takriti and Birge[147]) では, 起動停止に関わる 0–1 変数はシナリオごとに変動するものであった. 現実の電力システムにおける運用では, 発電機の起動停止スケジュールは需要予測に基づいて固定され, 需要変動は発電機の出力によって対応するものである.

I 個の発電機による電力供給を考える. なお, 実際に稼働可能な発電機は補修計画 (Yamayee[166], 椎名・久保[141]) により, あらかじめ決められているものとする. 変数 u_{it} は発電機 i の時間 t における状態を表す 0–1 変数である. 変数 x_{it}^s は発電機 i のシナリオ s における時間 t の出力である. 起動・停止を表す 0–1 変数 u_{it} は全シナリオを通じて固定であるが, 出力を表す変数 x_{it}^s はシナリオに応じて変動することに注意されたい. 関数 $f_i(x_{it}^s)$ は発電機 i の燃料費を表す x_{it}^s の凸 2 次関数である. 関数 $g_i(u_{i,t-1}, u_{i,t})$ は発電機 i の起動費用を表し, $(u_{i,t-1}, u_{i,t}) = (0, 1)$ のときに正の起動費用となり, それ以外の場合には 0 となる関数である.

$$\text{(SUC)}: \ \min \quad \sum_{s=1}^{S} p_s \sum_{i=1}^{I} \sum_{t=1}^{T} f_i(x_{it}^s) u_{it} + \sum_{i=1}^{I} \sum_{t=1}^{T} g_i(u_{i,t-1}, u_{i,t}) \tag{7.1}$$

$$\text{subject to} \quad \sum_{i=1}^{I} x_{it}^s \geq d_t^s,\ t = 1, \ldots, T,\ s = 1, \ldots, S \tag{7.2}$$

$$u_{it} - u_{i,t-1} \le u_{i\tau}, \tag{7.3}$$
$$\tau = t+1, \ldots, \min\{t+L_i-1, T\},$$
$$i = 1, \ldots, I, \ t = 2, \ldots, T$$
$$u_{i,t-1} - u_{it} \le 1 - u_{i\tau}, \tag{7.4}$$
$$\tau = t+1, \ldots, \min\{t+l_i-1, T\},$$
$$i = 1, \ldots, I, \ t = 2, \ldots, T$$
$$q_i u_{it} \le x_{it}^s \le Q_i u_{it}, \tag{7.5}$$
$$i = 1, \ldots, I, \ t = 1, \ldots, T, \ s = 1, \ldots, S$$
$$x_{it}^{s_1} = x_{it}^{s_2}, \ i = 1, \ldots, I, \ t = 1, \ldots, T, \tag{7.6}$$
$$\forall s_1, s_2 \in \{1, \ldots, S\}, \ s_1 \ne s_2, \ B(s_1, t) = B(s_2, t)$$
$$u_{it} \in \{0, 1\}, \ i = 1, \ldots, I, \ t = 1, \ldots, T \tag{7.7}$$

目的関数 (7.1) は, 供給コストの最小化である. 供給コストは, 燃料費のすべてのシナリオに対する期待値と起動費用の総和となる. 制約 (7.2) は, 出力の総和が電力需要を満たすための条件である. 制約 (7.3) は, 発電機 i はいったん起動したら L_i 時間連続で運転しなければならないことを表す. 同様に制約 (7.4) は, 発電機 i はいったん停止したら l_i 時間連続で停止しなければならないことを表す. 制約 (7.5) は発電機の出力の上下限を与える. Q_i, q_i はそれぞれ発電機 i の出力の上限値, 下限値である. 制約 (7.6) は予測不可能性条件を表す. 制約 (7.7) は, 変数 u の 0–1 条件である.

7.4 Lagrange 緩和法による解法のアルゴリズム

需要変動の下での起動停止問題を扱った従来の確率計画モデル, Takriti, *et al.*[149], Takriti and Birge[147] らの解法では, 予測不可能性制約を緩和した後に起動停止問題をシナリオごとに解く. これらのアプローチは, シナリオ集約法 (Rockafellar and Wets[118]) に基づいている. シナリオ集約法については 6.3 節を参照されたい. 椎名[139] の確率計画モデルでは起動停止に関わる変数 u_{it} はシナリオに対して変動しないため, 従来のアプローチを直接用いることはできない. まず, 問題 (SUC) の需要充足条件 $\sum_{i=1}^{I} x_{it}^s \ge d_t^s$ (7.2) を **Lagrange 乗数** (Lagrangian multiplier)λ_t^s (≥ 0) を用いて緩和した **Lagrange 緩和問題** (Lagrangian relaxation problem, LSUC) を考える.

(LSUC):

$$L(\boldsymbol{\lambda}) = \min \quad \sum_{s=1}^{S} p_s \sum_{i=1}^{I}\sum_{t=1}^{T} f_i(x_{it}^s) u_{it} + \sum_{i=1}^{I}\sum_{t=1}^{T} g_i(u_{i,t-1}, u_{i,t})$$
$$- \sum_{s=1}^{S}\sum_{t=1}^{T} \lambda_t^s \left(\sum_{i=1}^{I} x_{it}^s - d_t^s \right)$$

$$
\begin{aligned}
\text{subject to}\quad & u_{it} - u_{i,t-1} \le u_{i\tau},\ \tau = t+1,\ldots,\min\{t+L_i-1,T\},\\
& \quad i = 1,\ldots,I,\ t = 2,\ldots,T\\
& u_{i,t-1} - u_{it} \le 1 - u_{i\tau},\ \tau = t+1,\ldots,\min\{t+l_i-1,T\},\\
& \quad i = 1,\ldots,I,\ t = 2,\ldots,T\\
& q_i u_{it} \le x_{it}^s \le Q_i u_{it},\ i = 1,\ldots,I,\ t = 1,\ldots,T,\ s = 1,\ldots,S\\
& x_{it}^{s_1} = x_{it}^{s_2},\ i = 1,\ldots,I,\ t = 1,\ldots,T,\\
& \quad \forall s_1, s_2 \in \{1,\ldots,S\},\ s_1 \ne s_2,\ B(s_1,t) = B(s_2,t)\\
& u_{it} \in \{0,1\},\ i = 1,\ldots,I,\ t = 1,\ldots,T
\end{aligned}
$$

この問題 (LSUC) は発電機 $i = 1,\ldots,I$ に対して分離可能であるため, I 個の子問題 (LSUC(i)) ($i = 1,\ldots,I$) に分解できる.

$$
\begin{aligned}
\text{(LSUC}(i)) : \min\quad & \sum_{s=1}^{S} p_s \sum_{t=1}^{T} f_i(x_{it}^s) u_{it} + \sum_{t=1}^{T} g_i(u_{i,t-1}, u_{i,t}) - \sum_{s=1}^{S}\sum_{t=1}^{T} \lambda_t^s x_{it}^s\\
\text{subject to}\quad & u_{it} - u_{i,t-1} \le u_{i\tau},\ \tau = t+1,\ldots,\min\{t+L_i-1,T\},\\
& \quad t = 2,\ldots,T\\
& u_{i,t-1} - u_{it} \le 1 - u_{i\tau},\ \tau = t+1,\ldots,\min\{t+l_i-1,T\},\\
& \quad t = 2,\ldots,T\\
& q_i u_{it} \le x_{it}^s \le Q_i u_{it},\ t = 1,\ldots,T,\ s = 1,\ldots,S\\
& x_{it}^{s_1} = x_{it}^{s_2},\ i = 1,\ldots,I,\ t = 1,\ldots,T,\\
& \quad \forall s_1, s_2 \in \{1,\ldots,S\},\ s_1 \ne s_2,\ B(s_1,t) = B(s_2,t)\\
& u_{it} \in \{0,1\},\ t = 1,\ldots,T
\end{aligned}
$$

子問題 (LSUC(i)) を解くことを考える. 子問題の目的関数を最小化する x_{it}^s を求めるために, 次の問題 (GO(i,s,t): generation optimization for unit i under scenario s at time t) を $s = 1,\ldots,S,\ t = \mathcal{T}(s),\ldots,T$ について解く. (LSUC(i)) は需要充足条件 $\sum_{i=1}^{I} x_{it}^s \ge d_t^s$ (7.2) を緩和しており, 目的関数値を最小化する発電機の出力 x_{it}^s は, 発電機の起動停止 u_{it} とは独立に求められるためである. 問題 (GO(i,s,t)) は 2 次計画問題であり, その解を x_{it}^{*s} とする. 解 x_{it}^{*s} はシナリオ s の分岐点以降の $t \ge \mathcal{T}(s)$ において, 時間 t におけるシナリオ s の生起確率を $p_s = \sum_{s' \in B(s,t)} p_{s'}$ と置き換えて求めているため, 予測不可能性条件を満たしていることに注意されたい.

$$
\begin{aligned}
\text{(GO}(i,s,t))\text{: }\min\quad & \left(\sum_{s' \in B(s,t)} p_{s'}\right) f_i(x_{it}^s) - \lambda_t^s x_{it}^s\\
\text{subject to}\quad & q_i \le x_{it}^s \le Q_i
\end{aligned}
$$

続いて, 最適な起動停止スケジュール u_{it}^* を x_{it}^{*s} を用いて動的計画法 (dynamic programming) により式 (7.8) から求める.

$$
\mathcal{C}_i(t,k) =
\begin{cases}
\mathcal{C}_i(t+1,k+1) + \displaystyle\sum_{s\in\{s''|\mathcal{T}(s'')\le t\}} \left\{ \left(\sum_{s'\in B(s,t)} p_{s'} \right) f_i(x_{it}^{*s}) - \lambda_t^s x_{it}^{*s} \right\} \\
\hfill (1 \le k < L_i), \\
\min \left[\mathcal{C}_i(t+1,k) + \displaystyle\sum_{s\in\{s''|\mathcal{T}(s'')\le t\}} \left\{ \left(\sum_{s'\in B(s,t)} p_{s'} \right) f_i(x_{it}^{*s}) - \lambda_t^s x_{it}^{*s} \right\}, \right. \\
\left. \mathcal{C}_i(t+1,k+1) + \displaystyle\sum_{s\in\{s''|\mathcal{T}(s'')\le t\}} \left\{ \left(\sum_{s'\in B(s,t)} p_{s'} \right) f_i(x_{it}^{*s}) - \lambda_t^s x_{it}^{*s} \right\} \right] \\
\hfill (k = L_i), \\
\mathcal{C}_i(t+1,k+1) \hfill (L_i < k < L_i + l_i), \\
\min\{\mathcal{C}_i(t+1,k), \mathcal{C}_i(t+1,1) + g_i(0,1)\} \hfill (k = L_i + l_i)
\end{cases}
\tag{7.8}
$$

発電機 i がとりうる状態 k の個数は $L_i + l_i$ であり, $k = 1, \ldots, L_i$ は稼動状態, 残りの $k = L_i + 1, \ldots, L_i + l_i$ は停止状態を表す. $\mathcal{C}_i(t,k)$ を, 発電機 i が時間 t において状態 k であるとき, 時間 t から時間 T までにかかる最小費用と定義する. 平均燃料費の計算には, t が分岐点以降となるシナリオ $s \in \{s'' \mid \mathcal{T}(s'') \le t\}$ のみに関して, $p_s = \sum_{s'\in B(s,t)} p_{s'}$ と置き換えて計算していることにより, 予測不可能性条件が満たされる. この関係式を $t = T$ から $t = 1$ まで計算することにより, 子問題 (LSUC(i)) の最適解が求められる. 図 7.3 に動的計画法の計算の過程を図示する. 黒丸と白丸は, それぞれ発電機が起動中であることと停止中であることを示す. 矢印は時間 t から時間 $t+1$ への時間的な推移を表す. 最も下にある黒丸は, その時点において発電機が起動することを表し, 逆に最も下

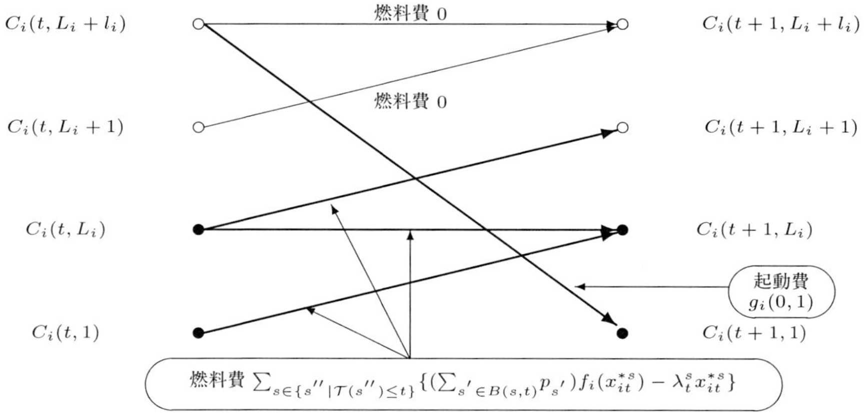

図 7.3 動的計画法の計算 ($L_i = l_i = 2$ の場合)

にある白丸は，その時点において発電機が停止し始めることを表す．時間 t において起動する発電機は，次の時間 $t+1$ において起動し，2 時間を表す下から 2 番目の黒丸に移る．

このような Lagrange 緩和問題 (LSUC) とその子問題 (LSUC(i)) を解いて求められた解は需要充足条件を満たすとは限らないため，次の**経済負荷配分問題** (ELD: economic load dispatching problem) を $s=1,\ldots,S,\ t=\mathcal{T}(s),\ldots,T$ について解いて実行可能解を生成する．

$$
\begin{aligned}
\text{(ELD): min} \quad & \sum_{i=1}^{I} f_i(x_{it}^s)u_{it}^* \\
\text{subject to} \quad & \sum_{i=1}^{I} x_{it}^s = d_t^s \\
& q_i u_{it}^* \le x_{it}^s \le Q_i u_{it}^*,\ i=1,\ldots,I
\end{aligned}
$$

出力の上下限制約 $q_i u_{it}^* \le x_{it}^s \le Q_i u_{it}^*$ $(i=1,\ldots,I)$ がない場合，(ELD) は **Lagrange の未定乗数法** (Lagrange's method of undetermined multipliers) を用いて解くことができる．未定乗数を λ とし (後述するラムダ反復法の名称に合わせるため，緩和問題を導くのに用いた Lagrange 乗数と同じ記号の λ を用いていることに注意されたい)，$L=\sum_{i=1}^{I} f_i(x_{it}^s)u_{it}^* - \lambda(\sum_{i=1}^{I} x_{it}^s - d_t^s)$ と定めると，$f_i(x_{it}^s)$ は凸関数であるため，最適解は式 (7.9) と式 (7.10) を満たす．

$$
\frac{\partial L}{\partial x_{it}^s} = \frac{\mathrm{d}f_i(x_{it}^s)}{\mathrm{d}x_{it}^s}u_{it}^* - \lambda = 0,\ i=1,\ldots,I \tag{7.9}
$$

$$
\frac{\partial L}{\partial \lambda} = \sum_{i=1}^{I} x_{it}^s - d_t^s = 0 \tag{7.10}
$$

式 (7.9) は，$u_{it}^*=1$ である稼働中のすべての発電機の**増分燃料費** (incremental fuel cost) $\frac{\mathrm{d}f_i(x_{it}^s)}{\mathrm{d}x_{it}^s}$ が等しいことを表す．

最適解を与える λ を **2 分探索** (binary search) を利用して求めるのが**ラムダ反復法** (lambda iteration method) である．ラムダ反復法のアルゴリズムと 2 分探索の概要を図 7.4, 7.5 に示す．

ステップ 0 $\sum_{i=1}^{I} q_i\hat{u}_{it} - d_t^s < 0$ と $\sum_{i=1}^{I} Q_i\hat{u}_{it} - d_t^s > 0$ が満たされると仮定する．$\underline{\lambda}=f_i'(q_i)u_{it}^*$, $\overline{\lambda}=f_i'(Q_i)u_{it}^*$ とする．

ステップ 1 $\hat{x}_{it}^s$ を $f_i'(x_{it}^s)u_{it}^* - \frac{\underline{\lambda}+\overline{\lambda}}{2}=0$ の解とする．$\hat{x}_{it}^s < q_i$ ならば $\hat{x}_{it}^s = q_i$ とし，$\hat{x}_{it}^s > Q_i$ ならば $\hat{x}_{it}^s = Q_i$ とする．

ステップ 2 $\sum_{i=1}^{I} \hat{x}_{it}^s - d_t^s < 0$ ならば $\underline{\lambda}=\underline{\lambda}+\frac{\overline{\lambda}-\underline{\lambda}}{2}$, $\sum_{i=1}^{I} \hat{x}_{it}^s - d_t^s > 0$ ならば $\overline{\lambda}=\overline{\lambda}-\frac{\overline{\lambda}+\underline{\lambda}}{2}$ とする．ステップ 1 へ．

図 **7.4** ラムダ反復法のアルゴリズム

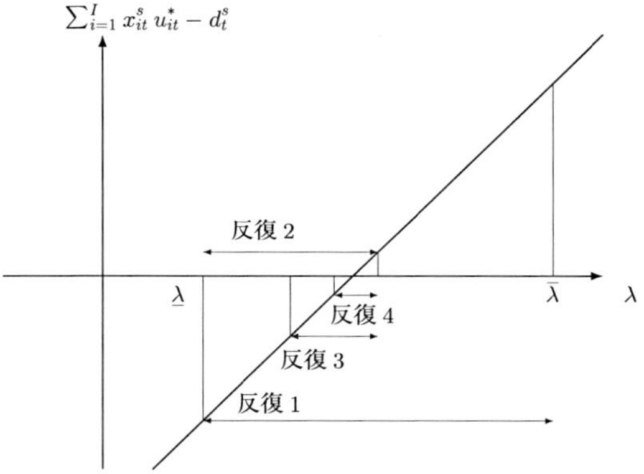

図 **7.5**　ラムダ反復法における 2 分探索

問題 (LSUC) の解は元問題 (SUC) の最適目的関数値の下界を与える．続いて, (LSUC) の解から劣勾配法により下界値を上昇させる．反復 l から $l+1$ へと進むとき, ラグランジュ乗数は次の式により更新される．

$$\boldsymbol{\lambda}^{l+1} = \boldsymbol{\lambda}^l + \alpha_l \boldsymbol{\xi}^l \tag{7.11}$$

α_l はステップサイズである．$\boldsymbol{\xi}^l$ は $L(\boldsymbol{\lambda})$ の $\boldsymbol{\lambda} = \boldsymbol{\lambda}^l$ における劣勾配であり, 次の不等式を満たす．

$$L(\boldsymbol{\lambda}) \leq L(\boldsymbol{\lambda}^l) + (\boldsymbol{\lambda} - \boldsymbol{\lambda}_l)\boldsymbol{\xi}^l \tag{7.12}$$

$L(\boldsymbol{\lambda})$ は凹関数であるため, 定義 A.6 とは不等号の向きが反対になることに注意されたい．問題 (LSUC) においては,

$$\xi_t^l = -\left(\sum_{i=1}^{I} x_{it}^{*s} - d_t^s\right) \tag{7.13}$$

である．大域的な収束のためには, 次の関係を満たさなければならない．

$$\alpha_l \|\boldsymbol{\xi}^l\| \to 0 \quad \text{かつ} \quad \sum_l \alpha_l \|\boldsymbol{\xi}^l\| \to 0 \tag{7.14}$$

ステップサイズの設定には次の公式が用いられることが多い．

$$\alpha_l = \frac{L^* - L(\boldsymbol{\lambda}^l)}{\|\boldsymbol{\xi}^l\|^2} \tag{7.15}$$

ただし, L^* は (LSUC) の最適解であるため, あらかじめその値を知ることはできない．そのため, 理論的な収束性は保証できないが次の公式によりステップサイズを設定する．

$$\alpha_l = \frac{\theta^l (UB - L(\boldsymbol{\lambda}^l))}{\|\boldsymbol{\xi}^l\|^2} \tag{7.16}$$

ここで UB は (SUC) の最適目的関数値の上界値であり, θ^l は $0 < \theta^l < 2$ を満たすように選ばれる. 問題 (SUC) を解くアルゴリズムを図 7.6 に示す.

● 7.5 ● 発電機起動停止問題に対する数値実験 ●

設備数 $I = 10$, 運用時間数 $T = 168$ 時間 (7 日) のシステムを対象として数値実験を行ってみる. 1 時間ごとの 1 週間の想定需要データをもとに, 表 7.1 のようにシナリオを与える.

比較のため, $S = 1$ である確定的な発電機起動停止問題についても解を求める. 確定的数理計画モデルでは, 16 シナリオの需要の期待値に需要の上昇分を加えた 1 つのシナリ

ステップ 0　反復回数 $l = 0$ とし, 初期 Lagrange 乗数 λ_t^{sl} $(s = 1, \ldots, S,\ t = \mathcal{T}(s), \ldots, T)$ が与えられている.

ステップ 1　(LSUC(i)) $(i = 1, \ldots, I)$ を解く. (GO(i, s, t)) $(i = 1, \ldots, I,\ s = 1, \ldots, S,\ t = \mathcal{T}(s), \ldots, T)$ より x_{it}^{*s} $(i = 1, \ldots, I,\ s = 1, \ldots, S,\ t = \mathcal{T}(s), \ldots, T)$ を求め, 動的計画法 (7.8) により u_{it}^* $(i = 1, \ldots, I,\ t = 1, \ldots, T)$ を求める.

ステップ 2　ラムダ反復法により出力 x_{it}^{*s} $(t = \mathcal{T}(s), \ldots, T,\ s = 1, \ldots, S)$ を修正する.

ステップ 3　ラグランジュ乗数更新公式 (7.11) により, 乗数を更新する.

ステップ 4　反復回数 $l = l + 1$ とする. ステップ 1 へ.

図 **7.6**　Lagrange 緩和法のアルゴリズム

表 **7.1**　需要変動シナリオ

シナリオ	確率	時間 25〜48 月曜	 49〜72 火曜	 73〜96 水曜	 97〜120 木曜
1	0.0625	0	0	0	0
2	0.0625	0	0	0	+10%
3	0.0625	0	0	+20%	0
4	0.0625	0	0	+20%	+10%
5	0.0625	0	+20%	0	0
6	0.0625	0	+20%	0	+10%
7	0.0625	0	+20%	+20%	0
8	0.0625	0	+20%	+20%	+10%
9	0.0625	+10%	0	0	0
10	0.0625	+10%	0	0	+10%
11	0.0625	+10%	0	+20%	0
12	0.0625	+10%	0	+20%	+10%
13	0.0625	+10%	+20%	0	0
14	0.0625	+10%	+20%	0	+10%
15	0.0625	+10%	+20%	+20%	0
16	0.0625	+10%	+20%	+20%	+10%

オが確率 1 で発生するものとする．確定的問題から得られた起動停止 0–1 スケジュール $\bar{u}_{it}$ を用いて, 費用の期待値を求めるという比較方法を行う．費用の期待値は以下の 2 次計画問題 (ASCOP: average supply cost optimization problem) の最適解として求められる．椎名[139) では, 問題 (ASCOP) を AMPL[43) を用いて記述し, ILOG CPLEX7.0 を用いて解を求めた．

(ASCOP):

$$
\begin{aligned}
\min\quad & \sum_{s=1}^{S} p_s \sum_{i=1}^{I}\sum_{t=1}^{T} f_i(x_{it}^s)\bar{u}_{it} + \sum_{i=1}^{I}\sum_{t=1}^{T} g_i(\bar{u}_{i,t-1}, \bar{u}_{i,t}) \\
\text{subject to}\quad & \sum_{i=1}^{I} x_{it}^s \ge d_t^s,\ t=1,\ldots,T,\ s=1,\ldots,S \\
& q_i\bar{u}_{it} \le x_{it}^s \le Q_i\bar{u}_{it},\ i=1,\ldots,I,\ t=1,\ldots,T,\ s=1,\ldots,S \\
& x_{it}^{s_1} = x_{it}^{s_2},\ i=1,\ldots,I,\ t=1,\ldots,T \\
& \forall s_1, s_2 \in \{1,\ldots,S\},\ s_1 \ne s_2,\ B(s_1,t) = B(s_2,t)
\end{aligned}
$$

シナリオの個数は $S = 16$ であり, 図 7.7 の構造をもつ．

確定的問題としては, 月火水木の各曜日の需要に対応する需要上昇率を供給予備率として (5%, 10%, 10%, 5%) (表 7.1 の 16 個のシナリオにおける需要の平均値に対応) から (10%, 20%, 20%, 10%) (表 7.1 において最も需要の大きい第 16 シナリオに対応) まで幅 (1%, 2%, 2%, 1%) で上昇させた 6 個の問題について考える．数値実験の結果を表 7.2 に示す．確率計画問題 (SUC) は完全リコースをもたないため, 確定的な数理計画問題を解いて得られた 0–1 スケジュールに対しては, 問題 (ASCOP) の解は必ずしも存在しないということに注意されたい．以下の結果はすべて 10000 回のラグランジュ緩和法

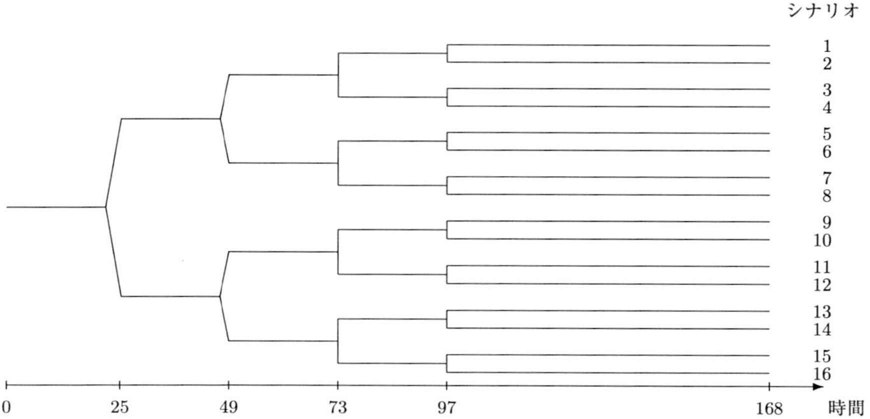

図 **7.7** 需要変動シナリオツリー

表 **7.2**　数値実験の結果

モデル	暫定最良目的関数値	下界値	ギャップ (%)	(ASCOP)
確率計画 (提案法)	3669641	3574354	2.60	–
確定的 (5%,10%,10%,5%)	3661903	3565734	2.63	実行不可能
確定的 (6%,12%,12%,6%)	3690471	3599839	2.46	実行不可能
確定的 (7%,14%,14%,7%)	3723632	3634030	2.40	実行不可能
確定的 (8%,16%,16%,8%)	3752530	3668190	2.25	実行不可能
確定的 (9%,18%,18%,9%)	3788842	3702357	2.28	3858235
確定的 (10%,20%,20%,10%)	3829294	3735353	2.45	3858235

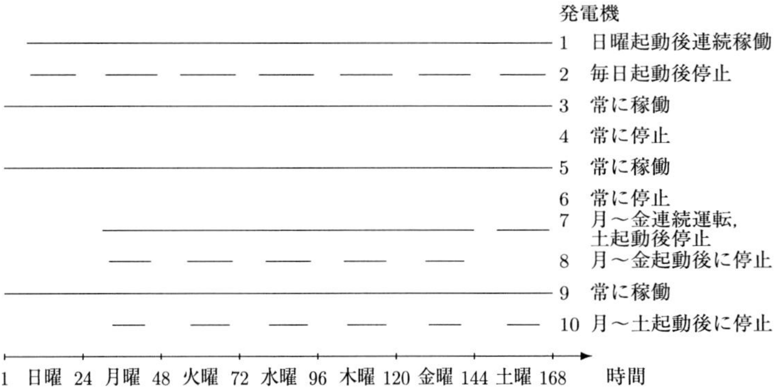

図 **7.8**　起動停止スケジュール

の反復を繰り返したものである．ギャップの値は以下のように定義される．

$$\text{ギャップ} = \frac{\text{暫定最良目的関数値} - \text{下界値}}{\text{暫定最良目的関数値}} \times 100 \tag{7.17}$$

確定的な数理計画モデルにおいては，需要に対する予備率を (5%, 10%, 10%, 5%) から (8%, 16%, 16%, 8%) まで上昇させた 4 つの問題を解いて得られる起動停止スケジュールからは問題 (ASCOP) の実行可能解は得られない．すなわち，16 個のシナリオで需要の満たされないものが存在することになる．需要上昇率を (9%, 18%, 18%, 9%), (10%, 20%, 20%, 10%) とした残りの 2 つの問題の解を用いると，問題 (ASCOP) は実行可能になる．これらの (ASCOP) の目的関数値と確率計画モデルの目的関数値を比較する．確率計画法によると従来の確定的数理計画モデルに比べ，約 4.89% $=$ $100 \times (1 - 3669641/3858235)$ 安い費用の発電機の起動停止スケジュールを求めることが可能となる．得られた起動停止スケジュールを図 7.8 に示す．

● 7.6 ● 解法とモデルの拡張 ●

本章では，発電機起動停止問題に対して現実のシステムの運用を反映させ，かつ電力需要の不確実性を考慮した確率計画モデルを示した．本モデルにより，需要変動による供給費用コスト上昇のリスクを回避することができる．Lagrange 緩和法による解法によると，同じ性能の発電機に対しては同じ起動停止スケジュールが得られてしまうということが指摘されている (Takriti and Birge[148])．Shiina and Birge[132] は，列生成法 (column generation) を用いてスケジュールを生成する方法を示した．列生成法によると，同性能の発電機に対しても異なるスケジュールが得られる．

電力自由化以降の電力取引の形態は，次の 2 つに大別される (横山[167])．

- 電力会社–顧客との相対契約による従来と同様の電力供給
- 電力プールによる取引

プール取引とは，ある地域内の供給事業者が，プールとよばれる電力市場から電力を購入するものである．プール市場では，発電側と需要側の入札を受けて，取引量と取引価格が決定される．

電力自由化後には，多くの発電事業者が新たに市場に参加すると予想されるが，その場合既存の電気事業者は，新規参入した発電事業者の発電機を制御することができない．このような状況を取り扱う起動停止問題は，今後の研究課題として重要であり，詳しくは Hobbs, *et al.*[55] などを参照されたい．Shiina and Watanabe[135] は，市場での取引を考慮した確率計画モデルを示したが，モデルのさらなる発展が望まれる．

また，Lee, *et al.*[80], Rajan and Takriti[113] らは制約 (7.3),(7.4) を満たす実行可能解の集合の凸包の構造を調べ，妥当不等式を示した．これらを用いることにより，解法の効率化が期待できる．

8 モンテカルロ法を用いた確率計画法

罰金に対するリコースを含む確率計画問題に対し，確率変数が有限な離散分布をもつ場合，3.2 節では Benders の分解[12] に基づく L-shaped 法[155] の解法を示した．しかし，連続分布をもつ確率変数を含む場合，または確率変数のとりうる値の数が非常に多い場合を取り扱うときは，通常の L-shaped 法で取り扱うことは困難である．リコース関数の期待値は，すべてのシナリオに対して 2 段階問題を解くことによって計算しなければならないためである．本章では，シミュレーションのモンテカルロ法を応用した解法について考える．問題に含まれる確率変数が連続分布をもつ場合は，シミュレーションに基づいた標本による計算を行う以外には，実用的な解法がないといえる．3.5 節の確率的分解および 3.6 節の確率的準勾配法もモンテカルロ法の応用であるといえるが，ここでは単純なランダムサンプリングではなく，効率的にサンプリングを行う方法について述べる．

8.1 連続分布をもつ確率変数

問題に含まれる確率変数が連続分布に従う場合を考える．**モンテカルロ法** (Monte Carlo method) によって得られる確率変数の標本値を用いて，リコース関数の算術平均を計算することにより期待値を評価することが行われる．ところが，リコース関数の単純な算術平均によると，誤差の標準偏差はサンプル数を N とすると $O(N^{-1/2})$ となる．そのため，精度向上を図るには多くのサンプル数を必要とするか，または**分散減少法** (variance reduction) などのサンプリングの手法を効率化しなければならない (Hammersley and Handscomb[51]，伏見[46]，森戸・逆瀬川[91]，逆瀬川[121])．分散減少法の 1 つである**重点抽出法** (importance sampling) を用いた L-shaped 法 (Dantzig and Glynn[32]，Dantzig and Infanger[33, 34]，Infanger[58, 59]) においては，リコース関数を確率変数ごとの加法形式で近似している．すなわち，確率変数がとりうるある基準点からの偏差を確率変数ごとに求め，その和をリコース関数の近似に用いているものである．問題に含まれる確率変数の個数が多くなる場合や，標本点の個数が多くなる場合には，密度関数を近似するための最適化問題を解く回数が増えるため，効率的に行う方法が求められている．本節では，Shiina, *et al.*[134] によるリコース関数の近似を用いた方法について示す．

● 8.2 ● 重点抽出法 ●

リコース関数の期待値を含む目的関数を最小化する確率的線形計画問題 (SLPR) を次のように定義する．

$$
\begin{aligned}
&\text{(SLPR):}\\
&\min \quad \boldsymbol{c}^\top \boldsymbol{x} + E_{\tilde{\boldsymbol{\xi}}}[Q(\boldsymbol{x}, \tilde{\boldsymbol{\xi}})]\\
&\text{subject to} \quad A\boldsymbol{x} = \boldsymbol{b}\\
&\qquad \boldsymbol{x} \geq \boldsymbol{0}\\
&\qquad Q(\boldsymbol{x}, \boldsymbol{\xi}) = \min\{\boldsymbol{q}^\top \boldsymbol{y}(\boldsymbol{\xi}) \mid Wy(\boldsymbol{\xi}) = \boldsymbol{\xi} - T(\boldsymbol{\xi})\boldsymbol{x},\ \boldsymbol{y}(\boldsymbol{\xi}) \geq \boldsymbol{0}\},\ \boldsymbol{\xi} \in \Xi
\end{aligned}
$$

ただし, $m_1 \times n_1$ 次元行列 A, n_1 次元列ベクトル $\boldsymbol{c}$, m_1 次元列ベクトル $\boldsymbol{b}$ は確定値として与えられている．これらに関連する n_1 次元変数ベクトル $\boldsymbol{x}$ は, 1 段階変数となる．同様に $m_2 \times n_2$ 次元行列 W, n_2 次元列ベクトル $\boldsymbol{q}$ も確定値として与えられている．m_2 次元列ベクトル $\tilde{\boldsymbol{\xi}}$ は確率変数であり, その台を Ξ とし, $\boldsymbol{\xi}$ を $\tilde{\boldsymbol{\xi}}$ の実現値とする．$m_2 \times n_1$ 次元行列 $T(\boldsymbol{\xi})$ は確率変数 $\tilde{\boldsymbol{\xi}}$ に従う．行列 $T(\boldsymbol{\xi})$ の各行ベクトル $T_i(\boldsymbol{\xi})$ は $T_i(\boldsymbol{\xi}) = T_i(\xi_i)$ を満たす．すなわち第 i 行ベクトルは確率変数 ξ_i のみに従うものとする．n_2 次元変数ベクトル $\boldsymbol{y}(\boldsymbol{\xi})$ は, 2 段階変数である．

目的関数は, 1 段階で生じる費用 $\boldsymbol{c}^\top \boldsymbol{x}$ と罰金の期待値 $E_{\tilde{\boldsymbol{\xi}}}[Q(\boldsymbol{x}, \tilde{\boldsymbol{\xi}})]$ との総和となる．確率変数 $\tilde{\boldsymbol{\xi}}$ が連続分布をもつか, または離散分布をもちその実現値の個数が非常に多い場合を考える．連続分布の場合は $\tilde{\boldsymbol{\xi}}$ の密度関数を $f(\boldsymbol{\xi})$ とし, 離散分布の場合は $\tilde{\boldsymbol{\xi}} = \boldsymbol{\xi}$ となる確率を $P(\boldsymbol{\xi})$ とする．リコース関数の期待値は次の式 (8.1) のように表される．

$$
E_{\tilde{\boldsymbol{\xi}}}[Q(\boldsymbol{x}, \tilde{\boldsymbol{\xi}})] = \int_{\boldsymbol{\xi} \in \Xi} Q(\boldsymbol{x}, \boldsymbol{\xi}) f(\boldsymbol{\xi}) d\boldsymbol{\xi} \quad \text{または} \quad \sum_{\boldsymbol{\xi} \in \Xi} Q(\boldsymbol{x}, \boldsymbol{\xi}) P(\boldsymbol{\xi}) \tag{8.1}
$$

ここで, 確率変数ベクトル $\tilde{\boldsymbol{\xi}} = (\tilde{\xi}_1, \ldots, \tilde{\xi}_{m_2})^\top$ において $\tilde{\xi}_1, \ldots, \tilde{\xi}_{m_2}$ は互いに独立であるとする．確率密度関数と確率 $f(\boldsymbol{\xi}), P(\boldsymbol{\xi})$ は, $\tilde{\xi}_i$ の密度関数 $f_i(\xi_i)$ および $\tilde{\xi}_i = \xi_i$ となる確率 $P(\xi_i)$ を用いて次のように表すことができる．

$$
f(\boldsymbol{\xi}) = f_1(\xi_1) \cdots f_{m_2}(\xi_{m_2}) \tag{8.2}
$$

$$
P(\boldsymbol{\xi}) = P(\xi_1) \cdots P(\xi_{m_2}) \tag{8.3}
$$

確率変数 $\tilde{\xi}_1, \ldots, \tilde{\xi}_{m_2}$ の台をそれぞれ $\Xi_1, \ldots, \Xi_{m_2}$ とすると, $\Xi = \Xi_1 \times \cdots \times \Xi_{m_2}$ と表すことができる．確率変数ベクトル $\tilde{\boldsymbol{\xi}}$ の N 個の実現値の集合 $\boldsymbol{\xi}^1, \ldots, \boldsymbol{\xi}^N$ によって $E_{\tilde{\boldsymbol{\xi}}}[Q(\boldsymbol{x}, \tilde{\boldsymbol{\xi}})]$ を近似する．

$$
E_{\tilde{\boldsymbol{\xi}}}[Q(\boldsymbol{x}, \tilde{\boldsymbol{\xi}})] \approx \frac{1}{N} \sum_{j=1}^{N} Q(\boldsymbol{x}, \boldsymbol{\xi}^j) \tag{8.4}
$$

リコース関数の分散を $\sigma^2 = V[Q(x, \tilde{\xi})]$ とすると，N 個の標本値によるリコース関数値の平均 $\frac{1}{N}\sum_{j=1}^{N} Q(\boldsymbol{x}, \boldsymbol{\xi}^j)$ の分散は次のように表される．

$$V\left[\frac{1}{N}\sum_{j=1}^{N} Q(\boldsymbol{x}, \boldsymbol{\xi}^j)\right] = \frac{1}{N^2} V\left[\sum_{j=1}^{N} Q(\boldsymbol{x}, \boldsymbol{\xi}^j)\right] = \frac{\sigma^2}{N} \tag{8.5}$$

これより，誤差 $V[Q(\boldsymbol{x}, \tilde{\boldsymbol{\xi}})] - \frac{1}{N}\sum_{j=1}^{N} Q(\boldsymbol{x}, \boldsymbol{\xi}^j)$ の目安となる標準偏差は次のようになる．

$$\sqrt{V\left[\frac{1}{N}\sum_{j=1}^{N} Q(\boldsymbol{x}, \boldsymbol{\xi}^j)\right]} = \frac{\sigma}{\sqrt{N}} \tag{8.6}$$

標準偏差 (8.6) は $O(N^{-1/2})$ であり，確率変数ベクトル $\tilde{\boldsymbol{\xi}}$ の次元によらないが，式 (8.4) の精度を 1 桁上げるためには，サンプル数 N を 100 倍に増やさなければならない．オーダーは変わらないものの，σ を小さくするための方法が分散減少法である．以下そのための方法を示す．

確率変数 $\tilde{\boldsymbol{\xi}}$ に対する $f(\boldsymbol{\xi})$ とは異なる密度関数を $g(\boldsymbol{\xi})$ (> 0) とする．次のように $E_{\tilde{\boldsymbol{\xi}}}[Q(\boldsymbol{x}, \tilde{\boldsymbol{\xi}})]$ を変形する．

$$E_{\tilde{\boldsymbol{\xi}}}[Q(\boldsymbol{x}, \tilde{\boldsymbol{\xi}})] = \int_{\boldsymbol{\xi} \in \Xi} \frac{Q(\boldsymbol{x}, \boldsymbol{\xi}) f(\boldsymbol{\xi}) g(\boldsymbol{\xi})}{g(\boldsymbol{\xi})} d\boldsymbol{\xi} \tag{8.7}$$

この値を新たな密度関数 $g(\boldsymbol{\omega})$ に基づく確率変数 $\tilde{\boldsymbol{\omega}}$ の N 個の実現値の集合 $\boldsymbol{\omega}^1, \ldots, \boldsymbol{\omega}^N$ によって次のように評価する．

$$E_{\tilde{\boldsymbol{\xi}}}[Q(\boldsymbol{x}, \tilde{\boldsymbol{\xi}})] \approx \frac{1}{N}\sum_{j=1}^{N} \frac{Q(\boldsymbol{x}, \boldsymbol{\omega}^j) f(\boldsymbol{\omega}^j)}{g(\boldsymbol{\omega}^j)} \tag{8.8}$$

この分散は次のようになる．

$$V\left[\frac{1}{N}\sum_{j=1}^{N} \frac{Q(\boldsymbol{x}, \boldsymbol{\omega}^j) f(\boldsymbol{\omega}^j)}{g(\boldsymbol{\omega}^j)}\right] = \frac{1}{N} E\left[\frac{Q(\boldsymbol{x}, \boldsymbol{\omega}) f(\boldsymbol{\omega})}{g(\boldsymbol{\omega})} - E_{\tilde{\boldsymbol{\xi}}}[Q(\boldsymbol{x}, \tilde{\boldsymbol{\xi}})]\right]^2 \tag{8.9}$$

分散を最小にするような $g(\boldsymbol{\omega})$ は次のようになる．

$$g(\boldsymbol{\omega}) = \frac{Q(\boldsymbol{x}, \boldsymbol{\omega}) f(\boldsymbol{\omega})}{E_{\tilde{\boldsymbol{\xi}}}[Q(\boldsymbol{x}, \tilde{\boldsymbol{\xi}})]} \tag{8.10}$$

新たな密度関数 $g(\boldsymbol{\omega})$ を求めるために，$E_{\tilde{\boldsymbol{\xi}}}[Q(\boldsymbol{x}, \tilde{\boldsymbol{\xi}})]$ を計算する必要があるが，$E_{\tilde{\boldsymbol{\xi}}}[Q(\boldsymbol{x}, \tilde{\boldsymbol{\xi}})]$ は最終的に求めるべき期待値であり，あらかじめその値を知ることはできない．リコース関数を確率変数ごとの加法形式で近似する方法 (Dantzig and Glynn[32)], Dantzig and Infanger[33, 34)], Infanger[58, 59)]) を以下に示す．ただし $\boldsymbol{\tau}$ は $\tilde{\boldsymbol{\xi}}$ の実現値のうちでリコース関数値を最小とするものであり，$Q(\boldsymbol{x}, \boldsymbol{\tau}) \geq 0$ と仮定する．

$$\boldsymbol{\tau} = \operatorname*{argmin}_{\boldsymbol{\xi} \in \Xi} Q(\boldsymbol{x}, \boldsymbol{\xi}) \tag{8.11}$$

次のように $E_{\tilde{\boldsymbol{\xi}}}[Q(\boldsymbol{x}, \tilde{\boldsymbol{\xi}})]$ を変形する.

$$\begin{aligned} & E_{\tilde{\boldsymbol{\xi}}}[Q(\boldsymbol{x}, \tilde{\boldsymbol{\xi}})] \\ & = \sum_{i=1}^{m_2} E_{\tilde{\xi}_i}[M_i(\boldsymbol{x}, \tilde{\xi}_i)] \int_{\xi \in \Xi} \frac{Q(\boldsymbol{x}, \boldsymbol{\xi})}{\sum_{i=1}^{m_2} M_i(\boldsymbol{x}, \xi_i)} \cdot \frac{M_i(\boldsymbol{x}, \xi_i)}{E_{\tilde{\xi}_i}[M_i(\boldsymbol{x}, \tilde{\xi}_i)]} f(\boldsymbol{\xi}) d\boldsymbol{\xi} \end{aligned} \tag{8.12}$$

$$M_i(\boldsymbol{x}, \xi_i) = Q(\boldsymbol{x}, \tau_1, \ldots, \tau_{i-1}, \xi_i, \tau_{i+1}, \ldots, \tau_{m_1}) - Q(\boldsymbol{x}, \boldsymbol{\tau}) \tag{8.13}$$

各 $M_i(\boldsymbol{x}, \xi_i)$ について, $M_i(\boldsymbol{x}, \xi_i) > 0$ となる $\xi_i \in \Xi_i$ が少なくとも 1 つは存在するものと仮定する. リコース関数の期待値 (8.12) より, $E_{\tilde{\boldsymbol{\xi}}}[Q(\boldsymbol{x}, \tilde{\boldsymbol{\xi}})]$ は m_2 項の和となり, 各項ごとに新たな密度関数を設定する. 式 (8.12) の総和の第 i 項に関しては, 確率変数 $\tilde{\xi}_i$ の新たな密度関数 $g_i(\xi_i)$ を次のように定める.

$$g_i(\xi_i) = \frac{M_i(\boldsymbol{x}, \xi_i) f_i(\xi_i)}{E_{\tilde{\xi}_i}[M_i(\boldsymbol{x}, \tilde{\xi}_i)]} \tag{8.14}$$

確率変数 ξ_k $(k \neq i)$ の密度関数 $g_k(\xi_k)$ は, もとの密度関数と等しく $g_k(\xi_k) = f_k(\xi_k)$ とする. よって, 新たな密度関数は次のように示される.

$$g(\boldsymbol{\xi}) = \frac{M_i(\boldsymbol{x}, \xi_i) f_i(\xi_i)}{E_{\tilde{\xi}}[M_i(\boldsymbol{x}, \tilde{\xi}_i)]} \cdot \prod_{\substack{k=1 \\ k \neq i}}^{m_2} f_k(\xi_k), \ i = 1, \ldots, m_2 \tag{8.15}$$

リコース関数の期待値 (8.12) における総和の第 i 項の計算については, N_i 個の標本値による重み付き算術平均値を用いる. 全体として $N = \sum_{i=1}^{m_2} N_i$ 個の標本を用いて, N 個のリコース関数値の標本平均を計算する. 各標本数 N_i は, $E_{\tilde{\xi}_i}[M_i(\boldsymbol{x}, \tilde{\xi}_i)]$ に比例するようにとられる. 期待値 (8.12) の標本による近似値は, 式 (8.15) による新たな密度関数 $g(\omega)$ に基づく確率変数 $\tilde{\boldsymbol{\omega}}$ の標本 $\boldsymbol{\omega}^1, \ldots, \boldsymbol{\omega}^{N_i}$ $(i = 1, \ldots, m_2)$ により, 次のように求められる.

$$\begin{aligned} & E_{\tilde{\boldsymbol{\xi}}}[Q(\boldsymbol{x}, \tilde{\boldsymbol{\xi}})] \approx \bar{Q}(\boldsymbol{x}) \\ & \qquad = \sum_{i=1}^{m_2} E_{\tilde{\xi}_i}[M_i(\boldsymbol{x}, \tilde{\xi}_i)] \cdot \frac{1}{N_i} \left\{ \sum_{j=1}^{N_i} \frac{Q(\boldsymbol{x}, \boldsymbol{\omega}^j)}{\sum_{i=1}^{m_2} M_i(\boldsymbol{x}, \omega_i^j)} \right\} \end{aligned} \tag{8.16}$$

この分散は, 次のように与えられる.

$$V[\bar{Q}(\boldsymbol{x})] = \sum_{i=1}^{m_2} E_{\tilde{\xi}_i}[M_i(\boldsymbol{x}, \tilde{\xi}_i)]^2 \cdot \frac{1}{N_i} \ V \left[\frac{Q(\boldsymbol{x}, \tilde{\boldsymbol{\omega}})}{\sum_{i=1}^{m_2} M_i(\boldsymbol{x}, \tilde{\omega}_i)} \right] \tag{8.17}$$

この方法は, リコース関数 $Q(\boldsymbol{x}, \boldsymbol{\xi})$ を次のように $Q(\boldsymbol{x}, \boldsymbol{\tau})$ からの加法形式 $\Gamma(\boldsymbol{x}, \boldsymbol{\xi})$ で近似しているといえる.

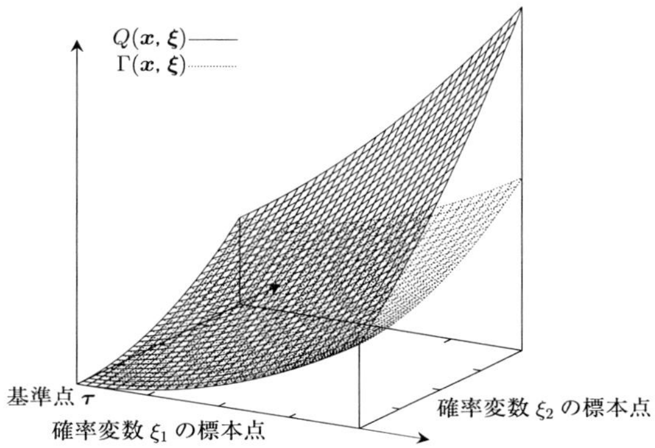

図 **8.1** 関数 $Q(\boldsymbol{x},\boldsymbol{\xi})$ と $\Gamma(\boldsymbol{x},\boldsymbol{\xi})$

$$\begin{aligned}Q(\boldsymbol{x},\boldsymbol{\xi}) &\approx \Gamma(\boldsymbol{x},\boldsymbol{\xi})\\ &= Q(\boldsymbol{x},\boldsymbol{\tau}) + \sum_{i=1}^{m_2} M_i(\boldsymbol{x},\xi_i)\\ &= Q(\boldsymbol{x},\boldsymbol{\tau}) + \sum_{i=1}^{m_2}\{Q(\boldsymbol{x},\tau_1,\ldots,\tau_{i-1},\xi_i,\tau_{i+1},\ldots,\tau_{m_2}) - Q(\boldsymbol{x},\boldsymbol{\tau})\} \quad (8.18)\end{aligned}$$

リコース関数の定義より，次の関係が成り立つため，$Q(x,\xi)$ は ξ の凸関数である．

$$Q(\boldsymbol{x},\lambda\boldsymbol{\xi}^1 + (1-\lambda)\boldsymbol{\xi}^2) \le \lambda Q(\boldsymbol{x},\boldsymbol{\xi}^1) + (1-\lambda)Q(\boldsymbol{x},\boldsymbol{\xi}^2),\ \boldsymbol{\xi}^1,\boldsymbol{\xi}^2 \in \Xi \quad (8.19)$$

そのため近似 (8.18) によると，確率変数の値が $\boldsymbol{\xi}=\boldsymbol{\tau}$ の場合は $Q(\boldsymbol{x},\boldsymbol{\tau})=\Gamma(\boldsymbol{x},\boldsymbol{\tau})$ を満たすが，$\boldsymbol{\xi}$ の値が $\boldsymbol{\tau}$ から離れるにつれて，図 8.1 に示すように $Q(\boldsymbol{x},\boldsymbol{\xi})$ と $\Gamma(\boldsymbol{x},\boldsymbol{\xi})$ の差は大きくなる．

● 8.3 ● 新たな密度関数の設定 ●

Shiina, *et al.*[134] では，次のような関数 $\Phi_\lambda(\boldsymbol{x},\boldsymbol{\xi})$ を用いてリコース関数 $Q(\boldsymbol{x},\boldsymbol{\xi})$ を近似する．ただし，関数 $\Phi_\lambda(\boldsymbol{x},\boldsymbol{\xi})$ に含まれるパラメータ λ は $0 \le \lambda \le 1$ を満たすものとする．

$$\begin{aligned}Q(\boldsymbol{x},\boldsymbol{\xi}) &\approx \Phi_\lambda(\boldsymbol{x},\boldsymbol{\xi})\\ &= Q(\boldsymbol{x},\boldsymbol{\tau}) + \sum_{i=1}^{m_2}\{Q(\boldsymbol{x},\tau_1,\ldots,\tau_{i-1},\xi_i,\tau_{i+1},\ldots,\tau_{m_2}) - \lambda Q(\boldsymbol{x},\boldsymbol{\tau})\} \quad (8.20)\end{aligned}$$

図 8.2 において，確率変数の値が $\tilde{\boldsymbol{\xi}}=\boldsymbol{\tau}$ の場合，$\Phi_\lambda(\boldsymbol{x},\boldsymbol{\tau}) \ge Q(\boldsymbol{x},\boldsymbol{\tau})$ となることに注意されたい．

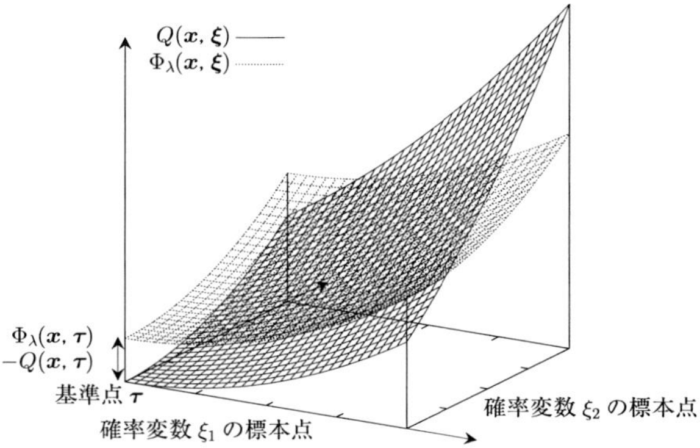

図 **8.2**　関数 $Q(\boldsymbol{x},\boldsymbol{\xi})$ と $\Phi_\lambda(\boldsymbol{x},\boldsymbol{\xi})$

$$\begin{aligned}\Phi_\lambda(\boldsymbol{x},\boldsymbol{\tau})-Q(\boldsymbol{x},\boldsymbol{\tau})&=(1-\lambda)\sum_{i=1}^{m_2}Q(\boldsymbol{x},\boldsymbol{\tau})\\&=(1-\lambda)m_2Q(\boldsymbol{x},\boldsymbol{\tau})\geq 0\end{aligned}\tag{8.21}$$

新たな近似関数 $\Phi_\lambda(\boldsymbol{x},\boldsymbol{\xi})$ において，$\lambda=1$ の場合は $Q(\boldsymbol{x},\boldsymbol{\tau})$ に対し $\Gamma(\boldsymbol{x},\boldsymbol{\xi})$ で近似した従来の手法に相当する．関数 $\Phi_\lambda(\boldsymbol{x},\boldsymbol{\xi})$ を用いた新たな密度関数 $g(\boldsymbol{\xi})$ を以下の式 (8.22) に示す．

$$\begin{aligned}g(\boldsymbol{\xi})&=\frac{\{Q(\boldsymbol{x},\tau_1,\ldots,\tau_{i-1},\xi_i,\tau_{i+1},\ldots,\tau_{m_2})-\lambda Q(\boldsymbol{x},\boldsymbol{\tau})\}f_i(\xi_i)}{E_{\tilde{\xi}_i}[Q(\boldsymbol{x},\tau_1,\ldots,\tau_{i-1},\tilde{\xi}_i,\tau_{i+1},\ldots,\tau_{m_2})-\lambda Q(\boldsymbol{x},\boldsymbol{\tau})]}\cdot\prod_{\substack{k=1\\k\neq i}}^{m_2}f_k(\xi_k),\\&\quad i=1,\ldots,m_2\end{aligned}\tag{8.22}$$

密度関数 $g(\boldsymbol{\xi})$ (8.22) のもとでは，リコース関数の期待値 $E_{\tilde{\boldsymbol{\xi}}}[Q(\boldsymbol{x},\tilde{\boldsymbol{\xi}})]$ に対する標本値による推定値 $\bar{Q}_\lambda(\boldsymbol{x})$ およびその分散 $V[\bar{Q}_\lambda(\boldsymbol{x})]$ は次のように求められる．

$$\begin{aligned}&\bar{Q}_\lambda(\boldsymbol{x})\\&=\sum_{i=1}^{m_2}E_{\tilde{\xi}_i}[Q(\boldsymbol{x},\tau_1,\ldots,\tau_{i-1},\tilde{\xi}_i,\tau_{i+1},\ldots,\tau_{m_2})-\lambda Q(\boldsymbol{x},\boldsymbol{\tau})]\\&\quad\cdot\frac{1}{N_i}\left[\sum_{j=1}^{N_i}\frac{Q(\boldsymbol{x},\boldsymbol{\omega}^j)}{\sum_{i=1}^{m_2}\{Q(\boldsymbol{x},\tau_1,\ldots,\tau_{i-1},\omega_i^j,\tau_{i+1},\ldots,\tau_{m_2})-\lambda Q(\boldsymbol{x},\boldsymbol{\tau})\}}\right]\end{aligned}\tag{8.23}$$

$$\begin{aligned}&V[\bar{Q}_\lambda(\boldsymbol{x})]\\&=\sum_{i=1}^{m_2}E_{\tilde{\xi}_i}[Q(\boldsymbol{x},\tau_1,\ldots,\tau_{i-1},\xi_i,\tau_{i+1},\ldots,\tau_{m_2})-\lambda Q(\boldsymbol{x},\boldsymbol{\tau})]^2\\&\quad\cdot\frac{1}{N_i}\,V\left[\frac{Q(\boldsymbol{x},\tilde{\boldsymbol{\omega}})}{\sum_{i=1}^{m_2}\{Q(\boldsymbol{x},\tau_1,\ldots,\tau_{i-1},\tilde{\omega}_i,\tau_{i+1},\ldots,\tau_{m_2})-\lambda Q(\boldsymbol{x},\boldsymbol{\tau})\}}\right]\end{aligned}\tag{8.24}$$

続いて, パラメータ λ の設定法を示す. 分散 (8.24) において, 次の式 (8.25) を満たす λ が存在すれば分散は 0 となるが, 確率変数を含んでいるため, このような λ を求めることはできない.

$$Q(\boldsymbol{x}, \tilde{\boldsymbol{\omega}}) = \sum_{i=1}^{m_2} \{Q(\boldsymbol{x}, \tau_1, \ldots, \tau_{i-1}, \tilde{\omega}_i, \tau_{i+1}, \ldots, \tau_{m_2}) - \lambda Q(\boldsymbol{x}, \boldsymbol{\tau})\} \tag{8.25}$$

そのため, 関数 $Q(\boldsymbol{x}, \boldsymbol{\omega})$ の標本期待値と, $\Phi_\lambda(\boldsymbol{x}, \boldsymbol{\omega})$ の $\boldsymbol{\omega}$ の標本期待値 $\bar{\boldsymbol{\omega}}$ における値が等しくなるように λ を定める.

$$\bar{Q}_\lambda(\boldsymbol{x}) = \Phi_\lambda(\boldsymbol{x}, \bar{\boldsymbol{\omega}}) \tag{8.26}$$

これを解析的に解いて λ を求めることは難しいため, L-shaped 法の第 k 反復におけるパラメータを λ^k として, 式 (8.26) の左辺と右辺をそれぞれ $\bar{Q}_{\lambda^{k-1}}(\boldsymbol{x})$ と $\Phi_{\lambda^k}(\boldsymbol{x}, \bar{\boldsymbol{\omega}})$ とで置き換えると次のようになる. すなわち, $\bar{\boldsymbol{\omega}}$ における $\Phi_{\lambda^k}(\boldsymbol{x}, \bar{\boldsymbol{\omega}})$ と $Q(\boldsymbol{x}, \boldsymbol{\omega})$ の重み付き平均 $\bar{Q}_{\lambda^{k-1}}(\boldsymbol{x})$ とが等しくなるように λ^k を選択する.

$$\bar{Q}_{\lambda^{k-1}}(\boldsymbol{x}) = \Phi_{\lambda^k}(\boldsymbol{x}, \bar{\boldsymbol{\omega}}) \tag{8.27}$$

式 (8.27)を満たすλ^k は次のように求められる.

$$\lambda^k = \frac{Q(\boldsymbol{x}, \boldsymbol{\tau}) + \sum_{i=1}^{m_2} Q(\boldsymbol{x}, \tau_1, \ldots, \tau_{i-1}, \bar{\omega}_i, \tau_{i+1}, \ldots, \tau_{m_2}) - \bar{Q}_{\lambda^{k-1}}(\boldsymbol{x})}{m_2 Q(\boldsymbol{x}, \boldsymbol{\tau})} \tag{8.28}$$

ただし, リコース関数の標本値による推定値 (8.23) をもとに, 新たな密度関数に従う確率変数 $\tilde{\omega}$ の標本期待値 $\bar{\omega}$ は次のように与えられる.

$$\begin{aligned} \bar{\boldsymbol{\omega}} = & \sum_{i=1}^{m_2} E_{\tilde{\xi}_i}[Q(\boldsymbol{x}, \tau_1, \ldots, \tau_{i-1}, \tilde{\xi}_i, \tau_{i+1}, \ldots, \tau_{m_2}) - \lambda Q(\boldsymbol{x}, \boldsymbol{\tau})] \\ & \cdot \frac{1}{N_i} \left\{ \sum_{j=1}^{N_i} \frac{\omega^j}{\sum_{i=1}^{m_2} \{Q(\boldsymbol{x}, \tau_1, \ldots, \tau_{i-1}, \omega_i^j, \tau_{i+1}, \ldots, \tau_{m_2}) - \lambda Q(\boldsymbol{x}, \boldsymbol{\tau})\}} \right\} \end{aligned} \tag{8.29}$$

● 8.4 ● 重点抽出法を用いた解法のアルゴリズム ●

問題 (SLPR) を通常の L-shaped 法によって解く場合の最適性カットは, θ を $E_{\tilde{\boldsymbol{\xi}}}[Q(\boldsymbol{x}, \tilde{\boldsymbol{\xi}})]$ の上界とすると, 次のようになる.

$$\theta \geq \sum_{\boldsymbol{\xi} \in \Xi} (\boldsymbol{\xi} - T(\boldsymbol{\xi})\boldsymbol{x})^\top \boldsymbol{\pi}^*(\boldsymbol{\xi}) P(\boldsymbol{\xi}) \tag{8.30}$$

ただし $\boldsymbol{\pi}^*(\boldsymbol{\xi})$ は, 問題 (SLPR) におけるリコース関数を定義する 2 段階線形計画問題の双対問題の最適解であるとする.

$$Q(\boldsymbol{x}, \boldsymbol{\xi}) = \min\{\boldsymbol{q}^\top \boldsymbol{y}(\boldsymbol{\xi}) \mid W\boldsymbol{y}(\boldsymbol{\xi}) = \boldsymbol{\xi} - T(\boldsymbol{\xi})\boldsymbol{x},\ \boldsymbol{y}(\boldsymbol{\xi}) \geq \boldsymbol{0}\} \tag{8.31}$$

$$= \max\{(\boldsymbol{\xi} - T(\boldsymbol{\xi})\boldsymbol{x})^\top \boldsymbol{\pi}(\boldsymbol{\xi}) \mid \boldsymbol{\pi}(\boldsymbol{\xi})^\top W \leq \boldsymbol{q}^\top\} \tag{8.32}$$

最適性カット (8.30) を重点抽出法によって得られた N 個の標本によって次のように近似する.

$$\theta + \bar{G}\boldsymbol{x} \geq \bar{h} \tag{8.33}$$

$\bar{G}, \bar{h}$ は次のように求められる.

$$\bar{G} = \sum_{i=1}^{m_2} E_{\tilde{\xi}_i}[Q(\boldsymbol{x}, \tau_1, \ldots, \tau_{i-1}, \tilde{\xi}_i, \tau_{i+1}, \ldots, \tau_{m_2}) - \lambda Q(\boldsymbol{x}, \boldsymbol{\tau})] \cdot \frac{1}{N_i}\left\{\sum_{j=1}^{N_i} \frac{T(\boldsymbol{\xi}^j)^\top \boldsymbol{\pi}^*(\boldsymbol{\xi}^j)}{\sum_{i=1}^{m_2}\{Q(\boldsymbol{x}, \tau_1, \ldots, \tau_{i-1}, \omega_i^j, \tau_{i+1}, \ldots, \tau_{m_2}) - \lambda Q(\boldsymbol{x}, \boldsymbol{\tau})\}}\right\} \tag{8.34}$$

$$\bar{h} = \sum_{i=1}^{m_2} E_{\tilde{\xi}_i}[Q(\boldsymbol{x}, \tau_1, \ldots, \tau_{i-1}, \tilde{\xi}_i, \tau_{i+1}, \ldots, \tau_{m_2}) - \lambda Q(\boldsymbol{x}, \boldsymbol{\tau})] \cdot \frac{1}{N_i}\left\{\sum_{j=1}^{N_i} \frac{(\boldsymbol{\xi}^j)^\top \pi^*(\xi^j)}{\sum_{i=1}^{m_2}\{Q(\boldsymbol{x}, \tau_1, \ldots, \tau_{i-1}, \omega_i^j, \tau_{i+1}, \ldots, \tau_{m_2}) - \lambda Q(\boldsymbol{x}, \boldsymbol{\tau})\}}\right\} \tag{8.35}$$

最適性カットの係数ベクトル $\bar{G}$, 右辺定数 $\bar{h}$ は確率変数の標本値から求められ, 誤差 $\tilde{\varepsilon}$ を含むため, 次のように表すことができる.

$$\theta + \bar{G}\boldsymbol{x} \geq \bar{h} + \tilde{\varepsilon} \tag{8.36}$$

Infanger[58, 59] では, 誤差 $\tilde{\varepsilon}$ を平均 0, 分散 $V[\tilde{\varepsilon}] = V[\bar{Q}(\boldsymbol{x})]$ (8.17) の正規分布に従う確率変数であると近似的にみなしている. Shiina, *et al.*[134] では, 新たな密度関数を用いて $V[\tilde{\varepsilon}] = V[\bar{Q}_\lambda(\boldsymbol{x})]$ (8.24) とみなした. 主問題 (MASTER) において, 最適性カットが K 本加えられている場合を考える.

$$\begin{array}{rl}
\text{(MASTER): min} & \boldsymbol{c}^\top \boldsymbol{x} + \theta \\
\text{subject to} & A\boldsymbol{x} = \boldsymbol{b} \\
& \theta + \bar{G^1}\boldsymbol{x} \geq \bar{h^1} + \tilde{\varepsilon}^1 \\
& \quad \vdots \\
& \theta + \bar{G^K}\boldsymbol{x} \geq \bar{h^K} + \tilde{\varepsilon}^K \\
& \boldsymbol{x} \geq \boldsymbol{0} \\
& \theta \geq 0
\end{array}$$

各最適性カットに対する誤差を平均値 0 で置き換え ($\tilde{\varepsilon}_k = 0,\ k = 1, \ldots, K$), 問題 (MASTER) を解く. 第 k 最適性カット ($k = 1, \ldots, K$) に対応する双対問題の最適解を ρ^k ($k = 1, \ldots, K$) とする. また $\boldsymbol{\rho}^0$ を制約 $A\boldsymbol{x} = \boldsymbol{b}$ に対する最適双対解とする. このとき, 線形計画問題の双対定理より, 主問題の最適目的関数値は次のように表すことがで

ステップ 0　反復回数 $k = 0$, 最適目的関数値に対する上界値 $UB^k = +\infty$, 上界値の分散 $V_{UB} = +\infty$ とし, 収束判定係数 ε および λ^0 が与えられている.
ステップ 1　主問題 (MASTER) を解き, 最適解を $\boldsymbol{x}^*, \theta^*$ とする. $LB^k = \boldsymbol{c}^\top \boldsymbol{x}^* + \theta^*$ を得る.
ステップ 2　$k = k+1$ とし, 重点抽出法により新たな密度関数 (8.22) に従うサンプル $\boldsymbol{\omega}^1, \ldots, \boldsymbol{\omega}^N$ を生成させ, 各リコース問題を解く. $UB^k = \min\{UB^{k-1}, \boldsymbol{c}^\top \boldsymbol{x}^* + \bar{Q}_{\lambda^k}(\boldsymbol{x})\}$ とする. N 個の標本により最適性カット (8.33) を生成し, 主問題 (MASTER) に追加する. 重点抽出法のパラメータ λ^k を (8.28) により設定する.
ステップ 3　主問題 (MASTER) を解き, 最適解を $\boldsymbol{x}^*, \theta^*$ とする. $LB^k = \max\{LB^{k-1}, \boldsymbol{c}^\top \boldsymbol{x}^* + \theta^*\}$ とする. $V_{LB} = \sigma^2_{MASTER}$ とする.
ステップ 4　$\varepsilon < UB^k - LB^k$ であればステップ 2 へ. $\varepsilon \geq UB^k - LB^k$ ならば終了.

図 **8.3**　重点抽出法を用いた L-shaped 法

きる.

$$(\boldsymbol{\rho}^0)^\top \boldsymbol{b} + \sum_{k=1}^{K} \rho^k(\bar{h^k} + \tilde{\varepsilon}^k) \tag{8.37}$$

最適性カットの係数が標本平均による近似値を用いているため, 主問題の最適目的関数値は正規分布 $N((\boldsymbol{\rho}^0)^\top \boldsymbol{b} + \sum_{k=1}^{K} \rho^k(\bar{h^k}), \sigma^2_{MASTER})$ に従う確率変数であるとみなすことができ, その分散 σ^2_{MASTER} は次のように表すことができる.

$$\sigma^2_{MASTER} = \sum_{k=1}^{K} (\rho^k)^2 V[\tilde{\varepsilon}^k] = V[\bar{Q}_\lambda(\boldsymbol{x})] \sum_{k=1}^{K} (\rho^k)^2 \tag{8.38}$$

重点抽出法を用いた L-shaped 法のアルゴリズムを図 8.3 に示す. 目的関数値の最適値の上界と下界はそれぞれ UB, LB として求められ, それぞれの分散は $V_{UB} = V[\bar{Q}_\lambda(x)]$ (8.24), $V_{LB} = V[\bar{Q}_\lambda(\boldsymbol{x})] \sum_{k=1}^{K} (\rho^k)^2$ (8.38) として求められる. 目的関数値の最適値の信頼区間は, 次のようになる.

$$\left(LB - z\left(1 - \frac{\epsilon}{2}\right)\sqrt{V_{LB}},\ UB + z\left(1 - \frac{\epsilon}{2}\right)\sqrt{V_{UB}}\right) \tag{8.39}$$

8.5 電力システムの最適化問題への応用

需要の変動と発電機の稼働率の不確実性を考慮した電力供給の設備計画問題 (APLP1) を以下に示す. n_u 個の発電所により供給を行い, 発電機 i の稼働率を確率変数 $\tilde{\alpha}_i$ $(i = 1, \ldots, n_u)$ とする. 図 6.6 で示される負荷持続曲線を n_l の領域に分割して, 領域 j $(= 1, \ldots, n_l)$ の需要量を確率変数 $\tilde{d}_j$ とし, 領域 j の持続時間を t_j とする. 確率変数 $\tilde{\alpha}_1, \ldots, \tilde{\alpha}_{n_u}, \tilde{d}_1, \ldots, \tilde{d}_{n_l}$ の実現値を $\alpha_1, \ldots, \alpha_{n_u}, d_1, \ldots, d_{n_l}$ とし, それらの台を $A_1, \ldots, A_{n_u}, D_1, \ldots, D_{n_l}$ とする. これらをまとめて $\tilde{\boldsymbol{\xi}} = (\tilde{\alpha}_1, \ldots, \tilde{\alpha}_{n_u}, \tilde{d}_1, \ldots, \tilde{d}_{n_l})^\top$ とすると, $\tilde{\boldsymbol{\xi}}$ の台 Ξ は $\Xi = A_1 \times \cdots \times A_{n_u} \times D_1 \times \cdots \times D_{n_l}$ となる. 定式化を以下に

示す.

(APLP1):

$$
\begin{aligned}
\min \quad & \sum_{i=1}^{n_u} c_i x_i + E_\xi[Q(x,\xi)] \\
\text{subject to} \quad & x_i \geq b_i,\ i=1,\ldots,n_u \\
& x_i \geq 0,\ i=1,\ldots,n_u \\
& Q(\boldsymbol{x},\boldsymbol{\xi}) = Q(\alpha_1,\ldots,\alpha_{n_u},d_1,\ldots,d_{n_l}) \\
& = \min \left\{ \sum_{i=1}^{n_u}\sum_{j=1}^{n_l} q_i t_j y_{ij}(\alpha_1,\ldots,\alpha_{n_u},d_1,\ldots,d_{n_l}) \right. \\
& \quad + \sum_{j=1}^{n_l} r_j t_j v_j(\alpha_1,\ldots,\alpha_{n_u},d_1,\ldots,d_{n_l}) \Bigg| \\
& \quad - \sum_{j=1}^{n_l} y_{ij}(\alpha_1,\ldots,\alpha_{n_u},d_1,\ldots,d_{n_l}) \geq -\alpha_i x_i,\ i=1,\ldots,n_u \\
& \quad \sum_{i=1}^{n_u} y_{ij}(\alpha_1,\ldots,\alpha_{n_u},d_1,\ldots,d_{n_l}) \\
& \quad + v_j(\alpha_1,\ldots,\alpha_{n_u},d_1,\ldots,d_{n_l}) \geq d_j,\ j=1,\ldots,n_l, \\
& \quad y_{ij}(\alpha_1,\ldots,\alpha_{n_u},d_1,\ldots,d_{n_l}) \geq 0,\ i=1,\ldots,n_u,\ j=1,\ldots,n_l, \\
& \quad \left. v_j(\alpha_1,\ldots,\alpha_{n_u},d_1,\ldots,d_{n_l}) \geq 0,\ j=1,\ldots,n_l \right\},\ \boldsymbol{\xi} \in \Xi
\end{aligned}
$$

1 段階において決定する変数は発電所 i の容量 x_i であり, その下限値 b_i が与えられている. 確率変数 $\tilde{\boldsymbol{\xi}}$ の実現値 $\boldsymbol{\xi}$ が与えられた後に, 負荷領域 j に対する発電機 i の出力 $y_{ij}(\alpha_1,\ldots,\alpha_{n_u},d_1,\ldots,d_{n_l})$ および外部からの電力購入 $v_j(\alpha_1,\ldots,\alpha_{n_u},d_1,\ldots,d_{n_l})$ を決定する. 2 段階問題の目的関数の係数 q_i, r_j はそれぞれ, 発電機 i の単位電力量あたりの発電費用, および外部からの購入費用を表す. 制約条件は, 発電機の各需要領域に対する出力の総和が稼働率を考慮した発電機の容量以下になるという条件と, 各領域の需要が各発電機の出力と外部からの電力購入によって満たされるという条件になる.

リコース関数 $Q(x,\xi)$ を定義する (最小化) 線形計画問題の双対問題の最適解を $\pi_i^u(\boldsymbol{\xi})$ $(i=1,\ldots,n_u), \pi_j^l(\boldsymbol{\xi})$ $(j=1,\ldots,n_l)$ とすると, $\tilde{\boldsymbol{\xi}}$ が離散分布をもつとき, 最適性カットは次のようになる.

$$
\theta + \sum_{i=1}^{n_u} \sum_{\boldsymbol{\xi}\in\Xi} \alpha_i \pi_i^u(\boldsymbol{\xi}) P(\boldsymbol{\xi}) x_i \geq \sum_{j=1}^{n_l} \sum_{\boldsymbol{\xi}\in\Xi} d_j \pi_j^l(\boldsymbol{\xi}) P(\boldsymbol{\xi}) \tag{8.40}
$$

重点抽出法を用いた L-shaped 法の計算を行った. 主問題 (MASTER) および, リコース関数を定義する 2 段階問題は AMPL[43)] を用いて記述され, ILOG 社の数理計画ソルバー CPLEX7.0 を用いて解を求めた. 表 8.1 に数値実験に用いたパラメータの値を示す. 発電機数を $n_u = 2$, 負荷領域数を $n_l = 3$ とする.

確率変数 $\tilde{\alpha}_1, \ldots, \tilde{\alpha}_{n_u}, \tilde{d}_1, \ldots, \tilde{d}_{n_l}$ のそれぞれを，有限個数の実現値をもつ離散確率分布と定義する (表 8.2). 各確率変数の起こりうる実現値の個数を，稼働率については $(|A_1|, |A_2|) = (4, 5)$，電力需要については $(|D_1|, |D_2|, |D_3|) = (4, 4, 4)$ とする．起こりうるシナリオの総数は $1280 = |A_1| \times |A_2| \times |D_1| \times |D_2| \times |D_3|$ となる．

この問題の最適目的関数値は 24642.32 で，最適解は $(x_1, x_2) = (1800, 1571.43)$ となる．総サンプル数 $N = 10$ の場合に，シミュレーションを 100 回繰り返した平均値を結果として表 8.3 に示す．

以上の結果より，開発した手法では，従来の $\lambda = 1$ の場合に比べて $\sqrt{V_{LB}}, \sqrt{V_{UB}}$ がともに減少している．よって，適切な λ を選択することによって，分散を減少させ信頼区間の幅を狭めることになる．表 8.4, 8.5 に総サンプル数 $N = 50, 100$ の場合を示す．

表 8.1 問題 (APLP1) のパラメータ

建設費 (c_1, c_2) (10^4 円/MW)	(4, 2.5)
初期容量 (b_1, b_2) (10^4 円/MW)	(1000, 1000)
発電費用 $(q_1t_1, q_1t_2, q_1t_3, q_2t_1, q_2t_2, q_2t_3)$ (10^4 円/MW)	(4.3, 2.0, 2.5, 8.7, 4.0, 1.0)
電力購入費用 (r_1t_1, r_2t_2, r_3t_3) (10^4 円/MW)	(10, 10, 10)

表 8.2 問題 (APLP1) に含まれる確率変数

確率変数	実現値	確率
$\tilde{\alpha}_1$	(1.0, 0.9 0.5 0.1)	(0.2 0.3 0.4 0.1)
$\tilde{\alpha}_2$	(1.0, 0.9, 0.7, 0.1, 0.0)	(0.1, 0.2, 0.5, 0.1, 0.1)
$\tilde{d}_1$	(900, 1000, 1100, 1200)	(0.15, 0.45, 0.25, 0.15)
$\tilde{d}_2$	(900, 1000, 1100, 1200)	(0.15, 0.45, 0.25, 0.15)
$\tilde{d}_3$	(900, 1000, 1100, 1200)	(0.15, 0.45, 0.25, 0.15)

表 8.3 計算結果 ($N = 10$)

λ	LB	UB	$\sqrt{V_{LB}}$	$\sqrt{V_{UB}}$
1.000 (従来法：固定)	24185.9	24478.0	936.3	954.9
0.930 (可変：各反復の平均値)	24136.4	24326.7	452.7	333.7

表 8.4 計算結果 ($N = 50$)

λ	LB	UB	$\sqrt{V_{LB}}$	$\sqrt{V_{UB}}$
1.000 (従来法：固定)	24454.4	24782.1	615.8	715.2
0.924 (可変：各反復の平均値)	24348.5	24798.8	249.0	158.9

表 8.5 計算結果 ($N = 100$)

λ	LB	UB	$\sqrt{V_{LB}}$	$\sqrt{V_{UB}}$
1.000 (従来法：固定)	24332.6	24734.3	414.1	501.9
0.923 (可変：各反復の平均値)	24321.3	24751.9	184.6	111.3

重点抽出法における λ を更新する方法によると, リコース関数の分散を従来法より減少させ, 目的関数値の信頼区間を狭めることができた.

9 リスクを考慮した確率計画法

本章では，リスクを考慮した確率計画法について述べる．はじめに，Markowitz[88] のポートフォリオ選択問題 (portfolio selection) における平均–分散モデル (mean-variance model) の概要を示す．続いて，ばらつきを考慮した 2 段階の確率計画問題について考える．この問題は一般的には凸計画にならないため，今後の研究課題として重要である．

● 9.1 ● リスクを考慮した計画 ●

n 個の資産 (asset) への投資を考える．第 j 資産 $(j = 1, \ldots, n)$ の収益率 (rate of return) を確率変数 $\tilde{\xi}_j$ と定義し，その期待値を $E[\tilde{\xi}_j] = \mu_j$ とする．確率変数ベクトル $\tilde{\boldsymbol{\xi}} = (\tilde{\xi}_1, \ldots, \tilde{\xi}_n)^\top$ を用いて，$E[\tilde{\boldsymbol{\xi}}] = \boldsymbol{\mu} = (\mu_1, \ldots, \mu_n)^\top$ と表す．資産 j への投資額を x_j とし，総投資額 M は与えられている．確率変数ベクトル $\tilde{\boldsymbol{\xi}}$ の共分散行列 (covariance matrix)C は次のように定義される．

$$C = E\left[(\tilde{\boldsymbol{\xi}} - \boldsymbol{\mu})(\tilde{\boldsymbol{\xi}} - \boldsymbol{\mu})^\top\right] \tag{9.1}$$

Markowitz[88] はリスク尺度 (risk measure) として，収益の変動を表す分散を用いた．一定の期待収益を得るという条件の下で，リスク尺度である分散を最小化するものである．

$$\begin{array}{rl} \min & \boldsymbol{x}^\top C \boldsymbol{x} \\ \text{subject to} & \displaystyle\sum_{j=1}^{n} \mu_j x_j \geq \rho M \\ & \displaystyle\sum_{j=1}^{n} \mu_j x_j = M \\ & 0 \leq x_j \leq u_j,\ j = 1, \ldots, n \end{array}$$

パラメータ ρ は総投資額に対する期待収益の比率を表し，u_j は資産 j への投資額の上限である．パラメータ ρ を変動させ，対応する 2 次計画問題を解くことにより，効率的フロンティア (efficient frontier) を得ることができる．

Konno and Yamazaki[73] は，リスク尺度として収益の絶対偏差 (absolute deviation) を採用したモデルを示し，線形計画問題として定式化した．第 j 資産 $(j = 1, \ldots, n)$ の

収益率を確率変数 $\tilde{R}_j$ と定義し, その期待値を $E[\tilde{R}_j] = r_j$ とする. 確率変数 $\tilde{R}_j$ の第 t 期 $(t = 1, \ldots, T)$ における実現値を r_{jt} とし, r_{jt} の T 期間の平均値が r_j と等しいと仮定する.

$$r_j = \frac{1}{T}\sum_{t=1}^{T} r_{jt} \tag{9.2}$$

ポートフォリオ選択問題は以下のように定式化される.

$$\begin{array}{ll}
\min & E\left[\left|\sum_{j=1}^{n} R_j x_j - E\left[\sum_{j=1}^{n} R_j x_j\right]\right|\right] = \frac{1}{T}\sum_{t=1}^{T}\left|\sum_{j=1}^{n}(r_{jt} - r_j)x_j\right| \\
\text{subject to} & \sum_{j=1}^{n}\mu_j x_j \geq \rho M \\
& \sum_{j=1}^{n}\mu_j x_j = M \\
& 0 \leq x_j \leq u_j,\ j = 1, \ldots, n
\end{array}$$

ここに, 新たな変数 y_t $(t = 1, \ldots, T)$ を導入することにより, 問題は次の線形計画問題に変換される.

$$\begin{array}{ll}
\min & \frac{1}{T}\sum_{t=1}^{T} y_t \\
\text{subject to} & -y_t \leq \sum_{j=1}^{n}(r_{jt} - r_j)x_j \leq y_t,\ t = 1, \ldots, T \\
& \sum_{j=1}^{n}\mu_j x_j \geq \rho M \\
& \sum_{j=1}^{n}\mu_j x_j = M \\
& 0 \leq x_j \leq u_j,\ j = 1, \ldots, n
\end{array}$$

ファイナンス分野におけるさまざまなリスク尺度については, 沢木[122)], Kall and Mayer[65)] などを参照されたい. 生産計画においては, Eppen, *et al.*[40)] は利益が目標値を下回る場合のみ, 目標値との偏差をリスクとして考慮したモデルを示した.

各種のリスク尺度の中でも, 次のバリュー・アット・リスク (value at risk)VaR は重要である. 確率変数 $\tilde{\zeta}$ を損失とする. 次の $\mathrm{VaR}_\alpha(\tilde{\zeta})$ は与えられた確率 α で生じる最大損失を表す.

$$\mathrm{VaR}_\alpha(\tilde{\zeta}) = \min\{t | P(\tilde{\zeta} \leq t) \geq \alpha\} \tag{9.3}$$

Artzner,*et al.*[4)] は次のコヒレント・リスク尺度 (coherent risk measure) を示した.

定義 9.1 確率変数 $\tilde{\xi}, \tilde{\zeta}$ に対して, 次の条件を満たす $R(\cdot)$ をコヒレント・リスク尺度とよぶ.

- 劣加法性 (subadditivity) $R(\tilde{\xi}+\tilde{\zeta}) \le R(\tilde{\xi}) + R(\tilde{\zeta})$
- 正の同次性 (positive homogeneity) $R(\lambda\tilde{\xi}) = \lambda R(\tilde{\xi}),\ \forall\lambda \ge 0$
- 単調性 (monotonicity) $P(\tilde{\xi} \le t) \ge P(\tilde{\zeta} \le t),\ \forall t$ ならば $R(\tilde{\xi}) \le R(\tilde{\zeta})$
- 平行移動不変性 (translation invariance) $R(\tilde{\xi}+t) \le R(\tilde{\xi}) + t,\ \forall t$

バリュー・アット・リスクは劣加法性を満たしていない. Rockafellar and Uryasev[115, 116] はこれらの条件を満たす条件付バリュー・アット・リスク (conditional value at risk) を示した. 損失 $\tilde{z}eta$ の確率分布関数 P を用いて, 新たな分布関数 P_α を以下のように定義する.

$$P_\alpha = \begin{cases} 0 & (t < \mathrm{VaR}_\alpha(\tilde{\zeta})), \\ \dfrac{P(t)-\alpha}{1-\alpha} & (t \ge \mathrm{VaR}_\alpha(\tilde{\zeta})) \end{cases} \tag{9.4}$$

信頼水準 α の条件付バリュー・アット・リスクの値 $\mathrm{CVaR}_\alpha(\zeta)$ は次のように定義される.

$$\mathrm{CVaR}_\alpha(\zeta) = \min t + \frac{1}{1-\alpha} E_{P_\alpha}[(\tilde{\zeta}-t)^+] \tag{9.5}$$

これは以下の線形計画問題を解くことによって求められる.

$$\begin{array}{rl} \min & t + \dfrac{1}{1-\alpha} E_P[y(\tilde{\zeta})] \\ \text{subject to} & \tilde{\zeta} - y(\tilde{\zeta}) \le t, \ \text{a.s.} \\ & y(\tilde{\zeta}) \ge 0, \ \text{a.s.} \end{array}$$

● 9.2 ● ばらつきを考慮した２段階確率計画モデル ●

9.2.1 問題の定義

前節では, ポートフォリオ選択問題における平均–分散モデル, 平均–絶対偏差モデルがそれぞれ, 凸 2 次計画問題と線形計画問題になることを示した. これらは確率計画法における即時決定 (here-and-now) アプローチにおいて, 2 段階の決定を行わないものである. 3 章で示した, 罰金に対する償還請求 (リコース) を有する確率計画問題において, リコース関数のばらつきを考慮する場合, 問題は凸計画とはならないのが一般的である. リコース関数の変動リスクを考慮したモデルとして, Mulvey, *et al.*[93] は, 2 段階費用のばらつきに対する罰金を目的関数に含めたモデルを示した.

$$\begin{aligned} &\text{最小化：(1 段階費用)} + \text{(2 段階費用の期待値)} \\ &\qquad + \lambda \times \text{(2 段階費用のばらつき)} \end{aligned} \tag{9.6}$$

Mulvey, *et al.*[93] はこの問題の緩和問題を解くに留まっていた. Ahmed[1] は, ばらつきの指標に分散を用いた場合, リコース関数の分散が 1 段階変数の非凸関数になることを示した．ばらつきを表すリスク尺度に正の値のパラメータ $\lambda\ (>0)$ を掛けて，目的関数に組み入れる．これにより，λ の値によってはばらつきが抑制されることが期待される．ばらつきを考慮した 2 段階確率計画モデル (SPR-V) を以下に示す．

$$
\begin{array}{lll}
\text{(SPR-V)}: \min\limits_{\boldsymbol{x}} & \boldsymbol{c}^\top \boldsymbol{x} + \sum\limits_{s=1}^{S} p^s Q(\boldsymbol{x}, \boldsymbol{\xi}^s) + \lambda f(Q(\boldsymbol{x}, \boldsymbol{\xi}^1), \ldots, Q(\boldsymbol{x}, \boldsymbol{\xi}^S)) \\
\text{subject to} & A\boldsymbol{x} = \boldsymbol{b},\ \boldsymbol{x} \geq \boldsymbol{0} \\
 & Q(\boldsymbol{x}, \boldsymbol{\xi}^s) = \min\limits_{\boldsymbol{y}^s} \left\{ \boldsymbol{q}^{s\top} \boldsymbol{y}^s \middle| W\boldsymbol{y}^s = \boldsymbol{h}^s - T^s \boldsymbol{x},\ \boldsymbol{y}^s \geq \boldsymbol{0} \right\}, \\
 & \quad s = 1, \ldots, S
\end{array}
$$

ただし，問題に含まれる確率変数 $\tilde{\boldsymbol{\xi}}$ は離散分布に従い，その台を $\Xi = \{\boldsymbol{\xi}^1, \ldots, \boldsymbol{\xi}^S\}$ とする．関数 $f : R^S \to R$ はリコース関数値のばらつきを表す．ばらつきを示すリスク尺度 f として，分散，平均絶対偏差，上方半分散などを考えることができる．このモデルは，電力供給計画 (Malcolm and Zenios[87])，構造物の最適設計 (Mulvey, *et al.*[93])，資産管理 (Bai, *et al.*[8])，通信ネットワーク設計 (Laguna[77]) などに応用されている．$Q(\boldsymbol{x}, \boldsymbol{\xi}^s)$ を $\boldsymbol{q}^{s\top} \boldsymbol{y}^s$ と置き換えると，(SPR-V) は次の緩和問題 (RSPR-V) へ変換される．

$$
\begin{array}{lll}
\text{(RSPR-V)}: \min\limits_{\boldsymbol{x}, \boldsymbol{y}^1, \ldots, \boldsymbol{y}^S} & \boldsymbol{c}^\top \boldsymbol{x} + \sum\limits_{s=1}^{S} p^s \boldsymbol{q}^{s\top} \boldsymbol{y}^s + \lambda f(\boldsymbol{q}^{1\top} \boldsymbol{y}^1, \ldots, \boldsymbol{q}^{S\top} \boldsymbol{y}^S) \\
\text{subject to} & A\boldsymbol{x} = \boldsymbol{b} \\
 & W\boldsymbol{y}^s = \boldsymbol{h}^s - T^s \boldsymbol{x},\ s = 1, \ldots, S \\
 & \boldsymbol{x} \geq \boldsymbol{0},\ \boldsymbol{y}^s \geq \boldsymbol{0},\ s = 1, \ldots, S
\end{array}
$$

2 段階費用の期待値のみを含む従来の確率計画モデルとは異なり，ばらつきを考慮したモデルの場合，(SPR-V) と (RSPR-V) は等価ではなく，(RSPR-V) は (SPR-V) の緩和問題となる．(RSPR-V) の最適解を $\boldsymbol{x}^*, \boldsymbol{y}^{1*}, \ldots, \boldsymbol{y}^{S*}$ とすると，$\boldsymbol{y}^{s*}$ がリコース問題 $Q(\boldsymbol{x}^*, \boldsymbol{\xi}^s) = \min_{\boldsymbol{y}^s} \left\{ \boldsymbol{q}^{s\top} \boldsymbol{y}^s \middle| W\boldsymbol{y}^s = \boldsymbol{h}^s - T^s \boldsymbol{x}^*,\ \boldsymbol{y}^s \geq \boldsymbol{0} \right\}$ の最適解にならない可能性がある．

解が一致しないのは，ばらつきの指標 f によっては，リコース問題の目的関数値を増やすことがばらつきの抑制につながる場合があるためである．つまり，リコース問題で最小費用の解ではなく，あえて費用の高い解にした方がばらつきが抑えられ，その結果 (RSPR-V) の全体としての目的関数値が低くなることがある．

例 9.1　1 段階費用を $c = 2$，確率変数を $\xi^1 = 3,\ \xi^2 = 2,\ p^1 = p^2 = \frac{1}{2}$，2 段階費用を $q^1 = q^2 = 1$ とする．f を分散として，次の問題 (P1) とその緩和である (P2) を考える．

$$\begin{aligned}
\textbf{(P1):}\min_{x} \quad & cx + p^1 Q(x,\xi^1) + p^2 Q(x,\xi^2) + \lambda f(Q(x,\xi^1), Q(x,\xi^2)) \\
\text{subject to} \quad & x \geq 0 \\
& Q(x,\xi^1) = \min\nolimits_{y^1} \left\{ {q^1}^\top y^1 \middle| y^1 \geq \xi^1 - x,\ y^1 \geq 0 \right\} \\
& Q(x,\xi^2) = \min\nolimits_{y^2} \left\{ {q^2}^\top y^2 \middle| y^2 \geq \xi^2 - x,\ y^2 \geq 0 \right\}
\end{aligned}$$

$$\begin{aligned}
\textbf{(P2):}\min_{x,y^1,y^2} \quad & cx + p^1 y^1 + p^2 y^2 + \lambda f({q^1}^\top y^1, {q^2}^\top y^2) \\
\text{subject to} \quad & {q^1}^\top y^1 \geq \xi^1 - x \\
& {q^2}^\top y^2 \geq \xi^2 - x \\
& x, y^1, y^2 \geq 0
\end{aligned}$$

問題 (P1) の緩和問題である (P2) の解を, A. 2. 2 項の **Karush–Kuhn–Tucker** 条件 (Karush–Kuhn–Tucker condition) を用いて求め, (P2) における 1 段階変数 x を変数とした目的関数の形状を調べる. (P1),(P2) に含まれるばらつきを示す関数 $f({q^1}^\top y^1, {q^2}^\top y^2)$ が ${q^1}^\top y^1, {q^2}^\top y^2$ の分散である場合, $f({q^1}^\top y^1, {q^2}^\top y^2)$ は次のようになる.

$$\begin{aligned}
f({q^1}^\top y^1, {q^2}^\top y^2) &= \mathrm{Var}({q^1}^\top y^1, {q^2}^\top y^2) \\
&= \frac{1}{2}\{({q^1}^\top y^1)^2 + ({q^2}^\top y^2)^2\} - \left(\frac{1}{2}\right)^2 ({q^1}^\top y^1 + {q^2}^\top y^2)^2 \\
&= \frac{1}{4}({q^1}^\top y^1 - {q^2}^\top y^2)^2
\end{aligned}$$

$q^1 = q^2 = 1$ のため, $\mathrm{Var}({q^1}^\top y^1, {q^2}^\top y^2) = \frac{1}{4}(y^1 - y^2)^2$ となる. 問題 (P2) は次のようになる.

$$\begin{aligned}
\text{(P2)}: \min \quad & 2x + 0.5y^1 + 0.5y^2 + \frac{\lambda}{4}(y^1 - y^2)^2 \\
\text{subject to} \quad & y^1 \geq 3 - x \\
& y^2 \geq 2 - x \\
& x, y^1, y^2 \geq 0
\end{aligned}$$

問題 (P2) は凸 2 次計画問題であり, KKT(Karush–Kuhn–Tucker) 条件は大域的最適であるための必要十分条件である. 1, 2 番目の制約に対する KKT 乗数を $\pi_1, \pi_2 \geq 0$, 非負条件 $x, y^1, y^2 \geq 0$ に対する KKT 乗数を $\mu_0, \mu_1, \mu_2 \geq 0$ とする. KKT 条件を以下のように示す.

$$2 - \pi_1 - \pi_2 - \mu_0 = 0 \tag{9.7}$$

$$\frac{1}{2} + \frac{\lambda}{2}(y^1 - y^2) - \pi_1 - \mu_1 = 0 \tag{9.8}$$

$$\frac{1}{2} + \frac{\lambda}{2}(y^2 - y^1) - \pi_2 - \mu_2 = 0 \tag{9.9}$$

相補条件は以下のようになる.

$$\pi_1(3 - x - y^1) = 0 \tag{9.10}$$

$$\pi_2(2 - x - y^2) = 0 \tag{9.11}$$

$$\mu_0 x = 0 \tag{9.12}$$

$$\mu_1 y^1 = 0 \tag{9.13}$$

$$\mu_2 y^2 = 0 \tag{9.14}$$

式 (9.8), (9.9) より, $1 - \pi_1 - \pi_2 - \mu_1 - \mu_2 = 0$ となり, これと式 (9.7) より, $\mu_0 = 1 + \mu_1 + \mu_2$ という関係が得られる. $\mu_1, \mu_2 \geq 0$ であるため $\mu_0 \geq 1$ となり, 式 (9.12) から KKT 条件を満たす x は $x^* = 0$ でなければならない. 元問題の制約より $y^1 \geq 3 - x^* = 3$ であるため, 式 (9.13) より $\mu_1 = 0$ となる. 同様に $y^2 \geq 2 - x^* = 2$ であるため, 式 (9.14) より $\mu_2 = 0$ となる. これより, KKT 条件 (9.7), (9.8), (9.9) は以下のようになる.

$$1 = \pi_1 + \pi_2 \tag{9.15}$$

$$\frac{1}{2} + \frac{\lambda}{2}(y^1 - y^2) - \pi_1 = 0 \tag{9.16}$$

$$\frac{1}{2} + \frac{\lambda}{2}(y^2 - y^1) - \pi_2 = 0 \tag{9.17}$$

式 (9.15) において $\pi_1 = 1,\ \pi_2 = 0$ の場合, 式 (9.10) より $y^{1*} = 3$ となる. 式 (9.17) より $y^{2*} = 3 - \frac{1}{\lambda}$ となるが, 元問題 (P2) の制約 $y^{2*} \geq 2 - x^*$ を満たすには, $3 - \frac{1}{\lambda} \geq 2$ すなわち $\lambda \geq 1$ でなければならない. よって $\lambda \geq 1$ のとき, $x^* = 0,\ y^{1*} = 3,\ y^{2*} = 3 - \frac{1}{\lambda}$ が (P2) の最適解となる. 式 (9.15) において $\pi_1 = 0,\ \pi_2 = 1$ の場合, 式 (9.11) より $y^{2*} = 2$ となる. 式 (9.16) より $y^{1*} = 2 - \frac{1}{\lambda}$ となるが, 元問題 (P2) の制約 $y^{1*} \geq 3 - x^*$ を満たす $\lambda > 0$ は存在しない. 式 (9.15) において $\pi_1 > 0,\ \pi_2 > 0$ の場合, 式 (9.10), (9.11) より $y^{1*} = 3,\ y^{2*} = 2$ となる. 式 (9.16), (9.17) より $\lambda = \pi_1 - \pi_2$ となる. 式 (9.15) を $\lambda = \pi_1 - \pi_2$ に代入すると $\lambda = 2\pi_1 - 1$ となるが, $0 < \pi_1 < 1$ の範囲では $-1 < \lambda < 1$ となるため, $0 < \lambda < 1$ である λ のみを考えればよい. よって $0 < \lambda < 1$ のとき, $x^* = 0,\ y^{1*} = 3,\ y^{2*} = 2$ が (P2) の最適解となる.

これより $\lambda > 1$ のとき, (P2) を解いて得られる y^{1*}, y^{2*} の値が必ずしもリコース問題の最適解とならない場合があることがわかる. 続いて, (P2) の目的関数を 1 段階変数 x の関数と見たときの性質を調べる. そのために, x をパラメータとして固定して KKT 条件から y^{1*}, y^{2*} の値を求め, (P2) の目的関数に代入すればよい. 以下 $\lambda > 1$ の場合のみ考える. x をパラメータとすると, KKT 条件と相補条件は, 式 (9.8)〜(9.11), (9.13), (9.14) のみを考えればよい.

- $0 \leq x \leq 3 - \frac{1}{\lambda}$ のとき, $y^1 = 3 - x,\ y^2 = 3 - x - \frac{1}{\lambda}$ が最適解となる. KKT 乗数は, $\pi_1 = 1,\ \pi_2 = 0,\ \mu_1 = 0,\ \mu_2 = 0$ とすればよい. 目的関数は $x + 3 - \frac{1}{4\lambda}$ となる.
- $3 - \frac{1}{\lambda} \leq x < 3$ のとき, $y^1 = 3 - x,\ y^2 = 0$ が最適解となる. KKT 乗数は, $\pi_1 =$

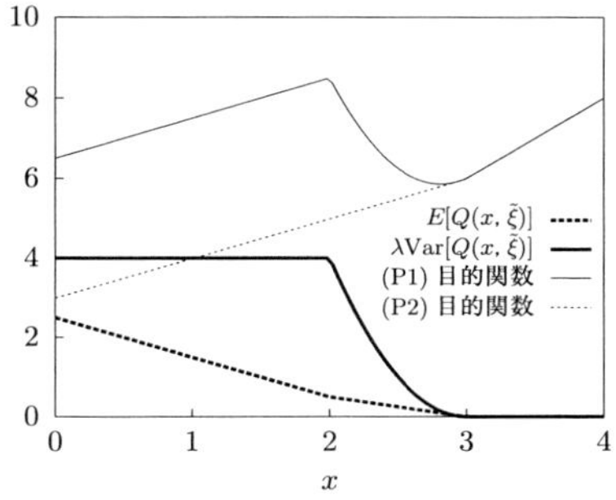

図 **9.1** (P1),(P2) の目的関数の違い

$\frac{1+\lambda(3-x)}{2}$, $\pi_2=0$, $\mu_1=0$, $\mu_2=\frac{1-\lambda(3-x)}{2}$ とすればよい．目的関数は $\frac{3}{2}(x+1)+\frac{\lambda}{4}(3-x)^2$ となる．

- $3\le x$ のとき, $y^1=0$, $y^2=0$ が最適解となる．KKT 乗数は, $\pi_1=1$, $\pi_2=0$, $\mu_1+\mu_2=1$ を満たすようにとればよい．目的関数は $2x$ となる．

(P1), (P2) の目的関数を x の関数とみなし, $\lambda=16$ の場合の目的関数を図 9.1 に示す．

(P1) における分散項は $\mathrm{Var}(Q(x,\xi^1),Q(x,\xi^2))$ であるが, $0\le x\le 2$ のとき $\mathrm{Var}(Q(x,\xi^1),Q(x,\xi^2))=\mathrm{Var}(\xi^1,\xi^2)=1/4$, $2\le x\le 3$ のとき $\mathrm{Var}(Q(x,\xi^1),Q(x,\xi^2))$ $=\mathrm{Var}(\xi^1-x,0)=(3-x)^2/4$, $3\le x$ のとき $\mathrm{Var}(Q(x,\xi^1),Q(x,\xi^2))=\mathrm{Var}(0,0)=0$ となる．よって, (P1) の目的関数は x の非凸関数になる．これに対し (P2) の目的関数は, 上の議論から x の凸関数になる．(P1) の実行可能解 (x,y^1,y^2) が (P2) の実行可能解となることからも, (P2) が (P1) の凸2次計画緩和問題となる．1段階変数の区間 $0\le 3-\frac{1}{\lambda}$ では, (P1) と (P2) の目的関数の差が大きいことがわかる． □

9.2.2 最適性の条件

Takriti and Ahmed[146] は, (RSPR-V) の最適解 $\boldsymbol{y}^s$ $(s=1,\ldots,S)$ がリコース問題の最適解になるための必要十分条件を示した．例 9.1 に示したように, (RSPR-V) から求まる $\boldsymbol{y}^s$ $(s=1,\ldots,S)$ は, 必ずしもリコース問題の最適解になるとは限らない．ばらつきの関数 f は劣微分 (subdifferential) 可能であると仮定し, f の $\boldsymbol{z}=(z^1,\ldots,z^S)$ における劣微分を $\partial f(z)$ と定義する．劣微分を考えるのは, ばらつきの指標として平均絶対偏差や上方半分散を考慮するためである．与えられた $\boldsymbol{x},\lambda$ に対し, リコース問題の目的関数にばらつきの項を加えた以下の問題 (9.18) を考え, その最適値を $\boldsymbol{x}$ の関数 $\phi_\lambda(\boldsymbol{x})$ とする．

$$\phi_\lambda(\boldsymbol{x})=\min_{\boldsymbol{y}^1,\ldots,\boldsymbol{y}^S}\left\{\sum_{s=1}^{S}p^s{\boldsymbol{q}^s}^\top\boldsymbol{y}^s+\lambda f({\boldsymbol{q}^1}^\top\boldsymbol{y}^1,\ldots,{\boldsymbol{q}^S}^\top\boldsymbol{y}^S)\right|$$

$$W\boldsymbol{y}^s = \boldsymbol{h}^s - T^s\boldsymbol{x},\ \boldsymbol{y}^s \geq \boldsymbol{0},\ s = 1,\ldots,S\Big\} \tag{9.18}$$

Takriti and Ahmed[146)] は定理 9.1 を示した．劣微分に関しては, A. 2. 1 項を参照されたい．

定理 9.1 関数 f が劣微分可能であるとする．$\lambda, \boldsymbol{x}$ が与えられており, 問題 (9.18) の実行可能解を $\boldsymbol{y}^s$ $(s = 1,\ldots,S)$, また $\boldsymbol{q}^{s\top}\boldsymbol{y}^s = z^s$ $(s = 1,\ldots,S)$ とする．以下の (a),(b) の条件を満たす f の $(z^1,\ldots,z^S)$ における劣勾配 $\boldsymbol{g} = (g^1,\ldots,g^S) \in \partial f(z^1,\ldots,z^S)$ が存在するとき, またそのときのみ, $\boldsymbol{y}^1,\ldots,\boldsymbol{y}^S$ は問題 (9.18) の KKT 条件を満たす．
(a) $(p^s + \lambda g^s) > 0$ のとき, $\boldsymbol{y}^s$ は以下のリコース問題の最適解である．

$$Q^s(\boldsymbol{x}) = \min_{\boldsymbol{y}^s}\left\{\boldsymbol{q}^{s\top}\boldsymbol{y}^s \middle| W\boldsymbol{y}^s = \boldsymbol{h}^s - T^s\boldsymbol{x},\ \boldsymbol{y} \geq \boldsymbol{0}\right\} \tag{9.19}$$

(b) $(p^s + \lambda g^s) < 0$ のとき, $\boldsymbol{y}^s$ はリコース問題ではなく以下の最大化問題の最適解である．

$$R^s(\boldsymbol{x}) = \max_{\boldsymbol{y}^s}\left\{\boldsymbol{q}^{s\top}\boldsymbol{y}^s \middle| W\boldsymbol{y}^s = \boldsymbol{h}^s - T^s\boldsymbol{x},\ \boldsymbol{y} \geq \boldsymbol{0}\right\} \tag{9.20}$$

証明：問題 (9.18) の実行可能解 $\boldsymbol{y}^s$ は, 問題 (9.19), (9.20) の実行可能解であることは明らかである．まず, $\boldsymbol{y}^1,\ldots,\boldsymbol{y}^S$ が問題 (9.18) の KKT 条件を満たすと仮定する．$\boldsymbol{y}^s$ は最適であるため, f のある劣勾配 $\boldsymbol{g} \in \partial f(z^1,\ldots,z^S)$ が存在し, 制約 $W\boldsymbol{y}^s = \boldsymbol{h}^s - T^s\boldsymbol{x}$ に対応する KKT 乗数 (行) ベクトルを $\boldsymbol{\pi}^s$, $\boldsymbol{y}^s$ の非負条件に対する KKT 乗数 (行) ベクトルを $\boldsymbol{\mu}^s$ とする．このとき, f の $\boldsymbol{y}_s$ に関する劣勾配は $g^s \cdot \boldsymbol{q}^s$ となる．KKT 条件よりすべての s において, $(p^s + \lambda g^s)\boldsymbol{q}^{s\top} - \boldsymbol{\pi}^s W - \boldsymbol{\mu}^s = \boldsymbol{0}$ となる．非負制約に対する KKT 乗数ベクトルは符号条件があるので, $\boldsymbol{\mu}^s \geq \boldsymbol{0}$ となる．したがって, $\boldsymbol{\pi}^s$ は $\boldsymbol{\pi}^s W \leq (p^s + \lambda g^s)\boldsymbol{q}^{s\top}$ を満たす．また, 相補条件 $\boldsymbol{\mu}^s\boldsymbol{y}^s = 0$ $(s = 1,\ldots,S)$ より, $\{(p^s + \lambda g^s)\boldsymbol{q}^{s\top} - \boldsymbol{\pi}^s W\}\boldsymbol{y}^s = 0$ が成り立つ．条件 (a) については, (9.19) の双対問題 $\max\{\boldsymbol{\mu}^s(\boldsymbol{h}^s - T^s\boldsymbol{x}) | \boldsymbol{\mu}^s W \leq \boldsymbol{q}^{s\top}\}$ を考えると, $\boldsymbol{\mu}^s = \boldsymbol{\pi}^s/(p^s + \lambda g^s)$ は実行可能であり, リコース問題 (9.19) の相補条件 $(\boldsymbol{q}^{s\top} - \boldsymbol{\mu}^s W)\boldsymbol{y}^s = 0$ を満たすため, y^s はリコース問題の最適解となる．(b) についても同様である．

逆に十分条件を考えると, (a),(b) の両方を満足する劣勾配 $\boldsymbol{g}$ が存在するとき, $\boldsymbol{y}^1,\ldots,\boldsymbol{y}^S$ が問題 (9.18) の KKT 条件を満たしていることを示す．$(p^s + \lambda g^s) > 0$ ならば (9.19), $(p^s + \lambda g^s) < 0$ ならば (9.20) の双対問題の最適解を $\boldsymbol{\mu}^s$(行ベクトル) とする．問題 (9.19), (9.20) の相補スラック条件より $(\boldsymbol{q}^{s\top} - \boldsymbol{\mu}^s W)\boldsymbol{y}^s = 0$ が成立する．行ベクトル $\boldsymbol{\pi}^s$ を, $p^s + \lambda g^s$ が 0 でない場合は $\boldsymbol{\pi}^s = (p^s + \lambda g^s)\boldsymbol{\mu}^s$, それ以外の場合は $\boldsymbol{\pi}^s = \boldsymbol{0}$ と定める．$\boldsymbol{\pi}^s$ が問題 (9.18) の KKT 条件を満たしていることを示す．$(p^s + \lambda g^s) > 0$ ならば, $\boldsymbol{\mu}^s$ は問題 (9.19) の双対最適解であるため, $\boldsymbol{\mu}^s W \leq \boldsymbol{q}^{s\top}$ を満たす．この両辺に $(p^s + \lambda g^s) > 0$ を掛けると, $\boldsymbol{\pi}^s W \leq (p^s + \lambda g^s)\boldsymbol{q}^{s\top}$ となり, KKT の最適性条件が得られる．$(p^s + \lambda g^s) < 0$ ならば, $\boldsymbol{\mu}^s$ は問題 (9.20) の双対最適解であるため,

$\boldsymbol{\mu}^s W \geq \boldsymbol{q}^{s\top}$ を満たす．この両辺に $(p^s + \lambda g^s) < 0$ を掛けると，$\boldsymbol{\pi}^s W \leq (p^s + \lambda g^s)\boldsymbol{q}^{s\top}$ となり，同様に KKT の最適性条件が得られる．$(p^s + \lambda g^s) = 0$ ならば，$\boldsymbol{\pi}^s = \boldsymbol{0}$ であるため $\boldsymbol{\pi}^s W \leq (p^s + \lambda g^s)\boldsymbol{q}^{s\top}$ が成立する．KKT の相補条件については，問題 (9.19), (9.20) の相補条件 $(\boldsymbol{q}^{s\top} - \boldsymbol{\mu}^s W)\boldsymbol{y}^s = 0$ より明らかである．よって，$(\boldsymbol{y}^s, \boldsymbol{\pi}^s, \boldsymbol{\mu}^s)$ は問題 (9.18) の KKT 条件を満たす．□

以上の定理 9.1 から，問題 (9.18) の最適解 $(\boldsymbol{y}^{1*}, \ldots, \boldsymbol{y}^{S*})$ において $p^s + \lambda g^s$ が負になる場合は，$\boldsymbol{y}^{s*}$ はリコース問題 (9.19) の最適解ではなく最大化問題 (9.20) の最適解となるため，(RSPR-V) の最適解は必ずしもリコース問題の最適解となることは保証されない．

例 9.2 例 9.1 と同様に，(P1) とその緩和である (P2) を考える．1 段階費用を $c = 2$，確率変数を $\xi^1 = 3, \xi^2 = 2$, $p^1 = p^2 = \frac{1}{2}$, 2 段階費用を $q^1 = q^2 = 1$ とする．f は分散を表す．

$$\begin{array}{ll} \textbf{(P1)}: \min\limits_{x} & cx + p^1 Q(x,\xi^1) + p^2 Q(x,\xi^2) + \lambda f(Q(x,\xi^1), Q(x,\xi^2)) \\ \text{subject to} & x \geq 0 \\ & Q(x,\xi^1) = \min_{y^1} \left\{ {q^1}^\top y^1 \middle| y^1 \geq \xi^1 - x,\ y^1 \geq 0 \right\} \\ & Q(x,\xi^2) = \min_{y^2} \left\{ {q^2}^\top y^2 \middle| y^2 \geq \xi^2 - x,\ y^2 \geq 0 \right\} \end{array}$$

$$\begin{array}{ll} \textbf{(P2)}: \min\limits_{x,y^1,y^2} & cx + p^1 y^1 + p^2 y^2 + \lambda f({q^1}^\top y^1, {q^2}^\top y^2) \\ \text{subject to} & {q^1}^\top y^1 \geq 3 - x \\ & {q^2}^\top y^2 \geq 2 - x \\ & x, y^1, y^2 \geq 0 \end{array}$$

(P2) の最適解は，$0 \leq \lambda < 1$ ならば $x = 0,\ y^1 = 3,\ y^2 = 1$ となる．$1 \leq \lambda$ ならば $x = 0,\ y^1 = 3,\ y^2 = 3 - 1/\lambda$ となる．g^1, g^2 をそれぞれ求めると，次のようになる．

$$g^1 = \frac{\partial\{(y^1 - y^2)^2/4\}}{\partial y^1} = \frac{1}{4}(2y^1 - 2y^2) = \frac{y^1 - y^2}{2} \tag{9.21}$$

$$g^2 = \frac{\partial\{(y^2 - y^1)^2/4\}}{\partial y^2} = \frac{1}{4}(2y^2 - 2y^1) = \frac{y^2 - y^1}{2} \tag{9.22}$$

$0 \leq \lambda < 1$ のとき，$p^1 + \lambda g^1 = (1+\lambda)/2 > 0,\ p^2 + \lambda g^2 = (1-\lambda)/2 > 0$ になるので，定理 9.1 より (P2) の最適解はリコース問題の最適解となることがわかる．$1 \leq \lambda$ の場合，$p^1 + \lambda g^1 = 1,\ p^2 + \lambda g^2 = 0$ になるので，定理 9.1 の条件は満たされておらず，(P2) の最適解はリコース問題の最適解とはならない．

(RSPR-V) を解いた場合に得られる 2 段階費用のばらつきは，各シナリオに対するリコース関数の最適値のばらつきに対して小さくなることが，次の定理 9.2 により示される．

定理 9.2　$\lambda \geq 0$ が与えられており, (RSPR-V) の最適解を $\boldsymbol{x}^*, \boldsymbol{y}^{1*}, \ldots, \boldsymbol{y}^{S*}$ とすると,

$$f(Q(\boldsymbol{x}^*, \boldsymbol{\xi}^1), \ldots, Q(\boldsymbol{x}^*, \boldsymbol{\xi}^S)) \geq f(\boldsymbol{q}^{1^\top} \boldsymbol{y}^{1*}, \ldots, \boldsymbol{q}^{S^\top} \boldsymbol{y}^{*S}) \tag{9.23}$$

が成り立つ.

証明：$\boldsymbol{y}^{sQ}$ $(s = 1, \ldots, S)$ を $\boldsymbol{x}^*$ に対するリコース問題 $Q(\boldsymbol{x}^*, \boldsymbol{\xi}^s) = \min_{\boldsymbol{y}^s} \left\{ \boldsymbol{q}^{s^\top} \boldsymbol{y}^s \middle| W \boldsymbol{y}^s = \boldsymbol{h}^s - T^s \boldsymbol{x},\ \boldsymbol{y}^s \geq \boldsymbol{0} \right\}$ の最適解, すなわち $Q(\boldsymbol{x}^*, \boldsymbol{\xi}^s) = \boldsymbol{q}^{s^\top} \boldsymbol{y}^{sQ}$ $(s = 1, \ldots, S)$ とする. $\boldsymbol{x}^*, \boldsymbol{y}^{1Q}, \ldots, \boldsymbol{y}^{SQ}$ は (RSPR-V) の実行可能解であるため, 次の式が成り立つ.

$$\begin{aligned} &\boldsymbol{c}^\top \boldsymbol{x}^* + \sum_{s=1}^{S} p^s \boldsymbol{q}^{s^\top} \boldsymbol{y}^{s*} + \lambda f(\boldsymbol{q}^{1^\top} \boldsymbol{y}^{1*}, \ldots, \boldsymbol{q}^{S^\top} \boldsymbol{y}^{S*}) \\ &\leq \boldsymbol{c}^\top \boldsymbol{x}^* + \sum_{s=1}^{S} p^s \boldsymbol{q}^{s^\top} \boldsymbol{y}^{sQ} + \lambda f(\boldsymbol{q}^{1^\top} \boldsymbol{y}^{1Q}, \ldots, \boldsymbol{q}^{S^\top} \boldsymbol{y}^{SQ}) \end{aligned}$$

$\boldsymbol{y}^{s*}$ は (RSPR-V) の実行可能解であるため, $\boldsymbol{q}^{s^\top} \boldsymbol{y}^{s*} \geq \boldsymbol{q}^{s^\top} \boldsymbol{y}^{sQ}$ $(s = 1, \ldots, S)$ が成り立つ. よって, $\lambda \geq 0$ であるため $f(Q(\boldsymbol{x}^*, \boldsymbol{\xi}^1), \ldots, Q(\boldsymbol{x}^*, \boldsymbol{\xi}^S)) \geq f(\boldsymbol{q}^{1^\top} \boldsymbol{y}^{1*}, \ldots, \boldsymbol{q}^{S^\top} \boldsymbol{y}^{S*})$ となる. □

このように, 定理 9.1 より $p^s + \lambda g^s$ の正負条件によって, (RSPR-V) の最適解が必ずしもリコース問題の最適解とならず, 同時に定理 9.2 より, (RSPR-V) から得られる 2 段階費用のばらつきは, リコース関数の真のばらつきよりも小さな値となることがわかった.

したがって, $p^s + \lambda g^s$ の符号が常に正であれば, (RSPR-V) の最適解がリコース問題の最適解となることが保証される. $p^s + \lambda g^s > 0$ という条件が λ の値に依存しないためには, $\boldsymbol{g}$ の要素がすべて非負であればよい. すなわち, f が $\boldsymbol{q}^\top \boldsymbol{y}$ の非減少関数であることが, (RSPR-V) の最適解がリコース問題の最適解となるための十分条件である.

定理 9.3　$\lambda \geq 0$ が与えられており, f を非減少関数とする. このとき, 問題 (SPR-V) と (RSPR-V) は等価である.

証明：$\boldsymbol{x}^Q, \boldsymbol{y}^{sQ}$ $(s = 1, \ldots, S)$ を問題 (SPR-V) の最適解とすると, (SPR-V) に含まれる 2 段階問題 $Q(\boldsymbol{x}^Q, \boldsymbol{\xi}^s) = \min \left\{ \boldsymbol{q}^{s^\top} \boldsymbol{y}^s \middle| W \boldsymbol{y}^s = \boldsymbol{h}^s - T^s \boldsymbol{x}^Q,\ \boldsymbol{y}^s \geq \boldsymbol{0} \right\}$ の最適解は $\boldsymbol{y}^{sQ}$ であるため, $Q(\boldsymbol{x}^Q, \boldsymbol{\xi}^s) = \boldsymbol{q}^{s^\top} \boldsymbol{y}^{sQ}$ $(s = 1, \ldots, S)$ となる. また, $\boldsymbol{x}^Q, \boldsymbol{y}^{sQ}$ $(s = 1, \ldots, S)$ は問題 (RSPR-V) の実行可能解であるため, (RSPR-V) の最適目的関数値は (SPR-V) の最適目的関数値に対する下界値となる. 続いて, $\boldsymbol{x}^*, \boldsymbol{y}^{1*}, \ldots, \boldsymbol{y}^{S*}$ を (RSPR-V) の最適解とする. このとき, あるシナリオ s について $\boldsymbol{y}^{s*}$ が 2 段階問題の最適解ではないと仮定する. すなわち, $\boldsymbol{q}^{s^\top} \boldsymbol{y}^{s*} > \boldsymbol{q}^{s^\top} \bar{\boldsymbol{y}}^s$ かつ $\bar{\boldsymbol{y}}^s$ は $Q(\boldsymbol{x}^*, \boldsymbol{\xi}^s) = \min \left\{ \boldsymbol{q}^{s^\top} \boldsymbol{y}^s \middle| W \boldsymbol{y}^s = \boldsymbol{h}^s - T^s \boldsymbol{x}^*,\ \boldsymbol{y}^s \geq \boldsymbol{0} \right\}$ の最適解と仮定する. f の非減少性より,

$$f(\boldsymbol{q}^{1^\top} \boldsymbol{y}^{1*}, \ldots, \boldsymbol{q}^{s^\top} \boldsymbol{y}^{s*}, \ldots, \boldsymbol{q}^{S^\top} \boldsymbol{y}^{S*}) \geq f(\boldsymbol{q}^{1^\top} \boldsymbol{y}^{1*}, \ldots, \boldsymbol{q}^{s^\top} \bar{\boldsymbol{y}}^{s*}, \ldots, \boldsymbol{q}^{S^\top} \boldsymbol{y}^{S*})$$

となるため, $\boldsymbol{x}^*, \boldsymbol{y}^{1*}, \ldots, \boldsymbol{y}^{S*}$ が (RSPR-V) の最適解であることに反する. $\boldsymbol{q}^{s\top}\boldsymbol{y}^{s*} > \boldsymbol{q}^{s\top}\bar{\boldsymbol{y}}^s$ を満たす $\bar{\boldsymbol{y}}^s$ は存在しないため, $\boldsymbol{y}^{s*}$ は第 2 段階問題の最適解となる. これより, (RSPR-V) の最適目的関数値は (SPR-V) の最適値に対する上界となる. よって問題 (SPR-V) と (RSPR-V) は等価である. □

Takriti and Ahmed[146) は f が非減少となる関数として, 目標費用 R^* を設定し, その費用の超過分を 2 乗した $\sum_{s=1}^S p^s[Q(\boldsymbol{x}, \boldsymbol{\xi}^s) - R^*]_+^2$ を提案した. しかし, リスク尺度として適切な目標値 R^* を常に設定できるとは限らない. リスク尺度として分散を用いる場合, リコース関数の分散は 1 段階変数の単調非減少関数ではないため, 定理 9.1 の条件を満たさない. よって, (RSPR-V) の最適解がリコース問題の最適解とはならない場合がある. 実際に例 9.1 では, 問題は凸計画とならない. Ahmed[1) は, 問題が凸計画となるようなリスク尺度の例を示し, 切除平面法による解法を示した.

● 9.3 ●　分散を考慮した単純リコースモデル ●

9.3.1　分散を考慮した場合の定式化

本節では, 分散を考慮した単純リコースモデル (椎名ほか[142)) について考える. 問題に含まれる確率変数ベクトル $\tilde{\boldsymbol{\xi}} = (\tilde{\xi}_1, \ldots, \tilde{\xi}_{m_2})$ の各成分 $\tilde{\xi}_i$ $(i = 1, \ldots, m_2)$ が有限な離散分布に従うものとし, 確率変数 $\tilde{\xi}_i$ の分布の台を $\Xi_i = \{\xi_i^1, \ldots, \xi_i^{|\Xi_i|}\}$ $(|\Xi_i| < \infty)$ とする. 次の仮定をおく.

仮定 9.1　確率変数ベクトル $\tilde{\boldsymbol{\xi}}$ の各成分 $\tilde{\xi}_i$ $(i = 1, \ldots, m_2)$ は有限な離散分布に従い, 互いに独立であるものとする.

仮定 9.2　$\tilde{\xi}_i = \xi_i^{s_i}$ となる確率を $\mathrm{Prob}(\tilde{\xi}_i = \xi_i^{s_i}) = p_i^{s_i} > 0$ $(s_i = 1, \ldots, |\Xi_i|)$ とする. 確率変数 $\tilde{\xi}_i$ のとりうる値はすべて正であり, 上に有界である. すなわち
$0 < \xi_i^1, \ldots, \xi_i^{|\Xi_i|} < \infty$
とする.

仮定 9.1, 9.2 のもとでリコース関数の分散を考慮した単純リコース問題 (SPRST-V) を考える. 式 (5.2) と同様に, 入札変数 $\boldsymbol{\chi}$ を変数とするリコース関数 $\Psi(\boldsymbol{\chi})$ は χ_i $(i = 1, \ldots, m_2)$ ごとに分離可能であり, $\Psi(\boldsymbol{\chi}) = \sum_{i=1}^{m_2} \Psi_i(\chi_i)$ であるため, $\Psi_i(\chi_i)$ $(i = 1, \ldots, m_2)$ の分散を目的関数に含む問題 (SPRST-V) を次のように定義する.

(SPRST-V) :

$$
\begin{array}{rl}
\min & \boldsymbol{c}^\top \boldsymbol{x} + \displaystyle\sum_{i=1}^{m_2} \Psi_i(\chi_i) + \sum_{i=1}^{m_2} \mathrm{Var}[\psi_i(\chi_i, \xi_i^1), \ldots, \psi_i(\chi_i, \xi_i^{|\Xi_i|})] \\
\text{subject to} & A\boldsymbol{x} = \boldsymbol{b} \\
& \boldsymbol{x} \geq \boldsymbol{0} \\
& \boldsymbol{\chi} = T\boldsymbol{x}
\end{array}
$$

$$\text{where} \quad \Psi_i(\chi_i) = \sum_{s_i=1}^{|\Xi_i|} p_i^{s_i} \psi_i(\chi_i, \xi_i^{s_i}),\ i = 1, \ldots, m_2$$
$$\psi_i(\chi_i, \xi_i^{s_i}) = \min\{q_i y(\xi_i^{s_i})_i \mid y(\xi_i^{s_i})_i \ge \xi_i^{s_i} - \chi_i,\ y(\xi_i^{s_i})_i \ge 0\},$$
$$s_i = 1, \ldots, |\Xi_i|,\ i = 1, \ldots, m_2$$

問題 (SPRST-V) の凸 2 次計画緩和問題 (RSPRST-V) を次のように定義する.

(RSPRST-V) :

$$\begin{array}{ll} \min & \boldsymbol{c}^\top \boldsymbol{x} + \displaystyle\sum_{i=1}^{m_2} \sum_{s_i=1}^{|\Xi_i|} p_i^{s_i} q_i y(\xi_i^{s_i})_i + \sum_{i=1}^{m_2} \mathrm{Var}[q_i y(\xi_i^1)_i, \ldots, q_i y(\xi_i^{|\Xi_i|})_i] \\ \text{subject to} & A\boldsymbol{x} = \boldsymbol{b} \\ & \boldsymbol{x} \ge \boldsymbol{0} \\ & \boldsymbol{\chi} = T\boldsymbol{x} \\ & y(\xi_i^{s_i})_i \ge \xi_i^{s_i} - \chi_i,\ s_i = 1, \ldots, |\Xi_i|,\ i = 1, \ldots, m_2 \\ & y(\xi_i^{s_i})_i \ge 0,\ s_i = 1, \ldots, |\Xi_i|,\ i = 1, \ldots, m_2 \end{array}$$

9.3.2 リコース関数の期待値と分散

続いて, リコース関数 $\psi_i(\chi_i, \xi_i^{s_i}) = \min\{q_i y(\xi^{s_i})_i \mid y(\xi_i^{s_i})_i \ge \xi_i^{s_i} - \chi_i,\ y(\xi_i^{s_i})_i \ge 0\}$ $(i = 1, \ldots, m_2)$ の期待値と分散を考える. まず, $\psi_i(\chi_i, \xi_i^{s_i})$ において $q_i = 1$ とした問題 (9.24) を考える.

$$\bar{\psi}_i(\chi_i, \xi_i^{s_i}) = \min\{y(\xi^{s_i})_i \mid y(\xi_i^{s_i})_i \ge \xi_i^{s_i} - \chi_i,\ y(\xi_i^{s_i})_i \ge 0\},$$
$$s_i = 1, \ldots, |\Xi_i|,\ i = 1, \ldots, m_2 \tag{9.24}$$

2 段階問題の目的関数の係数が正である (1 と定めた) ため, リコース問題 (9.24) の最適解 $y(\xi_i^{s_i})_i^*$ は以下のようになる.

$$y(\xi_i^{s_i})_i^* = \begin{cases} \xi_i^{s_i} - \chi_i & (\xi_i^{s_i} - \chi_i \ge 0), \\ 0 & (\xi_i^{s_i} - \chi_i < 0) \end{cases} \tag{9.25}$$

問題 (9.24) は, 確率計画問題 (SPRST) および (SPRST-V) において需要に相当する確率変数の実現値 $\xi_i^{s_i}$ に対して, 入札変数 χ_i の値を供給と考えると, 需要に対する供給の不足分を 2 段階変数によって補うものと解釈できる. リコース関数 (9.24) の期待値は, 次のように計算できる.

$$E_{\tilde{\xi}_i}[\bar{\psi}_i(\chi_i, \tilde{\xi}_i)] = \sum_{s_i=1}^{|\Xi_i|} p_i^s y(\xi_i^{s_i})_i^* = \sum_{\{s \mid \xi_i^s \ge \chi_i\}} p_i^s (\xi_i^s - \chi_i) \tag{9.26}$$

補題 9.1 リコース関数 $\bar{\psi}_i(\chi_i, \xi_i)$ の分散は次のように与えられる.

$$
\begin{aligned}
&\mathrm{Var}[\bar{\psi}_i(\chi_i,\tilde{\xi_i})]\\
&= \sum_{\{s|\xi_i^s\geq\chi_i\}} p_i^s \left(1-\sum_{\{s|\xi_i^s\geq\chi_i\}} p_i^s\right)\left(\chi_i-\frac{\sum_{\{s|\xi_i^s\geq\chi_i\}} p_i^s\xi_i^s}{\sum_{\{s|\xi_i^s\geq\chi_i\}} p_i^s}\right)^2\\
&\quad+\sum_{\{s|\xi_i^s\geq\chi_i\}} p_i^s(\xi_i^s)^2-\frac{\left(\sum_{\{s|\xi_i^s\geq\chi_i\}} p_i^s\xi_i^s\right)^2}{\sum_{\{s|\xi_i^s\geq\chi_i\}} p_i^s} \qquad (9.27)
\end{aligned}
$$

補題 9.1 より, $\mathrm{Var}[\psi_i(\chi_i,\tilde{\xi_i})]=(q_i)^2\mathrm{Var}[\bar{\psi}_i(\chi_i,\tilde{\xi_i})]$ となることは明らかであり, また $E_{\tilde{\xi_i}}[\psi_i(\chi_i,\tilde{\xi_i})]=q_iE_{\tilde{\xi_i}}[\bar{\psi}_i(\chi_i,\tilde{\xi_i})]$ である. 確率変数 $\tilde{\xi_i}$ のとりうる値 ξ_i^s $(s=1,\ldots,|\Xi_i|)$ について, 一般性を失うことなしに, あるいはシナリオの添字を付け替えることによって, $\xi_i^1\leq\xi_i^2\leq\cdots\leq\xi_i^{|\Xi_i|}$ が成立するものとする. これより, $\xi_i^s\geq\chi_i$ を満たすシナリオの集合 $\{s|\xi_i^s\geq\chi_i\}$ が固定される範囲, すなわち $\chi_i\in(\xi_i^s,\xi_i^{s+1}]$ $(s=1,\ldots,|\Xi_i|-1)$ において, リコース関数 $\bar{\psi}_i(\chi_i,\xi_i)$ の分散 $\mathrm{Var}[\bar{\psi}_i(\chi_i,\tilde{\xi_i})]$ は χ_i の凸 2 次関数となることがわかる. 続いて, $\chi_i\in[0,\infty)$ における $\mathrm{Var}[\bar{\psi}_i(\chi_i,\tilde{\xi_i})]$ の形状を調べる.

- $\chi_i\in[0,\xi_i^1]$ の場合, $\mathrm{Var}[\bar{\psi}_i(\chi_i,\tilde{\xi_i})]=\mathrm{Var}[\xi_i^1-\chi_i,\ldots,\xi_i^{|\Xi_i|}-\chi_i]=\mathrm{Var}[\xi_i^1,\ldots,\xi_i^{|\Xi_i|}]=\mathrm{Var}[\tilde{\xi_i}]$(定数) となる.
- $\chi_i\in(\xi_i^s,\xi_i^{s+1}]$ $(s=1,\ldots,|\Xi_i|-1)$ の場合, $\{s|\xi_i^s\geq\chi_i\}=\{j|s+1\leq j\leq|\Xi_i|\}$ であるため, $a_i^s=\sum_{j=s+1}^{|\Xi_i|}p_i^j\left(1-\sum_{j=s+1}^{|\Xi_i|}p_i^j\right)$, $g_i^s=\frac{\sum_{j=s+1}^{|\Xi_i|}p_i^j\xi_i^j}{\sum_{j=s+1}^{|\Xi_i|}p_i^j}$, $h_i^s=\sum_{j=s+1}^{|\Xi_i|}p_i^j(\xi_i^j)^2-\frac{\left(\sum_{j=s+1}^{|\Xi_i|}p_i^j\xi_i^j\right)^2}{\sum_{j=s+1}^{|\Xi_i|}p_i^j}$ とおくと, $\mathrm{Var}[\bar{\psi}_i(\chi_i,\tilde{\xi_i})]=a_i^s(\chi_i-g_i^s)^2+h_i^s$ は凸 2 次関数である.
- $\chi_i\in(\xi_i^{|\Xi_i|},\infty)$ の場合, $\mathrm{Var}[\bar{\psi}_i(\chi_i,\tilde{\xi_i})]=\mathrm{Var}[0,\ldots,0]=0$ となる.

これより, $\mathrm{Var}[\bar{\psi}_i(\chi_i,\tilde{\xi_i})]$ を区分的に以下のように定める.

$$
\begin{aligned}
&\mathrm{Var}[\bar{\psi}_i(\chi_i,\tilde{\xi_i})]\\
&=\begin{cases}
V_i^0(\chi_i)=\mathrm{Var}[\tilde{\xi_i}] & (\chi_i\in[0,\xi_i^1]),\\
V_i^s(\chi_i)=a_i^s(\chi_i-g_i^s)^2+h_i^s & (\chi_i\in(\xi_i^s,\xi_i^{s+1}],\ s=1,\ldots,|\Xi_i|-1),\\
V_i^{|\Xi_i|}(\chi_i)=0 & (\chi_i\in(\xi_i^{|\Xi_i|},\infty))
\end{cases}
\end{aligned}
\qquad (9.28)
$$

補題 9.1 から次の補題 9.2 が成り立つ.

補題 9.2 $\chi_i\in[\xi_i^s,\xi_i^{s+1}]$ $(s=0,\ldots,|\Xi_i|-1)$ において, $a_i^s=\sum_{j=s+1}^{|\Xi_i|}p_i^j\left(1-\sum_{j=s+1}^{|\Xi_i|}p_i^j\right)$, $g_i^s=\frac{\sum_{j=s+1}^{|\Xi_i|}p_i^j\xi_i^j}{\sum_{j=s+1}^{|\Xi_i|}p_i^j}$, $h_i^s=\sum_{j=s+1}^{|\Xi_i|}p_i^j(\xi_i^j)^2-\frac{\left(\sum_{j=s+1}^{|\Xi_i|}p_i^j\xi_i^j\right)^2}{\sum_{j=s+1}^{|\Xi_i|}p_i^j}$ とすると, $V_i^s=a_i^s(\chi_i-g_i^s)^2+h_i^s$ であり, $g_i^s\leq g_i^{s+1}$, $h_i^s\geq h_i^s$ $(s=0,\ldots,|\Xi_i|-1)$ が成立する.

例 9.3 問題 (SPRST-V) と (RSPRST-V) において, 制約 $Ax=b$ を含まず, $T=I$

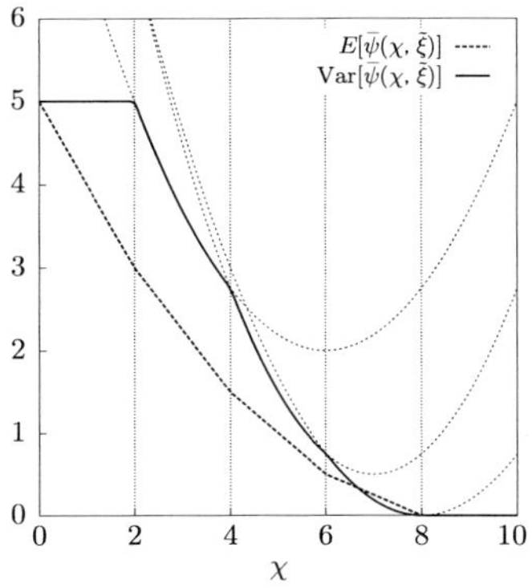

図 **9.2** リコース関数の期待値と分散

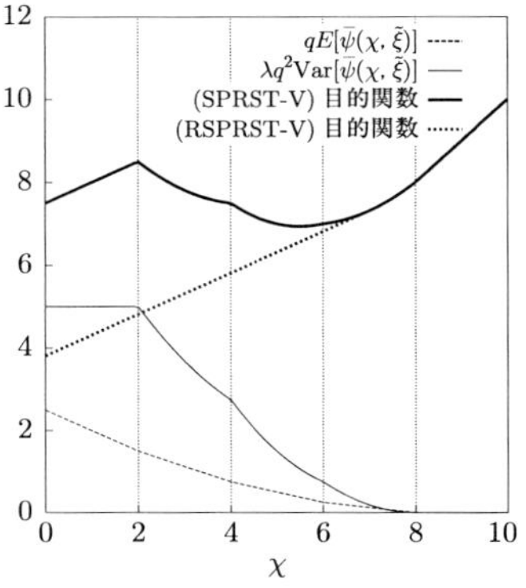

図 **9.3** (SPRST-V) と (RSPRST-V) の目的関数

である場合を考える．1 段階変数 x は消去され，入札変数 χ と 2 段階変数を有する問題に変換される．1 段階費用を $c = 1$，確率変数のとりうる値を $\Xi = \{2,4,6,8\}$，$p^1 = p^2 = p^3 = p^4 = \frac{1}{4}$，2 段階費用を $q = 0.5$，$\lambda = 4$ とする．$E[\bar{\psi}(\chi,\tilde{\xi})]$ と $\mathrm{Var}[\bar{\psi}(\chi,\tilde{\xi})]$ のグラフを描くと，図 9.2 のようになる．期待値は区分的線形の凸関数である．分散は，区間 $[2,4],[4,6],[6,8]$ において区分的 2 次凸関数であるが，χ の定義域全体 $[0,\infty)$ では非凸関数になる．Ξ に含まれる要素 2,4,6,8 の値を境界として分割してみると，定義式からそれぞれの区間で，$\chi = (\sum_{\{s|\xi_i^s\geq\chi_i\}} p^s\xi_s)/(\sum_{\{s|\xi_i^s\geq\chi_i\}} p^s)$ を軸とする凸 2 次関数となることがわかる．問題 (SPRST-V) と (RSPRST-V) それぞれの目的関数を χ の関数として図 9.3 に表す．(SPRST-V) の目的関数が非凸関数であるのに対し，(RSPRST-V) の目的関数は凸であり，(SPRST-V) の目的関数に対する下界を与えている．(RSPRST-V) の目的関数は，$\chi < 7$ では (SPRST-V) の目的関数と一致しない．

問題 (SPRST-V) の難しさを考える．まず，次の**決定問題** (decision problem, BIP) は **$\mathcal{NP}$-完全** ($\mathcal{NP}$-complete) な問題のクラスに属する (Garey and Johnson[47])．

> (BIP)：　$A\boldsymbol{x} = \boldsymbol{b}$ を満たす $x \in \{0,1\}^{n_1}$ が存在するか判定せよ．
> $A, \boldsymbol{b}$ はすべての成分が有理数である $m_1 \times n_1$ 行列と m_1 ベクトルである．

問題 (SPRST-V) はクラス **$\mathcal{NP}$-困難** ($\mathcal{NP}$-hard) に属する．

定理 9.4 問題 (SPRST-V) は $\lambda > 0$ に対して $\mathcal{NP}$-困難である．

証明：n_1 個の 0–1 変数を含む任意の (BIP) の具体例に対して，n_1 の多項式時間の変形により問題 (SPRST-V) の具体例を作成する．同時に，(BIP) の答えが "yes" であるとき，かつそのときのみ対応する (SPRST) の具体例の最適目的関数値が $(\frac{3}{4\lambda} + \frac{5}{4} + \frac{9\lambda}{64})n_1$ となることを示す．(BIP) のデータ $(A, \boldsymbol{b})$ が与えられたとき，問題 (SPRST-V) において

$n_1 = m_2$ であり，行列 T が正方行列となる場合を考える．このとき $T = I$ とすると，問題 (SPRST-V) は変数 x のみを有する形になる．$c_i = 1 + \frac{\lambda}{8}, q_i = 1$ $(i = 1, \ldots, m_2(= n_1))$ と定める．確率変数 $\tilde{\xi}_i$ $(i = 1, \ldots, m_2(= n_1))$ の台を $\Xi_i = \{\frac{1}{2}, \frac{1}{\lambda} + \frac{5}{4}\}$ と定義し，$p_i^s = 1/2$ $(s = 1, \ldots, 2(= |\Xi_i|))$ $(i = 1, \ldots, m_2(= n_1))$ と定める．(SPRST-V) は次のように示される．

(SPRST-V) :

$$\begin{array}{rl}
\min & \displaystyle\sum_{i=1}^{m_2}\left(1+\frac{\lambda}{8}\right)x_i + \sum_{i=1}^{m_2}\Psi_i(\chi_i) + \lambda\sum_{i=1}^{m_2}\mathrm{Var}[\psi_i(\chi_i,\xi_i^1),\psi_i(\chi_i,\xi_i^2)] \\
\text{subject to} & A\boldsymbol{x} = \boldsymbol{b} \\
 & \mathbf{0} \le \boldsymbol{x} \le \mathbf{1} \\
 & \boldsymbol{\chi} = I\boldsymbol{x} \\
\text{where} & \displaystyle\Psi_i(\chi_i) = \sum_{s_i=1}^{|\Xi_i|}\frac{1}{2}\psi_i(\chi_i,\xi_i^{s_i}),\ i=1,\ldots,m_2 \\
 & \psi_i(\chi_i,\xi_i^{s_i}) = \min\{y(\xi_i^{s_i})_i \mid y(\xi_i^{s_i})_i \ge \xi_i^{s_i} - \chi_i,\ y(\xi_i^{s_i})_i \ge 0\}, \\
 & \quad s_i = 1,2,\ i=1,\ldots,m_2
\end{array}$$

(SPRST-V) の目的関数は x_i に関して分離可能であり，x_i に対応する成分を次に示す．

$$\begin{aligned}
&\left(1+\frac{\lambda}{8}\right)x_i + \Psi_i(\chi_i) + \lambda\mathrm{Var}[\psi_i(\chi_i,\xi_i^1),\psi_i(\chi_i,\xi_i^2)] \\
&= \begin{cases}
\left(1+\frac{\lambda}{8}\right)x_i - x_i + \frac{1}{2\lambda} + \frac{7}{8} + \frac{\lambda}{4}\left(\frac{1}{\lambda}+\frac{3}{4}\right)^2 & \left(0 \le x_i \le \frac{1}{2}\right), \\
\left(1+\frac{\lambda}{8}\right)x_i - \frac{1}{2}x_i + \frac{1}{2\lambda} + \frac{5}{8} + \frac{\lambda}{4}\left\{x_i - \left(\frac{1}{\lambda}+\frac{5}{4}\right)\right\}^2 & \left(\frac{1}{2} \le x_i \le \frac{1}{\lambda}+\frac{5}{4}\right)
\end{cases}
\end{aligned} \tag{9.29}$$

目的関数の x_i に関する成分 $(1 + \frac{\lambda}{8})x_i + \Psi_i(\chi_i) + \lambda\mathrm{Var}[\psi_i(\chi_i, \xi_i^1), \psi_i(\chi_i, \xi_i^2)]$ の最小値は，$x_i \in \{0, 1\}$ のときに $\frac{3}{4\lambda} + \frac{5}{4} + \frac{9\lambda}{64}$ となる．したがって任意の $x_i \in [0, 1]$ に対して，$(1 + \frac{\lambda}{8})x_i + \Psi_i(\chi_i) + \lambda\mathrm{Var}[\psi_i(\chi_i, \xi_i^1), \psi_i(\chi_i, \xi_i^2)] \ge \frac{3}{4\lambda} + \frac{5}{4} + \frac{9\lambda}{64}$ が成り立ち，等号が成立するのは $x_i \in \{0, 1\}$ のときのみである．よって，$A\boldsymbol{x} = \boldsymbol{b}$ $(\boldsymbol{x} \in \{0, 1\}^{n_1})$ を満たす $\boldsymbol{x}$ が存在する，すなわち (BIP) の答えが "yes" のとき，かつそのときのみ (SPRST-V) の目的関数値が $(\frac{3}{4\lambda} + \frac{5}{4} + \frac{9\lambda}{64})n_1$ 以下になるか否かを判定する問題の答えが "yes" となる．よって問題 (SPRST-V) は $\mathcal{NP}$-困難である． □

計算の複雑さに関しては，Garey and Johnson[47)]，久保ほか[76)] などを参照されたい．

9.3.3 入札変数の定義域の分割による分枝限定法

例 9.3 より，(SPRST-V) の目的関数は一般的には凸関数でないが，変数のとりうる区間を制限することによって，元問題を複数の凸 2 次計画問題へと分割することができる．入札

変数 χ_i $(i=1,\ldots,m_2)$ について, 区間 $\chi_i \in [0,\xi_i^1]$, $\chi_i \in [\xi_i^s, \xi_i^{s+1}]$ $(s=1,\ldots,|\xi_i|-1)$, $\chi_i \in [\xi_i^{|\xi_i|}, \infty)$ をすべて列挙し, それぞれの区間で $\mathrm{Var}[\bar{\psi}_i(\chi_i, \tilde{\xi}_i)] = V_i^s(\chi_i)$ を用いて計算すれば, (SPRST-V) は各区間で凸 2 次計画となる. したがって, すべての区間において (SPRST-V) を解いて解を求め, 比較することによって厳密解を求めることが可能である. しかし, このような全列挙によると列挙すべき区間の総数は $\prod_{i=1}^{m_2}(|\Xi_i|+1)$ となるため, 計算の手間が非常に大きい. そこで, 入札変数のとりうる定義域の分割による分枝限定法を開発することで, 全列挙に比べ少ない回数の子問題を解くことにより, 元問題の最適解を求めることができることを示す.

分枝限定法における分枝操作により, 入札変数 χ_i がとりうる定義域が $\chi_i \in [\xi_i^j, \xi_i^{k+1}]$ $(j \leq k)$ に限定された子問題を解くことを考える. この場合, (SPRST-V) における分散項は $\mathrm{Var}[\bar{\psi}_i(\chi_i, \tilde{\xi}_i)] = V_i^s(\chi_i)$ $(\chi_i \in [\xi_i^s, \xi_i^{s+1}],\ s=j,\ldots,k)$ となり, 区間 $\chi_i \in [\xi_i^s, \xi_i^{s+1}]$ では χ_i の凸 2 次関数であるが, 区間 $\chi_i \in [\xi_i^j, \xi_i^{k+1}]$ では全体として非凸関数となる. そのため, (SPRST-V) の $\chi_i \in [\xi_i^j, \xi_i^{k+1}]$ $(j \leq k)$ における緩和問題を求める. 緩和問題の条件としては, 元問題の実行可能解が緩和問題の実行可能解となることと, 緩和問題の目的関数が元問題の目的関数の下界を与えることがあげられる. よって, $\chi_i \in [\xi_i^j, \xi_i^{k+1}]$ $(j \leq k)$ において, $\mathrm{Var}[\bar{\psi}_i(\chi_i, \tilde{\xi}_i)] = V_i^s(\chi_i)$ $(\chi_i \in [\xi_i^s, \xi_i^{s+1}],\ s = j,\ldots,k)$ の下界を与える関数を求める. 関数 $L_i^{j,k+1}(\chi_i)$ を次のように定義する.

- 関数 $L_i^{j,k+1}(\chi_i)$ は点 $(\xi_i^j, V_i^j(\xi_i^j))$, $(g_i^k, V_i^k(g_i^k))$ を通る凸 2 次関数である.
- 関数 $L_i^{j,k+1}(\chi_i)$ の軸は $\chi_i = g_i^j$ である.

関数 $L_i^{j,k+1}(\chi_i)$ の χ_i^2 に対する係数を $\bar{a}_i^{j,k+1}$, 定数項を $\bar{h}_i^{j,k+1}$ とすると, $L_i^{j,k+1}(\chi_i)$ は次のように表すことができる.

$$L_i^{j,k+1}(\chi_i) = \bar{a}_i^{j,k+1}(\chi_i - g_i^j)^2 + \bar{h}_i^{j,k+1} \tag{9.30}$$

係数 $\bar{a}_i^{j,k+1}$ と定数項 $\bar{h}_i^{j,k+1}$ を以下のように定める. 関数 $L_i^{j,k+1}(\chi_i)$ は点 $(\xi_i^j, V_i^j(\xi_i^j))$, $(g_i^k, V_i^k(g_i^k))$ を通るため式 (9.31), (9.32) を満たす.

$$V_i^j(\xi_i^j) = \bar{a}_i^{j,k+1}(\xi_i^j - g_i^j)^2 + \bar{h}_i^{j,k+1} \tag{9.31}$$

$$V_i^k(g_i^k) = \bar{a}_i^{j,k+1}(g_i^k - g_i^j)^2 + \bar{h}_i^{j,k+1} \tag{9.32}$$

$g_i^j - \xi_i^j = g_i^k - g_i^j$ となる場合, $(\xi_i^j - g_i^j)^2 = (g_i^k - g_i^j)^2$ となり, $\mathrm{Var}[\bar{\psi}_i(\chi_i, \tilde{\xi}_i)]$ の単調減少性より $V_i^j(\xi_i^j) > V_i^k(g_i^k)$ であるため, 式 (9.31), (9.32) を満たす $\bar{a}_i^{j,k+1}$ と $\bar{h}_i^{j,k+1}$ は存在しない. よって, $g_i^j - \xi_i^j \neq g_i^k - g_i^j$ の場合を考える. このとき, 式 (9.31), (9.32) を満たす $\bar{a}_i^{j,k+1}$ と $\bar{h}_i^{j,k+1}$ は式 (9.33), (9.34) のように求められる.

$$\bar{a}_i^{j,k+1} = \frac{V_i^j(\xi_i^j) - V_i^k(g_i^k)}{(\xi_i^j - g_i^j)^2 - (g_i^k - g_i^j)^2} \tag{9.33}$$

$$\begin{aligned}\bar{h}_i^{j,k+1} &= V_i^j(\xi_i^j) - \bar{a}_i^{j,k+1}(\xi_i^j - g_i^j)^2 \\ &= \frac{V_i^j(\xi_i^j)\{(\xi_i^j - g_i^j)^2 - (g_i^k - g_i^j)^2\} - (\xi_i^j - g_i^j)^2\{V_i^j(\xi_i^j) - V_i^k(g_i^k)\}}{(\xi_i^j - g_i^j)^2 - (g_i^k - g_i^j)^2}\end{aligned}$$

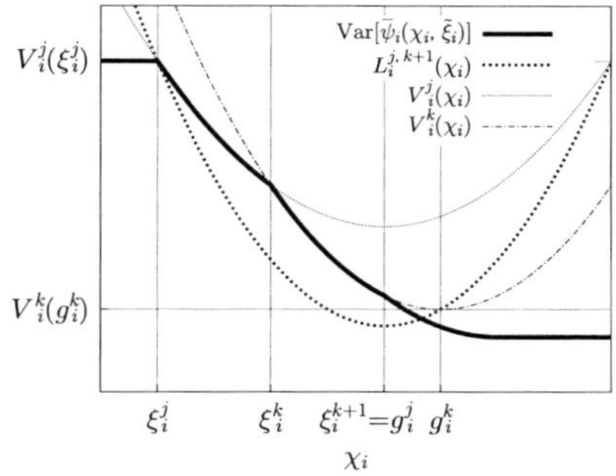

図 9.4 関数 $V_i^j(\chi_i), V_i^k(\chi_i)$ と $L_i^{j,k+1}(\chi_i)$

$$= \frac{(\xi_i^j - g_i^j)^2 V_i^k(g_i^k) - (g_i^k - g_i^j)^2 V_i^j(\xi_i^j)}{(\xi_i^j - g_i^j)^2 - (g_i^k - g_i^j)^2} \tag{9.34}$$

$k = j$ の場合, $L_i^{j,k+1}$ は $V_i^j(\chi_i)$ と一致する.

$$\bar{a}_i^{j,j+1} = \frac{V_i^j(\xi_i^j) - V_i^j(g_i^j)}{(\xi_i^j - g_i^j)^2 - (g_i^j - g_i^j)^2} = \frac{a_i^j((\xi_i^j - g_i^j)^2 - (g_i^j - g_i^j)^2)}{(\xi_i^j - g_i^j)^2} = a_i^j \tag{9.35}$$

$$\bar{h}_i^{j,j+1} = \frac{(\xi_i^j - g_i^j)^2 V_i^j(g_i^j) - (g_i^j - g_i^j)^2 V_i^j(\xi_i^j)}{(\xi_i^j - g_i^j)^2 - (g_i^j - g_i^j)^2} = V_i^j(g_i^j) = h_i^j \tag{9.36}$$

$g_i^j - \xi_i^j > g_i^k - g_i^j$ の場合, 式 (9.33) より $\bar{a}_i^{j,k+1} > 0$ となるため, $L_i^{j,k+1}(\chi_i)$ は凸関数になる. 逆に $g_i^j - \xi_i^j < g_i^k - g_i^j$ の場合, $L_i^{j,k+1}(\chi_i)$ は凹関数になる. よって, $g_i^j - \xi_i^j > g_i^k - g_i^j$ が成り立つ場合の関数 $L_i^{j,k+1}(\chi_i)$ を考える. 関数 $V_i^j(\chi_i), V_i^k(\chi_i)$ と $L_i^{j,k+1}(\chi_i)$ の関係を図 9.4 に示す. 図 9.4 から, $g_i^j - \xi_i^j > g_i^k - g_i^j$ が成り立つ場合は, 関数 $L_i^{j,k+1}(\chi_i)$ が分散 $\mathrm{Var}[\bar{\psi}_i(\chi_i, \tilde{\xi}_i)] = V_i^s(\chi_i)$ $(\chi_i \in [\xi_i^s, \xi_i^{s+1}],\ s = j, \ldots, k)$ の下界を与えることが次の定理に示される.

定理 9.5 $g_i^j - \xi_i^j > g_i^k - g_i^j$ が成り立つ場合は, 関数 $L_i^{j,k+1}(\chi_i)$ が分散 $\mathrm{Var}[\bar{\psi}_i(\chi_i, \tilde{\xi}_i)] = V_i^s(\chi_i)$ $(\chi_i \in [\xi_i^s, \xi_i^{s+1}],\ s = j, \ldots, k)$ の下界を与える.

証明：$k = j$ の場合, $V_i^j(\chi_i)$ と $L_i^{j,k+1}(\chi_i)$ は一致するため, $j < k < |\Xi_i|$ とし, $L_i^{j,k+1}(\chi_i) \leq V_i^s(\chi_i)$ $(\chi_i \in [\xi_i^s, \xi_i^{s+1}],\ s = j, \ldots, k)$ を示す.

以下に背理法を用いて証明する (図 9.5). 区間 $[\xi_i^p, \xi_i^{p+1}]$ $(j \leq p \leq k)$ において, $L_i^{j,k+1}(\xi_i^p) \leq V_i^j(\xi_i^p)$ かつ $L_i^{j,k+1}(\xi_i^{p+1}) > V_i^j(\xi_i^{p+1})$ が成り立つと仮定する. すなわち, $\chi_i \in [\xi_i^p, \xi_i^{p+1}]$ において, $L_i^{j,k+1}(\chi_i)$ と $V_i^j(\chi_i)$ が交わると仮定する. このとき $g_i^j - \xi_i^j > g_i^k - g_i^j$ であるため, $L_i^{j,k+1}(\chi_i)$ は凸関数であり, $0 > \frac{d}{d\chi_i} L_i^{j,k+1}(\xi_i^p) > \frac{d}{d\chi_i} V_i^p(\xi_i^p)$ となる. また $g_i^j < g_i^p$ であるため, $0 = \frac{d}{d\chi_i} L_i^{j,k+1}(g_i^j) > \frac{d}{d\chi_i} V_i^p(g_i^j)$ かつ $\frac{d}{d\chi_i} L_i^{j,k+1}(g_i^p) > \frac{d}{d\chi_i} V_i^p(g_i^p) = 0$ が成り立つ. これより, $L_i^{j,k+1}(\chi_i)$ の最小値

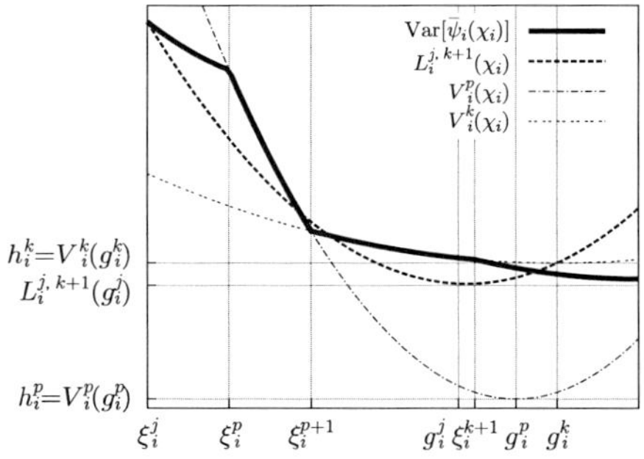

図 **9.5**　背理法による証明

$L_i^{j,k+1}(g_i^j)$ は $V_i^p(\chi_i)$ の最小値 $V_i^p(g_i^p)$ より大きいことがわかる．よって，以下の不等式が成り立つ．

$$\begin{aligned}
V_i^p(g_i^p) &= h_i^p \\
&< L_i^{j,k+1}(g_i^j) \\
&= \frac{(\xi_i^j - g_i^j)^2 V_i^k(g_i^k) - (g_i^k - g_i^j)^2 V_i^j(\xi_i^j)}{(\xi_i^j - g_i^j)^2 - (g_i^k - g_i^j)^2} \\
&< \frac{(\xi_i^j - g_i^j)^2 V_i^k(g_i^k) - (g_i^k - g_i^j)^2 V_i^k(g_i^k)}{(\xi_i^j - g_i^j)^2 - (g_i^k - g_i^j)^2} \ (V_i^k(g_i^k) < V_i^j(\xi_i^j) \text{ より}) \\
&= V_i^k(g_i^k) = h_i^k \ (V_i^k(\chi_i) \text{ の最小値})
\end{aligned}$$

不等式 $h_i^p < h_i^k$ は，補題 9.2 に反する．よって，仮定を満たす p は存在せず，区間 $[\xi_i^j, \xi_i^k]$ において下界を与えることが示された．　□

例 9.4　例 9.3 と同様に，確率変数のとりうる値を $\Xi = \{2, 4, 6, 8\}$, $p^1 = p^2 = p^3 = p^4 = \frac{1}{4}$ の場合を考える．下界を与える関数 $L(\chi)$ は，次の図 9.6〜9.8 に示されている．この場合，区間 $[\xi_i^j, \xi_i^{k+1}]$ の j, k $(j \le k)$ のとり方を変えることで，${}_5\mathrm{C}_2 = 10$ 通りの組合せに対して，[0,2], [0,4], [0,6], [0,8], [2,4], [2,6], [2,8], [4,6], [4,8], [6,8] の 10 通りの区間での下界を与えることができる．区間 [0,2] では $L^{0,1}(\chi) = V^0(\chi) = \mathrm{Var}(\tilde\xi)$ であり，$V^0(\chi)$ における χ^2 の係数が $a^0 = 0$ となるため，$L^{0,1}(\chi) = 5$ と定数値になることに注意されたい．しかし，すべての区間に対して必ずこのような下界が与えられるとは限らない．$L_i^{j,k+1}(\chi_i)$ が凸 2 次関数となるためには，$j = k$ の場合を除くと $\bar a_i^{j,k+1}$ が正でなければならない．$\bar a_i^{j,k+1} < 0$ ならば凹関数となるため，下界を与えない可能性がある．$\bar a_i^{j,k+1}$ の分子は，$V_i^j(\chi_i), V_i^k(\chi_i)$ が χ_i の単調減少関数で $\xi_i^j > g_i^k$ であることから，常に $V_i^j(\xi_i^j) - V_i^k(g_i^k) > 0$ となる．よって，分母について $(\xi_i^j - g_i^j)^2 - (g_i^k - g_i^j)^2 > 0$ の条件を満たすときのみ $\bar a_i^{j,k+1}$ の値が正になる．これより，$g_i^j - \xi_i^j > g_i^k - g_i^j$ が成り立つときのみ下界を与える凸関数 $L_i^{j,k+1}(\chi_i)$ を定義することが可能である．

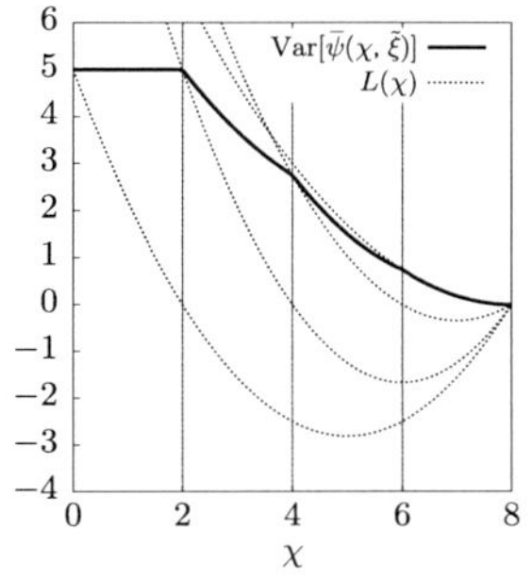

図 **9.6** 区間 [0,8], [2,8], [4,8], [6,8] における下界

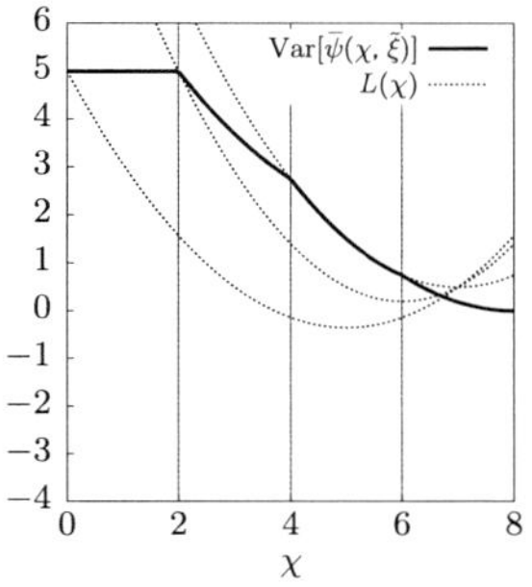

図 **9.7** 区間 [0,6], [2,6], [4,6] における下界

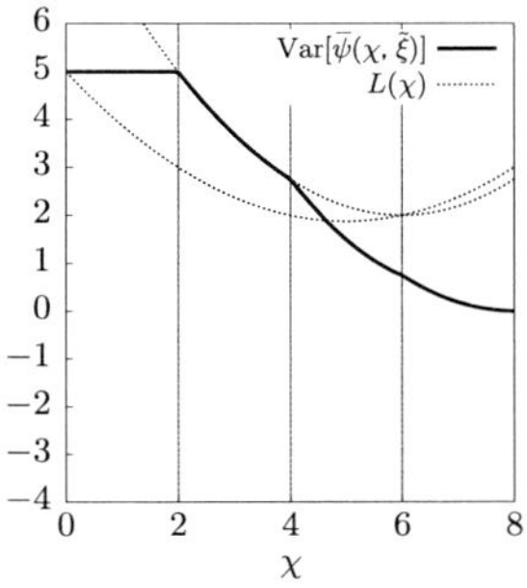

図 **9.8** 区間 [0,4], [2,4] における下界

以下, $g_i^j - \xi_i^j > g_i^k - g_i^j$ が成立すると仮定して, 問題 (SPRST-V) に対する分枝限定法の解法アルゴリズムを示す. (SPRST-V) における分散項 $\sum_{i=1}^{m_2} \mathrm{Var}[\psi_i(\chi_i,\xi_i^1),\ldots,\psi_i(\chi_i,\xi_i^{|\Xi_i|})]$ を $\sum_{i=1}^{m_2} q_i^2\theta_i$ $(\theta_i \geq 0,\ i=1,\ldots,m_2)$ と置き換えた問題 (P_0) を解く. 新たな変数 θ_i は $\mathrm{Var}[\bar{\psi}_i(\chi_i,\tilde{\xi}_i)]$ の上界を表すが, 問題 (P_0) においては, 制約 $\theta_i \geq \mathrm{Var}[\bar{\psi}_i(\chi_i,\tilde{\xi}_i)]$ を緩和していることに注意されたい.

$$
\begin{aligned}
(\mathrm{P}_0):\min\quad & c^\top x + \sum_{i=1}^{m_2}\Psi_i(\chi_i) + \sum_{i=1}^{m_2} q_i^2\theta_i \\
\text{subject to}\quad & A\boldsymbol{x} = \boldsymbol{b} \\
& \boldsymbol{x} \geq \boldsymbol{0} \\
& \boldsymbol{\chi} = T\boldsymbol{x} \\
& \theta_i \geq 0,\ i=1,\ldots,m_2 \\
\text{where}\quad & \Psi_i(\chi_i) = \sum_{s_i=1}^{|\Xi_i|} p_i^{s_i}\psi_i(\chi_i,\xi_i^{s_i}),\ i=1,\ldots,m_2 \\
& \psi_i(\chi_i,\xi_i^{s_i}) = \min\{q_i y(\xi)_i \mid y(\xi)_i \geq \xi_i - \chi_i,\ y(\xi)_i \geq 0\}, \\
& \quad s_i = 1,\ldots,|\Xi_i|,\ i=1,\ldots,m_2
\end{aligned}
$$

分枝限定法のアルゴリズムにおいては, 入札変数 χ_i $(i=1,\ldots,m_2)$ の定義域を分割することにより分枝を行う.

いま, 問題 (P_0) に分枝操作を加えることによって得られた子問題 (P_M) において, 入札変数 χ_i の定義域に関する制約 $\chi_i \in [\xi_i^j, \xi_i^{k+1}]$ と分散に対する下界制約 $\theta_i \geq L_i^{j,k+1}(\chi_i)$ が与えられているものとする. ここで $k=j$ ならば, 関数 $L_i^{j,j+1}(\chi_i)$ は正確な分散の値を与えるため, $j<k$ の場合を考える. また $k=|\Xi_i|$ ならば, $\chi_i \in [\xi_i^j,\xi_i^{k+1}]$ における分散の下界として, $\theta_i \geq 0$ が与えられているものとする. 問題 (P_M) を解いて, 解 χ_i^* $(i=1,\ldots,m_2)$ を求める. このときある i について, $\theta_i < \mathrm{Var}[\bar{\psi}_i(\chi_i^*,\tilde{\xi}_i)]$ という関

係が得られるものとする．続いて $\chi_i^* \in [\xi_i^s, \xi_i^{k+1}]$ を満たす最大の s $(j \leq s \leq k)$ を求め，区間を $[\xi_i^j, \xi_i^s], [\xi_i^s, \xi_i^{k+1}]$ に分け，問題 (P_M) を子問題 (P_{M+1}) と (P_{M+2}) に分解する．入札変数の値が $\chi_i^* = \xi_i^j$ となる場合は $s = j+1$ と定め，区間を $[\xi_i^j, \xi_i^{j+1}], [\xi_i^{j+1}, \xi_i^{k+1}]$ と分割する．

子問題 (P_{M+1}) に対しては，制約 $\theta_i \geq L_i^{j,s}(\chi_i)$ と $\chi_i \leq \xi_i^s$ を追加する．すなわちもとの制約 $\chi_i \in [\xi_i^j, \xi_i^{k+1}]$ において，上限を $k = s-1$ と更新する．

子問題 (P_{M+2}) に対しては，$k < |\Xi_i|$ の場合，制約 $\theta_i \geq L_i^{s,k+1}(\chi_i)$ と $\xi_i^s \leq \chi_i$ を追加し，$k = |\Xi_i|$ の場合，$\chi_i \in [\xi_i^s, \xi_i^{|\Xi_i|+1}]$ での分散の下界が 0 であることから，制約 $\xi_i^s \leq \chi_i$ のみを追加する．すなわちもとの制約 $\chi_i \in [\xi_i^j, \xi_i^{k+1}]$ において，下限を $j = s$ と更新する．

このように変数 χ_i の区間の分割を続けていくと，最終的に入札変数がとりうる値に関する制約 $\chi_i \in [\xi_i^j, \xi_i^{k+1}]$ において $j = k$ となるため，$\theta_i \geq L_i^{j,k+1}(\chi_i)$ がリコース関数に対する正確な近似となる．確率変数 $\tilde{\boldsymbol{\xi}}$ の各成分の最大値が有限であり，さらにとりうる値の総数も有限であるとき，分枝が無限に繰り返されることはないため，アルゴリズムは有限回の反復で終了する．

以上をまとめると図 9.9 のようになる．椎名ほか[143] では，この問題に対し新たな下界を示した．

ステップ 0　$\mathcal{P} = \{\mathrm{P}_0\}$, $TMPCOST = +\infty$, $N = 0$ とする．許容誤差 $\varepsilon > 0$ が与えられている．

ステップ 1　$\mathcal{P} = \phi$ ならば終了．

ステップ 2　$\mathcal{P}$ から問題 (P_M) を選択し，$\mathcal{P} = \mathcal{P} \setminus \{\mathrm{P}_M\}$ とする．

ステップ 3　(P_M) を解き，その最適解を $x^*, \chi_i^*, \theta_i^*$ $(i = 1, \ldots, m_2)$ とする．(P_M) が実行不可能あるいは $c^\top x^* + \sum_{i=1}^{m_2} \Psi_i(\chi_i^*) + \lambda \sum_{i=1}^{m_2} q_i^2 \theta_i^* \geq TMPCOST$ ならば，ステップ 1 へ．

ステップ 4　分散項について $\lambda \sum_{i=1}^{m_2} q_i^2 \theta_i^* \geq \lambda \sum_{i=1}^{m_2} q_i^2 \mathrm{Var}[\bar{\psi}_i(\chi_i^*, \tilde{\xi}_i)] - \varepsilon$ となる場合，暫定目的関数値が $c^\top x^* + \sum_{i=1}^{m_2} \Psi_i(\chi_i^*) + \lambda \sum_{i=1}^{m_2} q_i^2 \mathrm{Var}[\bar{\psi}_i(\chi_i^*, \tilde{\xi}_i)] < TMPCOST$ を満たすならば $TMPCOST = c^\top x^* + \sum_{i=1}^{m_2} \Psi_i(\chi_i^*) + \lambda \sum_{i=1}^{m_2} q_i^2 \mathrm{Var}[\bar{\psi}_i(\chi_i^*, \tilde{\xi}_i)]$ としてステップ 1 へ．

ステップ 5　$i^* = \max_{i=1,\ldots,m_2} (\mathrm{Var}[\bar{\psi}_i(\chi_i, \tilde{\xi}_i)] - \theta_i^*)$ によって i^* を求め，入札変数 χ_{i^*} を分枝変数とする．問題 (P_M) において，χ_{i^*} の定義域 $\chi_{i^*} \in [\xi_{i^*}^j, \xi_{i^*}^{k+1}]$ が与えられているものとする．$\chi_{i^*}^* \in [\xi_{i^*}^s, \xi_{i^*}^{k+1}]$ を満たす最大の s $(j \leq s \leq k)$ を求める．ただし，$\chi_{i^*}^* = \xi_{i^*}^j$ となる場合は $s = j+1$ と定める．問題 (P_M) を問題 (P_{N+1}) と (P_{N+2}) に分解する．P_M に制約 $\theta_{i^*} \geq L_{i^*}^{j,s}(\chi_{i^*})$ と $\chi_{i^*} \leq \xi_{i^*}^s$ を追加した問題を (P_{N+1}) とする．(P_M) に制約 $\xi_{i^*}^s \leq \chi_{i^*}$ を加え，$k < |\Xi_{i^*}|$ の場合はさらに $\theta_{i^*} \geq L_{i^*}^{s,k+1}(\chi_{i^*})$ を追加した問題を (P_{N+2}) とする．$\mathcal{P} = \mathcal{P} \cup \{\mathrm{P}_{N+1}, \mathrm{P}_{N+2}\}$, $N = N+2$ としステップ 1 へ．

図 9.9　変数の定義域の分割による分枝限定法のアルゴリズム

A 付　　録

A.1 線形計画法

A.1.1 単　体　法

線形計画法 (linear programming) は, さまざまな数理計画法の手法の中でも, 最も実用性の高いものである. 線形 (1 次) 等式, 不等式条件のもとで 1 次式を最大化, もしくは最小化する問題を**線形計画問題** (linear programming problem) とよび, とくに次の問題 (LP) を標準型最小化問題とよぶ. 本項では, Dantzig の**単体法** (simplex method) の概要を示す. 詳しくは刀根[152), 今野[74), 並木[95) などを参照されたい. 問題に含まれる c_j, a_{ij}, b_i は与えられた定数であり, z は目的関数を表す. 変数 x_j は非負条件を有する. 問題 (LP) においては, 変数の数 n は等式制約の数 m より大きいものとする.

$$
\begin{aligned}
\text{(LP): min} \quad & z = \sum_{j=1}^{n} c_j x_j \\
\text{subject to} \quad & \sum_{j=1}^{n} a_{ij} x_j = b_i, \ i = 1, \ldots, m \\
& x_j \geq 0, \ j = 1, \ldots, n
\end{aligned}
$$

一般的な線形計画問題は, スラック変数の導入と変数の置き換えにより, 標準型の最小化問題 (LP) に変換することができる. また標準型線形計画問題は, m 本の等式制約が m 個の**基底変数** (basic variable) とよばれる変数について解かれており, 目的関数に基底変数が含まれないとき, **基底形式** (canonical representation) で書かれているという.

問題 (LP) の基底形式が次のように問題 (LPb) として得られているものとする. 目的関数を $z_0 = z - c_{j_{m+1}} x_{j_{m+1}} - \cdots - c_{j_n} x_{j_n}$ と変形していることに注意されたい (ただし z_0 は定数項である). 問題 (LPb) において, 変数 $x_{j_1}, \ldots, x_{j_m}$ を基底変数とよび, 残りの $n-m$ 個の変数 $x_{j_{m+1}}, \ldots, x_{j_n}$ を**非基底変数** (nonbasic variable) とよぶ. 基底変数は目的関数には含まれない. 基底形式 (LPb) において, $b_{j_1}, \ldots, b_{j_m} \geq 0$ であるとき, 可能基底形式とよぶ.

$$
\begin{array}{lllll}
\text{(LPb): min} & z_0 = z & & -c_{j_{m+1}}x_{j_{m+1}} & -\cdots - c_{j_n}x_{j_n} \\
\text{subject to} & b_1 = & x_{j_1} & +a_{1j_{m+1}}x_{j_{m+1}} & +\cdots + a_{1j_n}x_{j_n} \\
& & \ddots & & \\
& b_m = & x_{j_m} & +a_{mj_{m+1}}x_{j_{m+1}} & +\cdots + a_{mj_n}x_{j_n} \\
& \multicolumn{4}{l}{x_{j_1},\ldots,x_{j_m} \geq 0,\ x_{j_{m+1}},\ldots,x_{j_n} \geq 0}
\end{array}
$$

非基底変数の値を $x_{j_{m+1}},\ldots,x_{j_n}=0$ とすると, 基底変数の値は $x_{j_1}=b_1,\ldots,x_{j_m}=b_m$ となり, これを基底形式 (LPb) に対する**基底解** (basic solution) とよぶ. この場合, 目的関数の値は $z=z_0$ となる. 可能基底形式の基底解を可能基底解とよぶ. 問題 (LP) を次のような**単体表** (simplex tableau) に表す.

基底変数	定数項	x_{j_1}	x_{j_2}	$\cdots$	$x_{j_{m-1}}$	x_{j_m}	$x_{j_{m+1}}$	$\cdots$	x_{j_n}
z	z_0	0	0	$\cdots$	0	0	$-c_{j_{m+1}}$	$\cdots$	$-c_{j_n}$
x_{j_1}	b_1	1	0	$\cdots$	0	0	$a_{1j_{m+1}}$	$\cdots$	a_{1j_n}
x_{j_2}	b_2	0	1	$\cdots$	0	0	$a_{2j_{m+1}}$	$\cdots$	a_{2j_n}
$\vdots$	$\vdots$			$\ddots$			$\vdots$	$\cdots$	$\vdots$
$x_{j_{m-1}}$	b_{m-1}	0	0	$\cdots$	1	0	$a_{m-1,j_{m+1}}$	$\cdots$	a_{m-1,j_n}
x_{j_m}	b_m	0	0	$\cdots$	0	1	$a_{mj_{m+1}}$	$\cdots$	a_{mj_n}

単体表の z が含まれる行を目的関数行, 目的関数行に含まれる $c_{j_{m+1}},\ldots,c_{j_n}$ を被約費用とよぶ. 単体表において, 第 h 等式制約の非基底変数 x_k に対する係数が $a_{hk}\neq 0$ となるとき, $a_{hk}\neq 0$ を軸とする**軸演算** (pivot operation) を次のように定義する.

単体表における軸演算

(i) 単体表の第 h 行の各成分を a_{hk} で割る.

(ii) 単体表の第 i 行 $(i\neq h)$ から新しい第 h 行の a_{ik} 倍を引いたものを新しい第 i 行とする.

定理 A.1 可能基底形式において, 次の (i), (ii) のいずれか一方が成り立つ. (ii) が成立する場合は, さらに (iia), (iib) のいずれか一方が成り立つ.

(i) $c_{j_l}\geq 0$ $(l=m+1,\ldots,n)$ となり, 現在の基底解が最適解となる.

(ii) ある $k\in\{j_{m+1},\ldots,j_n\}$ において $c_k<0$ となる.

(iia) $a_{ik}\leq 0$ $(i=1,\ldots,m)$ が成り立ち, z は下に有界でない.

(iib) ある $a_{hk}>0$ $(h\in\{1,\ldots,m\})$ において, a_{hk} を軸とする軸演算を行うと, 可能基底形式が得られるような h が存在する. 新たな可能基底形式における目的関数の値は増加しない.

ステップ 0　$b_i \geq 0\ (i = 1, \ldots, m)$ が満たされているものとする.
ステップ 1　$c_{j_l} \geq 0\ (l = m+1, \ldots, n)$ ならば終了, 現在の基底解が最適解である. $c_k < 0$ を満たす $k \in \{j_{m+1}, \ldots, j_n\}$ が存在する場合はステップ 2 へ.
ステップ 2　$c_k = \min_{l \in \{m+1,\ldots,n\}} c_{j_l}$ とする. $a_{1k}, \ldots, a_{mk} \leq 0$ ならば無限解が存在するので終了. $a_{ik} > 0$ となる i が存在する場合はステップ 3 へ.
ステップ 3　$\theta_h = b_h/a_{hk} = \min_{i \in \{1,\ldots,m\}} \{b_i/a_{ik} | a_{ik} > 0\}$ とおいて a_{hk} を軸とする軸演算を行い, ステップ 1 に戻る. 非基底変数 x_k は基底変数となり, 基底変数 x_{j_h} が非基底変数となる.

図 **A.1**　可能基底形式が得られている場合の単体法

定理 A.2　可能基底形式の単体表から始めて定理 A.1(iib) の操作を繰り返すとき, 各段階において $b_h > 0$ ならば, 有限回の軸演算の後に定理 A.1(i) または (iia) の状態に達する.

可能基底形式が得られている場合の単体法を, 図 A.1 に示す.

軸演算のときに常に $b_h > 0$ ならば, 基底変数の組合せは高々 ${}_n\mathrm{C}_m$ であるから, 有限回の軸演算の後に最適解が得られるか, 下に有界でないかを判定して終了する. $b_h = 0$ が生じる場合, 単体表は退化しているという. 一度使われた基底が再び出現し, 同じ基底変換が繰り返される現象を巡回とよぶ. 巡回を避けるためには, 定理 A.1 の (ii) において, $c_k < 0$ となる最も小さい添字 k を選択し, (iib) においても $\min_{i \in \{1,\ldots,m\}} \{b_i/a_{ik} | a_{ik} > 0\}$ を満たす添字が複数存在する場合, 最も小さい添字 h を選択すればよい. これは Bland の最小添字ルールとよばれている.

A.1.2　改訂単体法

ここでは, 改訂単体法の基礎を示す. 標準型最小化問題 (LP) を行列表示する. 問題に含まれる A, c, b をそれぞれ, $m \times n$ 型行列, n, m 次元ベクトルとし, x を n 次元変数ベクトルとする.

$$
\begin{array}{ll}
\text{(LP): min} & z = \boldsymbol{c}^\top \boldsymbol{x} \\
\text{subject to} & A\boldsymbol{x} = \boldsymbol{b} \\
 & \boldsymbol{x} \geq \boldsymbol{0}
\end{array}
$$

$m \times n$ 行列 A において $\mathrm{rank} A = m$ とすると, A は m 次の正則な小行列 B をもつが, この小行列 B を基底 (basis) とよぶ. $A = (B, N)$ と記し, 小行列 B, N に対応する変数ベクトル $\boldsymbol{x}$ を $\boldsymbol{x}_B, \boldsymbol{x}_N$ と分け, 目的関数の係数ベクトル $\boldsymbol{c}$ も同様に $\boldsymbol{c}_B, \boldsymbol{c}_N$ と分割する. このとき, 問題 (LP) を次の問題 (LPm) の形式で表す.

$$\begin{array}{ll}\text{(LPm): min} & z = \boldsymbol{c}_B^\top \boldsymbol{x}_B + \boldsymbol{c}_N^\top \boldsymbol{x}_N \\ \text{subject to} & B\boldsymbol{x}_B + N\boldsymbol{x}_N = \boldsymbol{b} \\ & \boldsymbol{x}_B, \boldsymbol{x}_N \geq \boldsymbol{0}\end{array}$$

初期基底 B に対応して, 基底変数, 非基底変数の添字集合をそれぞれ, $S = \{1, \ldots, m\}$, $T = \{m+1, \ldots, n\}$ とする. すなわち $\boldsymbol{x}^\top = (\boldsymbol{x}_B^\top, \boldsymbol{x}_N^\top) = (x_1, \ldots, x_m, x_{m+1}, \ldots, x_n)$ と定める. 問題 (LPm) を次のように単体表の形で示す.

	z	$\boldsymbol{x}_B$	$\boldsymbol{x}_N$
0	1	$-\boldsymbol{c}_B^\top$	$-\boldsymbol{c}_N^\top$
$\boldsymbol{b}$	$\boldsymbol{0}$	B	N

この単体表は基底形式ではない. 基底形式においては, 基底変数 $\boldsymbol{x}_B$ に対する制約の係数行列が I (単位行列) で, 目的関数の係数が 0 でなければならない. そのために次の変形を行う.

基底 B の逆行列 B^{-1} を制約行列 $B\boldsymbol{x}_B + N\boldsymbol{x}_N = \boldsymbol{b}$ の左から掛けると

$$\boldsymbol{x}_B + B^{-1}N\boldsymbol{x}_N = B^{-1}\boldsymbol{b}$$

となり, $\boldsymbol{x}_B = -B^{-1}N\boldsymbol{x}_N + B^{-1}\boldsymbol{b}$ の関係が得られる. これを目的関数に代入すると次のようになる.

$$\begin{aligned} z &= \boldsymbol{c}_B^\top(-B^{-1}N\boldsymbol{x}_N + B^{-1}\boldsymbol{b}) + \boldsymbol{c}_N^\top \boldsymbol{x}_N \\ &= \boldsymbol{c}_B^\top B^{-1}\boldsymbol{b} + (\boldsymbol{c}_N^\top - \boldsymbol{c}_B^\top B^{-1}N)\boldsymbol{x}_N \end{aligned}$$

$\bar{\boldsymbol{c}}_N^\top = \boldsymbol{c}_N^\top - \boldsymbol{c}_B^\top B^{-1}N$ は**被約費用** (reduced cost) とよばれ, $z = \boldsymbol{c}_B^\top B^{-1}\boldsymbol{b} + \bar{\boldsymbol{c}}_N^\top \boldsymbol{x}_N$ となる. 以上の関係を表にすると, B を基底とする単体表が得られる.

	z	$\boldsymbol{x}_B$	$\boldsymbol{x}_N$
$\boldsymbol{c}_B^\top B^{-1}\boldsymbol{b}$	1	$\boldsymbol{0}$	$-\bar{\boldsymbol{c}}_N^\top = \boldsymbol{c}_B^\top B^{-1}N - \boldsymbol{c}_N^\top$
$B^{-1}\boldsymbol{b}$	$\boldsymbol{0}$	I	$B^{-1}N$

$\boldsymbol{c}_B^\top B^{-1}$ を**単体乗数** (simplex multiplier) とよび, $\boldsymbol{\pi}^\top = \boldsymbol{c}_B^\top B^{-1}$ と表す. 被約費用は $\bar{\boldsymbol{c}}_N^\top = \boldsymbol{c}_N^\top - \boldsymbol{\pi}^\top N$ となる. 基底解は次のようになる.

$$\boldsymbol{x}_B = B^{-1}\boldsymbol{b} \geq \boldsymbol{0},\ \boldsymbol{x}_N = \boldsymbol{0}$$

$\bar{\boldsymbol{b}} = B^{-1}\boldsymbol{b}$ と定義し, $\bar{\boldsymbol{b}} \geq \boldsymbol{0}$ となるとき B を可能基底とよぶ. 非基底 N が $\bar{\boldsymbol{c}}_N \geq \boldsymbol{0}$ を満たすとき, 対応する可能基底を最適基底とよぶ. 単体法の 1 ステップを実施するために必要な情報は, 元問題のすべてのデータではなく, 以下の表に示されている部分にすぎない.

	z	$\boldsymbol{x}_B$	$\boldsymbol{x}_N$		
			$-\bar{\boldsymbol{c}}_N^\top = \boldsymbol{c}_B^\top B^{-1} N - \boldsymbol{c}_N^\top$		
$B^{-1}\boldsymbol{b}$				$B^{-1}\boldsymbol{a}_k$	

したがって，これらの必要な情報だけを用いて計算を行えば，計算の手間とメモリの節約となる．基底の逆行列 B^{-1}，目的関数値 $\boldsymbol{c}_B^\top B^{-1}\boldsymbol{b}$ の値の計算には，行列 $\left(\begin{array}{c|c} \boldsymbol{c}_B^\top B^{-1}\boldsymbol{b} & \boldsymbol{\pi}^\top = \boldsymbol{c}_B^\top B^{-1} \\ \hline B^{-1}\boldsymbol{b} & B^{-1} \end{array}\right)$ を保持し，これを更新していく．改訂単体法のアルゴリズムを図 A.2 に示す．

ステップ 3 で軸演算を行った後，基底は $B = (\boldsymbol{a}_1, \ldots, \boldsymbol{a}_h, \ldots, \boldsymbol{a}_m)$ から $B' = (\boldsymbol{a}_1, \ldots, \boldsymbol{a}_k, \ldots, \boldsymbol{a}_m)$ へと変化したものとする．すなわち，列 $\boldsymbol{a}_h$ が非基底となり，代わりに $\boldsymbol{a}_k$ が基底となると仮定する．基底 B のもとで，被約費用 $(\bar{c}_N)_k > 0$ $(k \in T)$ を満たす非基底列 $\boldsymbol{y}_k = B^{-1}\boldsymbol{a}_k$ を選択する．$\boldsymbol{y}_k$ の第 h 成分 $y_{hk} > 0$ を軸とする軸演算行列 J_{hk} を次のように定義する．行列 J_{hk} は第 h 列のみが単位行列とは異なる．

$$
J_{hk} = \begin{pmatrix}
1 & 0 & \cdots & -y_{1k}/y_{hk} & \cdots & & 0 \\
0 & 1 & & \vdots & & & \\
 & & \ddots & -y_{h-1,k}/y_{hk} & & & \\
\vdots & & & 1/y_{hk} & & & \vdots \\
 & & & -y_{h+1,k}/y_{hk} & \ddots & & \\
 & & & \vdots & & 1 & 0 \\
0 & & \cdots & -y_{mk}/y_{hk} & \cdots & 0 & 1
\end{pmatrix}
\quad (\text{第 } h \text{ 列})
$$

ステップ 0　初期可能基底 B およびその逆行列 B^{-1} が与えられているものとする．基底 B の列に対応する添字集合を S，非基底 N の列に対応する添字集合を T とする．

ステップ 1　非基底変数の被約費用を $\bar{\boldsymbol{c}}_N^\top = \boldsymbol{c}_N^\top - \boldsymbol{c}_B^\top B^{-1} N$ によって求める．$\bar{\boldsymbol{c}}_N \geq \boldsymbol{0}$ ならば終了，現在の基底解が最適解である．$\bar{\boldsymbol{c}}_N$ に負の成分が存在する場合はステップ 2 へ．

ステップ 2　$(\bar{c}_N)_k = \min_{j \in T} (\bar{c}_N)_j$ とする．$\boldsymbol{y}_k = B^{-1}\boldsymbol{a}_k$ とし，$\boldsymbol{y}_k \leq \boldsymbol{0}$ ならば無限解が存在するので終了．$\boldsymbol{y}_k$ に正の成分が存在する場合はステップ 3 へ．

ステップ 3　$\theta_h = \bar{b}_h/y_{hk} = \min_{i \in S}\{\bar{b}_i/y_{ik} | y_{ik} > 0\}$ とおいて y_{hk} を軸とする軸演算を行列 $\left(\begin{array}{c|c} \boldsymbol{c}_B^\top B^{-1}\boldsymbol{b} & \boldsymbol{\pi}^\top = \boldsymbol{c}_B^\top B^{-1} \\ \hline B^{-1}\boldsymbol{b} & B^{-1} \end{array}\right)$ に対して行い，ステップ 1 に戻る．非基底変数 x_k は基底変数となり，基底変数 x_h が非基底変数となる．

図 **A.2**　改訂単体法

軸演算行列を行列または列ベクトルの左から掛けることにより, 単体表に a_{hk} を軸として軸演算を行ったものと同じ結果が得られる. 実際, $J_{hk}\boldsymbol{y}_k = \boldsymbol{e}_h^\top$ ($\boldsymbol{e}_h$ は第 h 単位列ベクトル) となることが容易にわかる. 新基底 $B^{'}$ の右から J_{hk} を掛けると次のようになる.

$$
\begin{aligned}
&B^{'}J_{hk}\\
&= \left(\boldsymbol{a}_1, \boldsymbol{a}_2, \ldots, \left[-\frac{y_{1k}}{y_{hk}}\boldsymbol{a}_1 - \cdots + \frac{1}{y_{hk}}\boldsymbol{a}_k - \cdots - \frac{y_{mk}}{y_{hk}}\boldsymbol{a}_m\right], \ldots, \boldsymbol{a}_{m-1}, \boldsymbol{a}_m\right)\\
&= (\boldsymbol{a}_1, \boldsymbol{a}_2, \ldots, \boldsymbol{a}_h, \ldots, \boldsymbol{a}_{m-1}, \boldsymbol{a}_m)\\
&= B\ (\boldsymbol{a}_k = B\boldsymbol{y}_k = y_{1k}\boldsymbol{a}_1 + \cdots + y_{hk}\boldsymbol{a}_h + \cdots + y_{mk}\boldsymbol{a}_m \text{より})
\end{aligned}
$$

$B^{'}J_{hk} = B$ の左右から $(B^{'})^{-1}$ と B^{-1} を掛けることにより, $(B^{'})^{-1}B^{'}J_{hk}B^{-1} = (B^{'})^{-1}BB^{-1}$ となり, まとめると $J_{hk}B^{-1} = (B^{'})^{-1}$ となる. すなわち, もとの基底 B の逆行列に a_{hk} を軸として軸演算を施すことにより, 新たな基底 $B^{'}$ の逆行列が得られることが確認できた.

改訂単体法のステップ 3 では, 行列 $\left(\begin{array}{c|c} \boldsymbol{c}_B^\top B^{-1}\boldsymbol{b} & \boldsymbol{\pi}^\top = \boldsymbol{c}_B^\top B^{-1} \\ \hline B^{-1}\boldsymbol{b} & B^{-1} \end{array}\right)$ に対して, 非基底列 $\boldsymbol{a}_k$ $(k \in T)$ に対応するベクトル $\boldsymbol{y}_k = B^{-1}\boldsymbol{a}_k$ の第 h 成分 y_{hk} (> 0) を軸とする軸演算を行い, 基底 $B = (\boldsymbol{a}_1, \ldots, \boldsymbol{a}_h, \ldots, \boldsymbol{a}_m)$ の逆行列 B^{-1} より新基底 $B^{'} = (\boldsymbol{a}_1, \ldots, \boldsymbol{a}_k, \ldots, \boldsymbol{a}_m)$ の逆行列 $(B^{'})^{-1}$ を得る. 基底 B の第 h 列ベクトル $\boldsymbol{a}_h$ $(h \in S)$ の代わりに, 新たに列 $\boldsymbol{a}_k$ $(k \in T)$ が新基底 $B^{'}$ に入る.

$\boldsymbol{c}_B^\top B^{-1}\boldsymbol{b}$	$\pi^\top = \boldsymbol{c}_B^\top B^{-1}$		$-(\bar{\boldsymbol{c}}_N)_k$
$B^{-1}\boldsymbol{b}$	B^{-1}		y_{1k} $\vdots$ y_{hk} $\vdots$ y_{mk}

y_{hk} (> 0) を軸とする
$\boldsymbol{y}_k = B^{-1}\boldsymbol{a}_k$

軸演算後の結果は次のようになる.

$\boldsymbol{c}_{B^{'}}^\top (B^{'})^{-1}\boldsymbol{b}$	$(\boldsymbol{\pi}^{'})^\top = \boldsymbol{c}_{B^{'}}^\top (B^{'})^{-1}$		0
$(B^{'})^{-1}\boldsymbol{b}$	$(B^{'})^{-1}$		0 $\vdots$ 1 $\vdots$ 0

軸演算により, 単体乗数 $\boldsymbol{\pi}^\top = \boldsymbol{c}_B^\top B^{-1}$ が $(\boldsymbol{\pi}^{'})^\top = \boldsymbol{c}_{B^{'}}^\top (B^{'})^{-1}$ へと更新されることは, 次のように示される.

$$
\begin{aligned}
&(\boldsymbol{\pi}')^\top \\
&= \boldsymbol{c}_B^\top B^{-1} + \frac{(\bar{\boldsymbol{c}}_N)_k}{y_{hk}} \boldsymbol{e}_h^\top B^{-1} \ (\boldsymbol{e}_h \text{は第} h \text{単位ベクトル}, \boldsymbol{e}_h^\top B^{-1} \text{は} B^{-1} \text{の第} h \text{行}) \\
&= \left(\boldsymbol{c}_B^\top + \frac{(\boldsymbol{c}_N)_k - \boldsymbol{c}_B^\top \boldsymbol{y}_k}{y_{hk}} \boldsymbol{e}_h^\top \right) B^{-1} \\
&= \left((\boldsymbol{c}_B)_1, \ldots, \frac{-y_{1k}(\boldsymbol{c}_B)_1 - \cdots + (\boldsymbol{c}_N)_k - \cdots - y_{mk}(\boldsymbol{c}_B)_m}{y_{kh}}, \ldots, (\boldsymbol{c}_B)_m \right) B^{-1} \\
&= ((\boldsymbol{c}_B)_1, (\boldsymbol{c}_B)_2, \ldots, (\boldsymbol{c}_N)_k, \ldots, (\boldsymbol{c}_B)_m) J_{hk} B^{-1} \\
&= \boldsymbol{c}_{B'}^\top (B')^{-1} \ (J_{hk} B^{-1} = (B')^{-1} \text{より})
\end{aligned}
$$

目的関数値 $\boldsymbol{c}_B^\top B^{-1}\boldsymbol{b}$, 右辺定数 $B^{-1}\boldsymbol{b}$ が軸演算により, それぞれ $\boldsymbol{c}_{B'}^\top (B')^{-1}\boldsymbol{b}$, $(B')^{-1}\boldsymbol{b}$ となることも同様に示すことができる.

A.1.3 双対問題

次の問題 (LP) および (LP-dual) を考える.

$$
\text{(LP)} \left\| \begin{array}{rl} \min & \boldsymbol{c}^\top \boldsymbol{x} \\ \text{subject to} & A\boldsymbol{x} = \boldsymbol{b} \\ & \boldsymbol{x} \geq \boldsymbol{0} \end{array} \right. \qquad \text{(LP-dual)} \left\| \begin{array}{rl} \max & \boldsymbol{y}^\top \boldsymbol{b} \\ \text{subject to} & \boldsymbol{y}^\top A \leq \boldsymbol{c}^\top \end{array} \right.
$$

問題 (LP) を主問題とよび, (LP-dual) をその双対問題とよぶ. また, 問題 (LP-dual) の双対問題が問題 (LP) になることは容易に確認することができる. この 2 つの問題に成り立つ関係を示す. 定理 A.3 は**弱双対定理** (weak duality theorem) とよばれる.

定理 A.3 主問題 (LP) の任意の実行可能解 $\boldsymbol{x}$ と, 双対問題 (LP-dual) の任意の実行可能解 $\boldsymbol{y}$ に対して,

$$\boldsymbol{c}^\top \boldsymbol{x} \geq \boldsymbol{y}^\top \boldsymbol{b}$$

が成立する.

定理 A.3 より次が成り立つ.

系 A.1 問題 (LP) が無限解をもつなら, (LP-dual) は実行可能解をもたない.

系 A.2 主問題 (LP) の実行可能解 $\hat{\boldsymbol{x}}$ と, 双対問題 (LP-dual) の実行可能解 $\hat{\boldsymbol{y}}$ に対して,

$$\boldsymbol{c}^\top \hat{\boldsymbol{x}} = \hat{\boldsymbol{y}}^\top \boldsymbol{b}$$

が成立するならば, $\hat{\boldsymbol{x}}$, $\hat{\boldsymbol{y}}$ はそれぞれ問題 (LP) と (LP-dual) の最適解である.

定理 A.4 は**双対定理** (duality theorem) とよばれる.

定理 A.4 主問題 (LP) が最適解をもつ場合, 双対問題 (LP-dual) も最適解をもち, (LP)

における $\boldsymbol{c}^\top \boldsymbol{x}$ の最小値と (LP-dual) における $\boldsymbol{y}^\top \boldsymbol{b}$ の最大値は一致する.

系 A.1, A.2, 定理 A.4 の結果を以下の表に示す. ただし, ○は起こりうるケース, ×は起こりえないケースを表す.

主問題＼双対問題		実行可能		実行不可能
		最適解あり	無限解	
実行可能	最適解あり	○	×	×
	無限解	×	×	○
実行不可能		×	○	○

次に, 標準型以外の線形計画問題における双対問題を考える. 次の問題 (LP1) を主問題とすると, その双対問題は問題 (LP1-dual) となる. これは問題 (LP1) を標準型に変形することによって示すことができる.

$$
\text{(LP1)} \left\| \begin{array}{rl} \min & \boldsymbol{c}^\top \boldsymbol{x} \\ \text{subject to} & A\boldsymbol{x} \geq \boldsymbol{b} \\ & \boldsymbol{x} \geq \boldsymbol{0} \end{array} \right. \qquad \text{(LP1-dual)} \left\| \begin{array}{rl} \max & \boldsymbol{y}^\top \boldsymbol{b} \\ \text{subject to} & \boldsymbol{y}^\top A \leq \boldsymbol{c}^\top \\ & \boldsymbol{y} \geq \boldsymbol{0} \end{array} \right.
$$

系 A.2 は (LP1) と (LP1-dual) においてもそのまま成立することに注意されたい. また, (LP1) と (LP1-dual) においては, 定理 A.4 も同様に成り立つ. 次の定理 A.5 は**相補スラック定理** (complementary slackness theorem) とよばれる.

定理 A.5 主問題 (LP1) の実行可能解 x と, 双対問題 (LP1-dual) の実行可能解 y がそれぞれ (LP1) と (LP1-dual) の最適解であるための必要十分条件は,

$$(\boldsymbol{c}^\top - \boldsymbol{y}^\top A)\boldsymbol{x} = \boldsymbol{0}$$

$$\boldsymbol{y}^\top (A\boldsymbol{x} - \boldsymbol{b}) = \boldsymbol{0}$$

が成立することである.

A.1.4 凸多面集合の性質

$\boldsymbol{x}^1, \boldsymbol{x}^2 \in \mathbb{R}^n, 0 \leq \lambda \leq 1$ であるとき, $\lambda \boldsymbol{x}^1 + (1-\lambda)\boldsymbol{x}^2$ を $\boldsymbol{x}^1$ と $\boldsymbol{x}^2$ の**凸結合** (convex combination) という. $S \subseteq \mathbb{R}^n$ は, S の任意の 2 点 $\boldsymbol{x}^1$, $\boldsymbol{x}^2$ の凸結合を含むとき, すなわち

$$\boldsymbol{x}^1, \boldsymbol{x}^2 \in S^n,\ 0 \leq \lambda \leq 1 \Rightarrow \lambda \boldsymbol{x}^1 + (1-\lambda)\boldsymbol{x}^2 \in S$$

を満たすとき, **凸集合** (convex set) であるという. また, 任意の集合 $S \subseteq \mathbb{R}^n$ を含む最小の凸集合を S の凸包といい, conv S と表す. 凸集合 S は,

$$\boldsymbol{x} \in S,\ \lambda \geq 0 \Rightarrow \lambda \boldsymbol{x} \in S$$

であるとき, **凸錐** (convex cone) とよばれる. ある $\mathbf{0}$ でないベクトル $\boldsymbol{\alpha} \in \mathbb{R}^n$ と $\alpha_0 \in \mathbb{R}^1$ に対して定義される集合

$$H_0 = \{\boldsymbol{x} \in \mathbb{R}^n \mid \boldsymbol{\alpha}^\top \boldsymbol{x} = \alpha_0\}$$

を**超平面** (hyperplane) といい,

$$H_- = \{\boldsymbol{x} \in \mathbb{R}^n \mid \boldsymbol{\alpha}^\top \boldsymbol{x} \geq \alpha_0\}$$

を (超平面 H_0 で区切られる) **半空間** (half space) という. 有限個の半空間と超平面の共通部分として定義される集合は凸集合であり, **凸多面集合** (convex polyhedral set) とよばれる. また有界な凸多面集合を**凸多面体** (convex polyhedron) とよぶ. 標準型線形計画問題 (LP) の実行可能解集合 $\{\boldsymbol{x} \in \mathbb{R}^n \mid A\boldsymbol{x} = \boldsymbol{b},\ \boldsymbol{x} \geq \mathbf{0}\}$ も, 容易に確かめられるように凸集合である.

凸集合 S の点 $\boldsymbol{x}$ は, S に含まれる相異なる 2 点 $\boldsymbol{x}^1, \boldsymbol{x}^2 \in S$ を結ぶ開線分 $(\boldsymbol{x}^1, \boldsymbol{x}^2)$ 上の点にならないとき, すなわち,

$$\boldsymbol{x} = \lambda \boldsymbol{x}^1 + (1-\lambda)\boldsymbol{x}^2,\ 0 < \lambda < 1 \Rightarrow \boldsymbol{x} = \boldsymbol{x}^1 = \boldsymbol{x}^2$$

という関係が成り立つとき, S の**端点** (extreme point) という.

定理 A.6 標準型線形計画問題 (LP) の実行可能解集合を $X = \{\boldsymbol{x} \in \mathbb{R}^n \mid A\boldsymbol{x} = \boldsymbol{b},\ \boldsymbol{x} \geq \mathbf{0}\}$ とすると, 実行可能基底解は X の端点である.

● A.2 ● 非線形計画法 ●

A.2.1 集合と関数の基礎

点 $\boldsymbol{x} \in \mathbb{R}^n$ を中心として半径 $r > 0$ の球を $B(\boldsymbol{x}, r) = \{\boldsymbol{y} \in \mathbb{R}^n \mid \|\boldsymbol{y} - \boldsymbol{x}\| < r\}$ とする. 集合 $S \subseteq \mathbb{R}^n$ に含まれる任意の $\boldsymbol{x} \in S$ に対して $B(\boldsymbol{x}, r) \subseteq S$ となる $r > 0$ が存在するとき, S は**開集合** (open set) であるという. 集合 S の補集合 $\{\boldsymbol{x} \in \mathbb{R}^n \mid \boldsymbol{x} \notin S\}$ が開集合になるとき, S は**閉集合** (closed set) であるという. S を含む最小の閉集合を S の**閉包** (closure) とよび, $\mathrm{cl}\, S$ と表す.

また集合 $X \subset \mathbb{R}^n$ は, X における点列のすべての集積点を含むとき, 閉集合である. ある実数 M が存在し, 集合 $X \subset \mathbb{R}^n$ に含まれる任意の $\boldsymbol{x} \in X$ に対して $\|\boldsymbol{x}\| \leq M$ となるとき, X は**有界** (bounded) であるという. 有界な閉集合を**コンパクト** (compact) であるという. 集合 $X \subset \mathbb{R}^n$ で定義された実数値関数 $f : X \to \mathbb{R}^1$ の連続性を定義する.

定義 A.1 任意の $\varepsilon > 0$ に対して, $\|\boldsymbol{x} - \boldsymbol{x}^0\| < \delta$ かつ $\boldsymbol{x} \in X$ ならば, $f(\boldsymbol{x}) - f(\boldsymbol{x}^0) < \varepsilon$ を満たす $\delta > 0$ が存在するとき, 関数 f は $\boldsymbol{x}^0 \in X$ で**上半連続** (upper semicontinuous) であるという.

定義 A.2 任意の $\varepsilon > 0$ に対して, $\|\boldsymbol{x}-\boldsymbol{x}^0\| < \delta$ かつ $\boldsymbol{x} \in X$ ならば, $f(\boldsymbol{x})-f(\boldsymbol{x}^0) > -\varepsilon$ を満たす $\delta > 0$ が存在するとき, 関数 f は $\boldsymbol{x}^0 \in X$ で**下半連続** (lower semicontinuous) であるという.

定義 A.3 任意の $\varepsilon > 0$ に対して, $\|\boldsymbol{x}-\boldsymbol{x}^0\| < \delta$ かつ $\boldsymbol{x} \in X$ ならば, $|f(\boldsymbol{x})-f(\boldsymbol{x}^0)| < \varepsilon$ を満たす $\delta > 0$ が存在するとき, 関数 f は $\boldsymbol{x}^0 \in X$ で**連続** (continuous) であるという.

関数 f が $\boldsymbol{x}^0 \in X$ で上半連続かつ下半連続であれば連続である. コンパクトな集合 X で定義された関数 f は X の中で最小値をとる. 次に, 関数の凸性について示す.

定義 A.4 集合 $X \subset \mathbb{R}^n$ において, 任意の $\boldsymbol{x}^1, \boldsymbol{x}^2 \in X$ と任意の $\lambda \in [0,1]$ に対して $f(\lambda\boldsymbol{x}^1 + (1-\lambda)\boldsymbol{x}^2) \leq \lambda f(\boldsymbol{x}^1) + (1-\lambda)f(\boldsymbol{x}^2)$ が成り立つとき, 関数 f は**凸関数** (convex function) であるという.

関数 $-f$ が凸関数であるとき, 関数 f は凹関数 (concave function) であるといい, $\mathrm{epi} f = \{(\boldsymbol{x}, \mu) \mid \mu \geq f(\boldsymbol{x}),\ \mu \in \mathbb{R},\ \boldsymbol{x} \in X\}$ を関数 f のエピグラフという. また, エピグラフが凸集合となる関数は凸関数である. $\mathrm{epi}\hat{f} = \mathrm{cl\ conv\ epi} f$ を満たす関数 $\hat{f}$ を関数 f の閉凸包とよび, $\mathrm{cl\ conv} f$ と表す.

凸関数は以下のように一般化される.

定義 A.5 集合 $X \subset \mathbb{R}^n$ において, 任意の $\boldsymbol{x}^1, \boldsymbol{x}^2 \in X$ と任意の $\lambda \in [0,1]$ に対して $f(\lambda\boldsymbol{x}^1 + (1-\lambda)\boldsymbol{x}^2) \leq \max\{f(\boldsymbol{x}^1), f(\boldsymbol{x}^2)\}$ が成り立つとき, 関数 f は**準凸関数** (quasi-convex function) であるという.

定義 A.6 凸集合 $X \subset \mathbb{R}^n$ における凸関数 f を考える. ある $\boldsymbol{x}^0 \in X$ と任意の $\boldsymbol{x} \in X$ に対して $f(\boldsymbol{x}) \geq f(\boldsymbol{x}^0) + \boldsymbol{\eta}^\top(\boldsymbol{x}-\boldsymbol{x}^0)$ が成り立つとき, $\boldsymbol{\eta}$ を関数 f の $\boldsymbol{x}^0$ における劣勾配とよぶ. 関数 f の $\boldsymbol{x}^0$ における劣勾配の集合を劣微分とよび, $\partial f(\boldsymbol{x}^0)$ と表す.

A.2.2 最適性の条件

前節の線形計画問題とは異なり, 目的関数や制約条件に非線形関数を含む数理計画問題を**非線形計画問題** (nonlinear programming problem) とよぶ.

$$
\text{(NLP)} \quad \left\| \begin{array}{rl} \min & f(\boldsymbol{x}) \\ \text{subject to} & g_i(\boldsymbol{x}) \leq 0,\ i = 1, \ldots, m \end{array} \right.
$$

非線形計画問題 (NLP) において, $f : \mathbb{R}^n \to \mathbb{R}$ は目的関数であり, $g_i : \mathbb{R}^n \to \mathbb{R}$ $(i = 1, \ldots, m)$ が制約条件である. ある $\boldsymbol{x}^0$ において, $g_i(\boldsymbol{x}^0) = 0$ を満たす制約式の添字集合を $I(\boldsymbol{x}^0) = \{i \mid g_i(\boldsymbol{x}^0) = 0,\ i = 1, \ldots, m\}$ と表す.

定義 A.7 関数 $g_i(\boldsymbol{x})$ が $\boldsymbol{x}^0$ において微分可能であるとする. $g_i(\boldsymbol{x}^0) \leq 0$ $(i = 1, \ldots, m)$ かつ $\nabla g_i(\boldsymbol{x}^0)$ $(i \in I(\boldsymbol{x}^0))$ が線形独立であれば, $g_i(\boldsymbol{x})$ $(i = 1, \ldots, m)$ は $\boldsymbol{x}^0$ において正

規条件 (regularity condition) を満たすという.

問題 (NLP) に対する最適性の必要条件は次のようになる.

定理 A.7 $\boldsymbol{x}^0$ において, 関数 $f : \mathbb{R}^n \to \mathbb{R}$ および $g_i : \mathbb{R}^n \to \mathbb{R}$ $(i = 1, \ldots, m)$ は微分可能で正規条件を満たすとする. $\boldsymbol{x}^0$ が問題 (NLP) の局所最適解ならば, ある $\lambda_i \geq 0$ $(i = 1, \ldots, m)$ が存在して, $\nabla f(\boldsymbol{x}^0) + \sum_{i=1}^m \lambda_i \nabla g_i(\boldsymbol{x}^0) = \mathbf{0}$ $(\lambda_i g_i(\boldsymbol{x}^0) = 0,\ g_i(\boldsymbol{x}^0) \leq 0,\ i = 1, \ldots, m)$ が成り立つ.

定理 A.7 における $\nabla f(\boldsymbol{x}^0) + \sum_{i=1}^m \lambda_i \nabla g_i(\boldsymbol{x}^0) = \mathbf{0}$ を Karush–Kuhn–Tucker 条件, λ_i $(i = 1, \ldots, m)$ を **Karush–Kuhn–Tucker 乗数** (Karush–Kuhn–Tucker multiplier), $\lambda_i g_i(\boldsymbol{x}^0) = 0$ $(i = 1, \ldots, m)$ を**相補スラック条件** (complementary slackness condition) とよぶ. 問題 (NLP) は, 関数 $f : \mathbb{R}^n \to \mathbb{R}$ および $g_i : \mathbb{R}^n \to \mathbb{R}$ $(i = 1, \ldots, m)$ が凸関数であるとき, **凸計画問題** (convex programming problem) とよばれる.

定理 A.8 関数 $f : \mathbb{R}^n \to \mathbb{R}$ および $g_i : \mathbb{R}^n \to \mathbb{R}$ $(i = 1, \ldots, m)$ は凸関数であり, $\boldsymbol{x}^0$ において微分可能であるとする. ある $\lambda_i \geq 0$ $(i = 1, \ldots, m)$ が存在して, $\nabla f(\boldsymbol{x}^0) + \sum_{i=1}^m \lambda_i \nabla g_i(\boldsymbol{x}^0) = \mathbf{0}$ $(\lambda_i g_i(\boldsymbol{x}^0) = 0,\ g_i(\boldsymbol{x}^0) \leq 0,\ i = 1, \ldots, m)$ が成り立つならば, $\boldsymbol{x}^0$ は問題 (NLP) の最適解である.

非線形計画法に関しては, Avriel[6)], 今野・山下[75)], 福島[45)] などを参照されたい.

A.3 確 率 論

A.3.1 確 率 空 間

偶然現象に対して, 前もって結果がわかっていない試行 (trial) によって得られる結果を**標本** (sample) とよび, ω で表す. すべての標本の集合を**標本空間** (sample space) とよび, Ω で表す. 標本空間 Ω の部分集合を**事象** (event) とよぶ. 事象 A の**余事象** (complement) A^c とは, 事象 A が起こらない事象であり, $A^c = \{\omega | \omega \notin A\}$ と表すことができる. 標本空間 Ω 自体を**全事象** (whole event) とよぶ. 全事象の余事象は標本を含まない集合であり, これを**空事象** (impossible event) と定義し, ϕ と表す. 2 つの事象 A, B の和事象 $A \cup B = \{\omega | \omega \in A$ または $\omega \in B\}$, 積事象 $A \cap B = \{\omega | \omega \in A$ かつ $\omega \in B\}$, 差事象 $A \setminus B = \{\omega | \omega \in A$ かつ $\omega \notin B\}$ も同様に定義する. 事象 A, B の積事象 $A \cap B$ が空事象 ϕ であるとき, 事象 A と B とは**互いに排反** (disjoint) であるという. 事象の集まり $\mathcal{F}$ は次の条件を満たすことが求められる.

定義 A.8 標本空間 Ω の事象の集まり $\mathcal{F}$ は次の条件を満たすとき, **$\boldsymbol{\sigma}$-集合体** (σ-field) とよばれる.

1) $\Omega \in \mathcal{F}$
2) $A \in \mathcal{F}$ ならば $A^c \in \mathcal{F}$

3) $A_i \in \mathcal{F}$ $(i = 1, 2, \ldots)$ ならば $\bigcup_{i=1}^{\infty} \in \mathcal{F}$

事象 $A \in \mathcal{F}$ から区間 $[0, 1]$ への写像によって, 事象 A が起こる確率を定義する.

定義 A.9 P は次の条件を満たすとき, **確率測度** (probability measure) とよばれ, $P(A)$ を事象 A の**確率** (probability) という.

1) $P(\Omega) = 1$
2) 任意の $A \in \mathcal{F}$ に対して $0 \leq P(A) \leq 1$
3) $A_i \in \mathcal{F}$ $(i = 1, 2, \ldots)$ が互いに排反な事象であるならば $P(\bigcup_{i=1}^{\infty}) = \sum_{i=1}^{\infty} P(A_i)$

定義 A.8, A.9 を満たす 3 つの組 $(\Omega, \mathcal{F}, P)$ を**確率空間** (probability space) とよぶ. 試行の結果得られる標本 ω 自体よりも, それに付随するある実数値 $X(\omega)$ を考える場合が多い. すべての実数 x に対して, $X(\omega) \leq x$ となる事象が定義できる実数値関数を**確率変数** (random variable) とよぶ. また, $P(A \cap B) = P(A)P(B)$ が成り立つとき, 事象 A と B とは**独立** (independent) であるという.

定義 A.10 確率空間 $(\Omega, \mathcal{F}, P)$ において, Ω から実数への関数 $X(\omega)$ $(\omega \in \Omega)$ がすべての実数値 x に対して $\{\omega \mid X(\omega) \leq x\} \in \mathcal{F}$ を満たすとき, $X(\omega)$ を確率変数という.

これより, 確率 $P(\{\omega | X(\omega) \leq x\})$ を x の関数として, $F(x) = P(X \leq x)$ と表す. 関数 $F(x)$ を確率変数 X の分布関数とよぶ.

定義 A.11 確率変数 X のとりうる値の数が有限個あるいは加算無限個である場合, X を**離散確率変数** (discrete random variable) とよぶ.

定義 A.12 離散確率変数 X のとりうる値が $\{x_1, x_2, \ldots\}$ であり, 分布関数 $F(x) = \sum_{x_i \leq x} p(x_i)$ と表すことができるとき, $p(x_i)$ $(i = 1, 2, \ldots)$ を X の**確率関数** (probability function) とよぶ.

定義 A.13 分布関数が $F(x) = \int_{-\infty}^{x} f(t)dt$ と表すことができるとき, X を**連続確率変数** (continuous random variable) とよび, $f(x)$ を X の**確率密度関数** (probability density function) とよぶ.

n 個の実数 $x_1, \ldots, x_n$ に対し, n 個の確率変数 $X_1, \ldots, X_n$ が $X_1 \leq x_1, \ldots, X_n \leq x_n$ を同時に満たす確率を $F(x_1, \ldots, x_n) = P(X_1 \leq x_1, \ldots, X_n \leq x_n)$ と表し, $F(x_1, \ldots, x_n)$ を $(X_1, \ldots, X_n)$ の**同時分布関数** (joint distribution function) とよぶ.

定義 A.14 同時分布関数を $F(x_1, \ldots, x_n) = \int_{-\infty}^{x_1} \cdots \int_{-\infty}^{x_n} f(t_1, \ldots, t_n)dt_1 \cdots dt_n$ と表すことができるとき, $f(x_1, \ldots, x_n)$ を $(X_1, \ldots, X_n)$ の**同時確率密度関数** (joint probability density function) とよぶ.

同時分布関数において, x_i 以外についての極限 $x_k \to \infty$ $(k \neq i)$ を考える. 関数 $F_{X_i}(x_i) = \lim_{x_k \to \infty, k \neq i} F(x_1, \ldots, x_n)$ を X_i の**周辺分布関数** (marginal distribution function) とよぶ. 同時分布関数が n 個の周辺分布関数の積 $F(x_1, \ldots, x_n) =$

$\prod_{i=1}^{n} F_{X_i}(x_i)$ となる場合, 確率変数 $X_1, \ldots, X_n$ は互いに独立であるという.

定義 A.15　確率変数に関して, ある性質が成り立つ確率が 1 (成り立たない確率が 0) であるとき, その性質は**ほとんど確実に** (almost surely: a.s.) または**確率 1 で** (with probability 1: w.p.1) 成り立つという.

A.3.2　確率変数の特性値

定義 A.16　離散確率変数 X のとりうる値が $\{x_1, x_2, \ldots\}$ であり, 確率関数 $p(x_i)$ $(i = 1, 2, \ldots)$ が与えられているものとする. $\sum_i |x_i| p(x_i) < \infty$ が成り立つ場合, $\mathrm{E}[X] = \sum_i x_i p(x_i)$ を X の期待値または**平均** (mean) とよぶ.

定義 A.17　連続確率変数 X の確率密度関数を $f(x)$ とする. $\int_{-\infty}^{+\infty} |x| f(x) dx < \infty$ が成り立つ場合, $\mathrm{E}[X] = \int_{-\infty}^{+\infty} x f(x) dx$ を X の期待値とよぶ.

定義 A.18　確率変数 X の期待値を $E[X] = \mu$ と表す. 確率変数 $(X-\mu)^2$ の期待値を確率変数 X の**分散** (variance) とよび, $\mathrm{Var}[X]$ または $V[X]$ と表す.

$$
\begin{aligned}
\mathrm{Var}[X] &= E[(X-\mu)^2] \\
&= \begin{cases} \displaystyle\sum_i (x_i - \mu)^2 p(x_i) & (X \text{ が離散確率変数の場合}), \\ \displaystyle\int_{-\infty}^{+\infty} (x-\mu)^2 f(x) dx & (X \text{ が連続確率変数の場合}) \end{cases}
\end{aligned}
\tag{A.1}
$$

分散の正の平方根を**標準偏差** (standard deviation) とよび, $\sigma(X) = \sqrt{\mathrm{Var}[X]}$ と表す. また, 確率変数 X の分布関数 $F(x)$ を用いて $E[X] = \int_{-\infty}^{+\infty} x dF(x)$, $\mathrm{Var}[X] = \int_{-\infty}^{+\infty} (x-\mu)^2 dF(x)$ と表すこともある.

定義 A.19　確率変数 X_1, X_2 の期待値をそれぞれ μ_1, μ_2 とする. $\mathrm{Cov}(X_1, X_2) = E[(X_1 - \mu_1)(X_2 - \mu_2)]$ を X_1, X_2 の**共分散** (covariance) とよぶ. また, $\rho(X_1, X_2) = \frac{\mathrm{Cov}(X_1, X_2)}{\sigma(X_1)\sigma(X_2)}$ を X_1, X_2 の**相関係数** (correlation coefficent) とよぶ.

独立で同じ分布をもつ確率変数の和について, 次の**中心極限定理** (central limit theorem) が成り立つ.

定理 A.9　$X_1, \ldots, X_n$ を平均 μ, 分散 σ^2 をもつ互いに独立な確率変数であるとする. このとき次が成り立つ.

$$
\lim_{n\to\infty} P\left(\frac{X_1 + \cdots + X_n - n\mu}{\sigma\sqrt{n}}\right) = \frac{1}{\sqrt{2\pi}} \int_{-\infty}^{x} \exp^{(-\frac{x^2}{2})} dx \tag{A.2}
$$

(A.2) の右辺は, 平均 0, 分散 1^2 の**正規分布** (normal distribution) の分布関数を表す. 平均 μ, 分散 σ^2 の正規分布の確率密度関数は $\frac{1}{\sqrt{2\pi\sigma}} \exp^{(-\frac{(x-\mu)^2}{2\sigma})}$ である.

文　　献

1) S. Ahmed. Convexity and decomposition of mean-risk stochastic programs. *Mathematical Programming*, 106:433–446, 2006.
2) S. Ahmed, M. Tawarmalani and N. V. Sahinidis. A finite branch-and-bound algorithm for two-stage stochastic integer programs. *Mathematical Programming*, 100:355–377, 2005.
3) R. K. Ahuja, T. L. Magnanti, and J. B. Orlin. *Network Flows*, Prentice Hall, 1993.
4) P. Altzner, F. Delbaen, J-M. Eber and D. Heath. Coherent measures of risk. *Mathematical Finance*, 9:203–228, 1999.
5) D. Anderson. Models for determining least-cost investments in electlicity supply. *Bell Journal of Economics and Management Science*, 3:267–301, 1972.
6) M. Avriel. *Nonlinear Programming: Analysis and Methods*, Prentice Hall, 1976.
7) M. Avriel and A. Williams. The value of information and stochastic programming. *Operations Research*, 18:947–954, 1970.
8) D. Bai, T. Carpenter and J. Mulvey. Making a case for robust optimization models. *Management Science*, 43:895–907, 1997.
9) A. T. Balakrishnan, T. L. Magnanti, A. Shulman and R. T. Wong. Models for capacity expansion in local access telecommunication networks. *Annals of Operations Research*, 33:239–284, 1991.
10) J. F. Bard. Short-term scheduling of thermal-electric generators using Lagrangian relaxations. *Operations Research*, 36:756–766, 1988.
11) E. M. L. Beale. On minimizing a convex function subject to linear inequalities. *Journal of the Royal Statistical Society, Series* B, 17:173–184, 1955.
12) J. F. Benders. Partitioning procedures for solving mixed-variables programming problems. *Numerische Mathematik*, 4:238–252, 1962.
13) D. P. Bertsekas. *Constrained Optimization and Lagrange Multiplier Methods*, Academic Press, 1982.
14) D. Bertsekas and R. Gallager. *Data Networks*, Prentice Hall, 1987.
15) J. R. Birge. Decomposition and partitioning methods for multistage stochastic linear programs. *Operations Research*, 33:989–1007, 1985.
16) J. R. Birge. Stochastic programming computation and applications. *INFORMS Journal on Computing*, 9:111–133, 1997.
17) J. R. Birge, C. J. Donohue, D. F. Holmes and O. G. Svintsitski. A parallel implementation of the nested decomposition algorithm for multistage stochastic linear programs. *Mathematical Programming*, 75:327–352, 1996.
18) J. R. Birge and D. F. Holmes. Efficient solution of two-stage stochastic linear programs using interior point methods. *Computational Optimization and Applications*, 1:245–276, 1992.

19) J. R. Birge and F. Louveaux. *Introduction to Stochastic Programming*, Springer Series in Operations Research, Springer-Verlag, 1997.

20) J. R. Birge and F. V. Louveaux. A multicut algorithm for two-stage stochastic linear programs. *European Journal of Operational Research*, 34:384–392, 1988.

21) J. R. Birge and L. Qi. Computing block-angular Karmarkar projections with applications to stochastic programming. *Management Science*, 34:1472–1479, 1988.

22) J. R. Birge and S. W. Wallace. A separable piecewize linear upper bound for stochastic linear programs. *SIAM Journal on Control and Optimization*, 26:725–739, 1988.

23) J. R. Birge and R. J.-B. Wets. Designing approximation schemes for stochastic optimization problems, in particular for stochastic programs with recourse. *Mathematical Programming Study*, 27:54–102, 1986.

24) J. R. Birge and R. J.-B. Wets. Sublinear upper bounds for stochastic programs with recourse. *Mathematical Programming*, 43:131–149, 1989.

25) E. Boros and A. Prékopa. Closed form two-sided bounds for probabilities that at least r and exactly r out of n events occur. *Mathematics of Operations Research*, 14:317–342, 1989.

26) C. C. Carøe and J. Tind. L-shaped decomposition of two-stage stochastic programs with integer recourse. *Mathematical Programming*, 83:451–464, 1998.

27) A. Charnes and W. W. Cooper. Chance constrained programming. *Management Science*, 6:73–79, 1959.

28) A. Charnes, W. W. Cooper and G. H. Symonds. Cost horizons and certainty equivalents: An approach to stochastic programming of heating oil. *Management Science*, 4:235–263, 1958.

29) J. Dupačová, A. Gaivoronski, Z. Kos and T. Szántai. Stochastic programming in water management: A case study and a comparison of solution techniques. *European Journal of Operational Research*, 52:28–44, 1991.

30) G. B. Dantzig. Linear programming under uncertainty. *Management Science*, 1:197–206, 1955.

31) G. B. Dantzig. *Linear Programming and Extensions*, Princeton University Press, 1963.

32) G. B. Dantzig and P. Glynn. Parallel processors for planning under uncertainty. *Annals of Operations Research*, 22:1–21, 1990.

33) G. B. Dantzig and G. Infanger. Large-Scale Stochastic Linear Programs—Importance Sampling and Benders Decomposition—. In C. Brezinski and U. Kulish (eds.). *Computational and Applied Mathematics I*, 111–120, Elsevier Science Publishers, 1992.

34) G. B. Dantzig and G. Infanger. Intelligent control and optimization under uncertainty with application to hydro power. *European Journal of Operational Research*, 97:396–407, 1997.

35) J. K. Delson and S. M. Shahidehpour. Linear programming applications to power system economics, planning and operations. *IEEE Transactions on Power Systems*, 7:1155–1163, 1992.

36) Z. Drezner. Computation of multivariate normal integral. *ACM Transactions on Mathematical Software*, 18:470–480, 1992.

37) N. C. P. Edirisinghe and W. T. Ziemba. Bounding the expectation of a saddle function, with application to stochastic programming. *Mathematics of Operations Research*, 19:314–340, 1994.

38) N. C. P. Edirisinghe and W. T. Ziemba. Bounds for two-stage stochastic programs with fixed recourse. *Mathematics of Operations Research*, 19:292–313, 1994.

39) H. P. Edmundson. *Bounds on the expectation of a convex function of a random variable*, Technical Report 982, The RAND Corporation, 1956.

40) G. D. Eppen, R. Kipp Martin and L. Schrage. A scenario approach to capacity planning. *Operations Research*, 37:517–527, 1987.

41) Y. Ermoliev. Stochastic quasigradient methods. In Y. Ermoliev and R. J.-B. Wets (eds.). *Numerical Techniques for Stochastic Optimization*, Springer Series in Computational Mathematics 10, Springer-Verlag, 1988.

42) Y. Ermoliev and R. J.-B. Wets (eds.). *Numerical Techniques for Stochastic Optimization*, Springer Series in Computational Mathematics 10, Springer-Verlag, 1988.

43) R. Fourer, D. M. Gay and B. W. Kernighan. *AMPL: A Modeling Language for Mathematical Programming*, Scientific Press, 1993.

44) K. Frauendorfer. Solving SLP recourse problems with arbitrary multivariate distributions—the dependent case. *Mathematics of Operations Research*, 13:377–394, 1988.

45) 福島雅夫. 非線形最適化の理論, 朝倉書店, 2001.

46) 伏見正則. 確率的方法とシミュレーション (岩波講座 応用数学, 方法 10), 岩波書店, 1994.

47) M. R. Garey and D. S. Johnson. *Computers and Intractability: A Guide to the Theory of NP-Completeness*, Freeman, 1979.

48) H. I. Gassman. MSLiP: A computer code for the multistage stochastic linear programming problem. *Mathematical Programming*, 47:407–423, 1990.

49) H. I. Gassman and W. T. Ziemba. A tight upper bound for the expectation of a convex function of a multivariate random variable. *Mathematical Programming Study*, 27:39–53, 1986.

50) R. L. Graham. An efficient algorithm for determining the convex hull of a finite planar set. *Information Processing Letters*, 1:132–133, 1972.

51) J. M. Hammersley and D. C. Handscomb. *Monte Carlo Methods*, Methuen, 1964.

52) J. L. Higle and S. Sen. Statistical verification of optimality conditions for stochastic programs with recourse. *Annals of Operations Research*, 30:215–240, 1991.

53) J. L. Higle and S. Sen. Stochastic decomposition: An algorithm for two stage stochastic linear programs with recourse. *Mathematics of Operations Research*, 16:650–669, 1991.

54) J. L. Higle and S. Sen. *Stochastic Decomposition—A statistical method for large scale stochastic linear programming*, Kluwer Academic Publishers, 1996.

55) B. F. Hobbs, M. H. Rothkopf, R. P. O'Neill and H.-P. Chao (eds.). *The Next Generation of Electric Power Unit Commitment Models*, Kluwer Academic Publishers, 2001.

56) C. C. Huang, I. Vertinsky and W. T. Ziemba. Sharp bounds on the value of perfect information. *Operations Research*, 25:128–139, 1977.

57) C. C. Huang, W. T. Ziemba and A. Ben-Tal. Bounds on the expectation of a convex function of a random variable: With applications to stochastic programming. *Operations Research*, 25:315–325, 1977.
58) G. Infanger. Monte Carlo (importance) sampling within a benders decomposition algorithm for stochastic linear programs. *Annals of Operations Research*, 39:65–95, 1992.
59) G. Infanger. *Planning under Uncertainty*, Boyd & Fraser Publishing Company, 1994.
60) G. Infanger (ed.). *Stochastic Programming: The State of the Art in Honor of George B. Dantzig*, International Series in Operations Research & Mangement Science, Springer-Verlag, 2010.
61) 石井博昭. 確率論的最適化. 伊理正夫, 今野　浩 (編). 数理計画法の応用〈理論編〉(講座・数理計画法 10), 1–40, 産業図書, 1982.
62) J. L. Jensen. Sur les fonctions convexes et les inégalités entre les valeurs moyennes. *Acta Mathematica*, 30:173–177, 1906.
63) P. Kall. Stochastic programming. *European Journal of Operational Research*, 10:125–130, 1982.
64) P. Kall. Solution methods in stochastic programming. In J. Henry and J.-P. Yvon (eds.). *System Modelling and Optimization*, Lecture Notes in Control and Information Sciences 197, 3–22, Springer-Verlag, 1994.
65) P. Kall and J. Mayer. *Stochastic Linear Programming—Models, Theory, and Computation*, Springer's International Series in Operations Research and Management Science, Springer-Verlag, 2005.
66) P. Kall, A. Ruszczyński and K. Frauendorfer. Approximation techniques in stochastic programming. In Y. Ermoliev and R. J.-B. Wets (eds.). *Numerical Techniques for Stochastic Optimization*, Springer Series in Computational Mathematics 10, Springer-Verlag, 1988.
67) P. Kall and S. W. Wallace. *Stochastic Programming*, John Wiley & Sons, 1994.
68) D. Kim and P. M. Pardalos. A solution approach to the fixed charge network flow problem using a dynamic slope scaling procedure. *Operations Research Letters*, 24:195–203, 1999.
69) D. Kim and P. M. Pardalos. A dynamic domain contraction algorithm for nonconvex piecewise linear network flow problems. *Journal of Global Optimization*, 17:225–234, 2000.
70) D. Kim and P. M. Pardalos. Dynamic slope scaling and trust interval techniques for solving concave piecewise linear network flow problems. *Networks*, 35:216–222, 2000.
71) W. K. Klein Haneveld, L. Stougie and M. H. van der Vlerk. On the convex hull of the simple integer recourse objective function. *Annals of Operations Research*, 56:209–224, 1995.
72) W. K. Klein Haneveld and M. H. van der Vlerk. Stochastic integer programming: General models and algorithms. *Annals of Operations Research*, 85:39–57, 1999.
73) H. Konno and H. Yamazaki. Mean-absolute deviation portfolio optimization model

and its applications to Tokyo stock market. *Management Science*, 37:519–531, 1991.
74) 今野 浩. 線形計画法, 日科技連出版社, 1987.
75) 今野 浩, 山下 浩. 非線形計画法, 日科技連出版社, 1978.
76) 久保幹雄, 田村明久, 松井知己 (編). 応用数理計画ハンドブック, 朝倉書店, 2002.
77) M. Laguna. Applying robust optimization to capacity expansion of one location in telecommunications with demand uncertainty. *Management Science*, 44:S101–S110, 1998.
78) G. Laporte and F. V. Louveaux. The integer L-shaped method for stochastic integer programs with recourse. *Operations Research Letters*, 13:133–142, 1993.
79) G. Laporte, F. V. Louveaux and L. Van Hamme. Exact solution to a location problem with stochastic demands. *Transportation Science*, 28:95–103, 1994.
80) J. Lee, J. Leung and F. Margot. Min-up/min-down polytopes. *Discrete Mathematics*, 1:77–85, 2004.
81) F. V. Louveaux. A solution method for multistage stochastic programs with recourse with application to an energy investment. *Operations Research*, 28:889–902, 1980.
82) F. V. Louveaux. Multistage stochastic programs with block-separable recourse. *Mathematical Programming Study*, 28:48–62, 1986.
83) F. V. Louveaux and D. Peeters. A dual-based procedure for stochastic facility location. *Operations Research*, 40:564–573, 1992.
84) F. V. Louveaux and M. H. van der Vlerk. Stochastic programming with simple integer recourse. *Mathematical Programming*, 61:301–325, 1993.
85) I. J. Lustig, J. M. Mulvey and T. J. Carpenter. Formulating two-stage stochastic programs for interior point methods. *Operations Research*, 39:757–770, 1991.
86) A. Madansky. Bounds on the expectation of a convex function of a multivariate random variable. *Annals of Mathematical Statistcs*, 30:743–746, 1959.
87) S. A. Malcolm and S. A. Zenios. Robust optimization for power systems capacity expansion under uncertainty. *Journal of Operational Research Society*, 9:1040–1049, 1994.
88) H. Markowitz. *Portfolio Selection: Efficient Diversification of Investments*, John Wiley & Sons, 1959.
89) J. Mayer. *Stochastic Linear Programming Algorithms: A Comparison Based on a Model Management System*, Gordon and Breach Science Publishers, 1998.
90) J. A. Momoh. *Electric Power Applications of Optimization*, Marcel Dekker, 2001.
91) 森戸 晋, 逆瀬川浩孝. システムシミュレーション (経営工学ライブラリー 5), 朝倉書店, 2000.
92) J. A. Muckstadt and S. A. Koenig. An application of Lagrangian relaxation to scheduling in power-generation systems. *Operations Research*, 25:387–403, 1977.
93) J. M. Mulvey, R. J. Vanderbei and S. A. Zenios. Robust optimization of large-scale systems. *Operations Research*, 43:264–281, 1995.
94) F. H. Murphy, S. Sen and A. L. Soyster. Electric utility capacity expansion planning with uncertain load forecasts. *IIE Transactions*, 14:52–59, 1982.
95) 並木 誠. 線形計画法 (応用最適化シリーズ 1), 朝倉書店, 2008.
96) G. L. Nemhauser, A. H. G. Rinnooy Kan and M. J. Todd (eds.). *Optimization*,

Vol. 1 of Handbooks in Operations Research and Management Science, Elsevier Science Publishers, 1989. (伊理正夫, 今野　浩, 刀根　薫 (監訳). 最適化ハンドブック, 朝倉書店, 1995.)

97) G. L. Nemhauser and L. A. Wolsey. *Integer and Combinatorial Optimization*, John Wiley & Sons, 1988.

98) 西岡歩美, 椎名孝之, 今泉　淳, 森戸　晋. 単純リコースを有する整数確率計画問題の dynamic slope scaling を用いた解法. 知能と情報, 22:257–265, 2010.

99) P. Olsen. Discretizations of multistage stochastic programming problems. *Mathematical Programming Study*, 6:111–124, 1976.

100) P. Olsen. Multistage stochastic programming with recourse: The equivalent deterministic problem. *SIAM Journal on Control and Optimization*, 14:495–517, 1976.

101) P. Olsen. When is a multistage stochastic programming problem well defined? *SIAM Journal on Control and Optimization*, 14:518–527, 1976.

102) H. Pirkul and R. Gupta. Topological design of centralized computer networks. *International Transactions in Operational Research*, 4:75–83, 1997.

103) A. Prékopa. Logarithmic concave measures with application to stochastic programming. *Acta Scientiarum Mathematicarum*, 32:301–316, 1971.

104) A. Prékopa. Contributions to the theory of stochastic programming. *Mathematical Programming*, 4:202–221, 1973.

105) A. Prékopa. On logarithmic concave measures and functions. *Acta Scientiarum Mathematicarum*, 34:335–343, 1973.

106) A. Prékopa. Boole-Bonferroni inequalities and linear programming. *Operations Research*, 36:145–162, 1988.

107) A. Prékopa. Numerical solution of probablistic constrained problems. In Y. Ermoliev and R. J.-B. Wets (eds.). *Numerical Techniques for Stochastic Optimization*, Springer Series in Computational Mathematics 10, Springer-Verlag, 1988.

108) A. Prékopa. Sharp bounds on probabilities using linear programming. *Operations Research*, 38:227–239, 1990.

109) A. Prékopa. *Stochastic Programming*, Kluwer Academic Publishers, 1995.

110) A. Prékopa and P. Kelle. Reliability type inventory models based on stochastic models. *Mathematical Programming Study*, 9:43–58, 1978.

111) A. Prékopa and T. Szántai. Flood control reservoir system design using stochastic programming. *Mathematical Programming Study*, 9:138–151, 1978.

112) F. P. Preparata and M. I. Shamos. *Computational Geometry: An Introduction*, Springer-Verlag, 1985.

113) D. Rajan and S. Takriti. Minimum up/down polytopes of the unit commitment problem with start-up costs. *IBM Research Report*, RC23628: 2005.

114) Y. Rinott. On convexity of measures. *Annals of Probability*, 4:1020–1026, 1976.

115) R. T. Rockafellar and S. Uryasev. Optimization of conditional value-at-risk. *The Journal of Risk*, 2:21–41, 2000.

116) R. T. Rockafellar and S. Uryasev. Conditional value-at-risk for general ross distributions. *Journal of Banking and Finance*, 26:1443–1471, 2002.

117) R. T. Rockafellar and R. J.-B. Wets. Stochastic convex programming: Relatively

complete recourse and induced feasibility. *SIAM Journal on Control and Optimization*, 14:574–589, 1976.

118) R. T. Rockafellar and R. J.-B. Wets. Scenarios and policy aggregation in optimization under uncertainty. *Mathematics of Operations Research*, 16:119–147, 1991.

119) A. Ruszczyński. A regularized decomposition method for minimizing a sum of polyhedral functions. *Mathematical Programming*, 35:309–333, 1986.

120) A. Ruszczyński and A. Shapiro (eds.). *Stochastic Programming*, Vol. 10 of Handbooks in Operations Research and Management Science, Elsevier Science Publishers, 2003.

121) 逆瀬川浩孝. 待ち行列モデルのシミュレーション—稀な現象の生起確率の推定—. 応用数理, 9:124–134, 1999.

122) 沢木勝茂. ファイナンスの数理(シリーズ〈現代人の数理〉8), 朝倉書店, 1994.

123) A. Schrijver. *Theory of Linear and Integer Programming*, John Wiley & Sons, 1986.

124) 関根泰次, 林　宗明, 芹澤康夫, 豊田淳一, 長谷川淳. 電力系統工学, コロナ社, 1979.

125) M. Shahidehpour, H. Yamin and Z. Li. *Market Operations in Electric Power Systems–forecasting, scheduling and risk management–*, John Wiley & Sons, 2002.

126) A. Shapiro, D. Denctcheva and A. Ruszczyński (eds.). *Lectures on Stochastic Programming: Modeling and Theory*, MPS-SIAM Series on Optimization, SIAM, 2009.

127) G. B. Sheble and G. N. Fahd. Unit commitment literature synopsis. *IEEE Transactions on Power Systems*, 11:128–135, 1994.

128) T. Shiina. Numerical solution technique for joint chance-constrained programming problem–an application to electric power capacity expansion–. *Journal of the Operations Research Society of Japan*, 42:128–140, 1999.

129) T. Shiina. Integer programming model and exact solution for concentrator location problem. *Journal of the Operations Research Society of Japan*, 43:291–305, 2000.

130) T. Shiina. L-shaped decomposition method for multi-stage stochastic concentrator location problem. *Journal of the Operations Research Society of Japan*, 43:317–332, 2000.

131) T. Shiina and J. R. Birge. Multistage stochastic programming model for electric power capacity expansion problem. *Japan Journal of Industrial and Applied Mathematics*, 20:379–397, 2003.

132) T. Shiina and J. R. Birge. Stochastic unit commitment problem. *International Transactions in Operational Research*, 11:19–32, 2004.

133) T. Shiina, Y. Tagaya and S. Morito. Stochastic programming with fixed charge recourse. *Journal of the Operations Research Society of Japan*, 50:299–314, 2007.

134) T. Shiina, K. Tokoro and Y. Shinohara. Optimization method via Monte Carlo sampling. *International Journal of Computational Science*, 1:256–270, 2007.

135) T. Shiina and I. Watanabe. Lagrangian relaxation method for price-based unit commitment problem. *Engineering Optimization*, 36:705–719, 2004.

136) 椎名孝之. 確率的電力供給計画モデル. 第 7 回 RAMP シンポジウム論文集, 37–52, 1995.

137) 椎名孝之. コンピューターネットワーク設計に対する確率計画モデル. 日本応用数理学会論文誌, 10:37–50, 2000.

138) 椎名孝之. 確率計画法. 久保幹雄, 田村明久, 松井知己 (編), 応用数理計画ハンドブック,

710–769, 朝倉書店, 2002.

139) 椎名孝之. 確率計画法による発電機起動停止問題. 日本応用数理学会論文誌, 13:181–190, 2003.

140) 椎名孝之. 電気事業への確率計画法の応用. 知能と情報, 16:528–539, 2004.

141) 椎名孝之, 久保幹雄. 電力設備補修計画に対する切除平面／分枝限定法. 日本応用数理学会論文誌, 8:157–168, 1998.

142) 椎名孝之, 多ヶ谷有, 森戸　晋. 分散を考慮した 2 段階確率計画問題. *Transactions of the Operations Research Society of Japan*, 53:114–132, 2010.

143) 椎名孝之, 多ヶ谷有, 森戸　晋. 分散を考慮した確率計画問題における下界. 日本応用数理学会論文誌, 24:59–68, 2014.

144) I. M. Stancu-Minasian and R. J.-B. Wets. A research bibliography in stochastic programming 1955–1975. *Operations Research*, 25:1078–1119, 1976.

145) T. Szántai. A computer code for solution of probabilistic constrained stochastic programming problems. In Y. Ermoliev and R. J.-B. Wets (eds.). *Numerical Techniques for Stochastic Optimization*, Springer Series in Computational Mathematics 10, Springer-Verlag, 1988.

146) S. Takriti and S. Ahmed. On robust optimization of two-stage systems. *Mathematical Programming*, 99:109–126, 2004.

147) S. Takriti and J. R. Birge. Lagrangian solution techniques and bounds for loosely coupled mixed-integer stochastic programs. *Operations Research*, 48:91–98, 2000.

148) S. Takriti and J. R. Birge. Using integer programming to refine Lagrangian-based unit commitment solutions. *IEEE Transactions on Power Systems*, 15:151–156, 2000.

149) S. Takriti, J. R. Birge and E. Long. A stochastic model for the unit commitment problem. *IEEE Transactions on Power Systems*, 11:1497–1508, 1996.

150) S. Takriti, B. Krasenbrink and L. S. Y. Wu. Incorporating fuel constraints and electricity spoy prices into the stochastic unit commitment problem. *Operations Research*, 48:268–280, 2000.

151) 田村康男 (編). 電力システムの計画と運用, オーム社, 1991.

152) 刀根　薫. 数理計画 (基礎数理講座 1), 朝倉書店, 2007.

153) 梅田真之, 椎名孝之, 今泉　淳, 森戸　晋. 確率計画法による在庫融通問題. 知能と情報, 24:1119–1127, 2012.

154) C. van de Panne and W. Popp. Minimum cost cattle feed under probabilistic problem constraint. *Management Science*, 9:405–430, 1963.

155) R. Van Slyke and R. J.-B. Wets. L-shaped linear programs with applications to optimal control and stochastic linear programs. *SIAM Journal on Applied Mathematics*, 17:638–663, 1969.

156) H. M. Wagner. *Principles of Operations Research: With Applications to Managerial Decisions*, Prentice Hall, 1969.

157) S. W. Wallace. A piecewize linear upper bound on the network recourse function. *Mathematical Programming*, 38:133–146, 1987.

158) S. W. Wallace and W. T. Ziemba (eds.). *Applications of Stochastic Programming*, MPS-SIAM Series on Optimization, SIAM, 2005.

159) R. J.-B. Wets. Stochastic programs with fixed recourse: The equivalent deterministic program. *SIAM Review*, 16:309–339, 1974.

160) R. J.-B. Wets. Stochastic programming. In G. L. Nemhauser, A. H. G. Rinnooy Kan and M. J. Todd (eds.). *Optimization*, Vol. 1 of Handbooks in Operations Research and Management Science, 573–629, Elsevier Science Publishers, 1989.

161) R. Wollmer. Two stage linear programming under uncertainty with 0-1 integer first stage variables. *Mathematical Programming*, 19:279–288, 1980.

162) L. A. Wolsey. *Integer Programming*, John Wiley & Sons, 1988.

163) A. J. Wood and B. J. Wollenberg. *Power Generation, Operation and Control*, 2nd edition, John Wiley & Sons, 1996.

164) 山下　浩. 大規模システム最適化のためのアルゴリズム, モデリング, ソフトウェア. 応用数理, 6:26–37, 1996.

165) 山内二郎 (編). 統計数値表, 日本規格協会, 1972.

166) Z. A. Yamayee. Maintenance scheduling: Description, literature survey and interface with overall operations scheduling. *IEEE Transactions on Power Apparatus and Systems*, PAS101:2770–2779, 1982.

167) 横山隆一 (編). 電力自由化と技術開発, 東京電機大学出版局, 2001.

168) G. Zoutendijk. Some algorithms based on the principle of feasible directions. In J. B. Rosen, O. L. Mangasarian and K. Ritter (eds.). *Nonlinear Programming*, 93–121, Academic Press, 1970.

索　　引

Benders の分解 (Benders decomposition) 22
Edmundson–Madansky の上界 (Edmundson–Madansky upper bound) 34
Gauss 公式 (Gauss rule) 60
Jensen の下界 (Jensen lower bound) 33
Karush–Kuhn–Tucker 条件 (Karush–Kuhn–Tucker condition) 127, 153
Karush–Kuhn–Tucker 乗数 (Karush–Kuhn–Tucker multiplier) 153
Lagrange 緩和法 (Lagrangian relaxation method) 99
Lagrange 緩和問題 (Lagrangian relaxation problem) 102
Lagrange 乗数 (Lagrangian multiplier) 102
Lagrange の未定乗数法 (Lagrange's method of undetermined multipliers) 105
L-shaped 法 (L-shaped method) 22, 27
$\mathcal{NP}$-完全 ($\mathcal{NP}$-complete) 136
$\mathcal{NP}$-困難 ($\mathcal{NP}$-hard) 136
σ-集合体 (σ-field) 153
SUMT (sequential unconstrained minimization technique) 48
Williams–山内の近似式 (Williams–Yamauchi formula) 59

ア　行

1 段階実行可能解集合 (first stage feasible set) 9
1 段階費用 (first stage cost) 9
1 段階変数 (first stage variable) 9
入れ子式分解法 (nested decomposition method) 84
陰的列挙法 (implicit enumeration) 64

エピグラフ (epigraph) 16, 152

凹関数 (concave function) 152
奥行優先則 (depth first search) 81
オペレーションズ・リサーチ (operations research) 1
親 (parent) 85

カ　行

開集合 (open set) 151
改訂単体法 (revised simplex method) 52, 145
拡張 Lagrange 関数 (augmented Lagrangian) 97
確率 (probability) 154
確率 1 で (with probability 1, w.p.1) 155
確率関数 (probability function) 154
確率空間 (probability space) 154
確率計画法 (stochastic programming) 1, 7
確率計画問題の解の価値 (value of stochastic solution) 15
確率測度 (probability measure) 154
確率的準勾配法 (stochastic quasi-gradient method) 41
確率的制約条件 (chance constraint) 8, 12
確率的制約条件問題 (chance constrained program) 8, 12, 13, 43
確率的な制約を有する問題 (probabilistically constrained program) 13
確率的分解 (stochastic decompositon) 37
確率変数 (random variable) 154
確率密度関数 (probability density function) 154

稼働可能容量 (workable supply capacity) 56
下半連続 (lower semicontinuous) 152
完全情報の期待値 (expected value of perfect information) 14
完全リコース (complete recourse) 11, 21, 108
完全リコース行列 (complete recourse matrix) 11, 21

機会制約条件問題 (chance constrained programming) 8
期待値 (expected value) 12, 155
基底 (basis) 145
基底解 (basic solution) 144
基底形式 (canonical representation) 143
基底変数 (basic variable) 143
共分散 (covariance) 155
共分散行列 (covariance matrix) 123
極行列 (polar matrix) 24
極錐 (polar cone) 24
許容方向法 (feasible direction method) 48
近似負荷曲線 (approximate load curve) 56

空事象 (impossible event) 153
区分線形 (piecewise linear) 26

経済負荷配分問題 (economic load dispatching problem) 105
計算幾何学 (computational geometry) 75
決定問題 (decision problem) 136

子 (son) 85
効率的フロンティア (efficient frontier) 123
コヒレント・リスク尺度 (coherent risk measure) 124
個別確率的制約条件問題 (stochastic program with separate chance constraints) 13
混合整数計画問題 (mixed integer programming problem) 67
コンパクト (compact) 151

サ 行

最適性カット (optimality cut) 27

識別不可能 (indistinguishable) 96
軸演算 (pivot operation) 144
試行 (trial) 153
資産 (asset) 123
指示関数 (indicator function) 51
事象 (event) 153
実行可能性カット (feasibility cut) 25
実施可能 (implementable) 96
シナリオ (scenario) 2, 85, 100
シナリオ集約法 (scenario aggregation method) 95, 102
シナリオ束 (scenario bundle) 96, 100
シナリオツリー (scenario tree) 85, 100
シナリオ部分問題 (scenario subproblem) 95
射影 (projection) 41
弱双対定理 (weak duality theorem) 149
収益率 (rate of return) 123
集線装置配置問題 (concentrator location problem) 64
重点抽出法 (importance sampling) 111
周辺分布関数 (marginal distribution function) 154
集約作用素 (aggregation operator) 96
縮約勾配法 (reduced gradient method) 47
主問題 (master problem) 26
準凹確率測度 (quasi-concave probability measure) 43
準凹関数 (quasi-concave function) 44
準凸関数 (quasi-convex function) 152
償還請求 (recourse) 8, 17
条件付期待値 (conditional expectation) 35
条件付バリュー・アット・リスク (conditional value at risk) 125
条件付密度関数 (conditional density function) 37
詳細決定 (detailed level decision) 86
上半連続 (upper semicontinuous) 151
信頼領域法 (trust region method) 61

錐 (cone) 22
数値積分 (numerical integration) 60
数理計画法 (mathematical programming) 1

正規化主問題 (regularized decomposition) 31
正規化分解法 (regularized decomposition method) 31
正規条件 (regularity condition) 153
正規分布 (normal distribution) 155
生成元 (generator) 24
正の同次性 (positive homogeneity) 125
絶対偏差 (absolute deviation) 123
セル (cell) 34, 35
線形計画問題 (linear programming problem) 143
全事象 (whole event) 153

相関係数 (correlation coefficent) 155
総合決定 (aggregate level decision) 86
相対完全リコース (relatively complete recourse) 23
双対上昇法 (dual ascent method) 64
双対定理 (duality theorem) 149
双対分解構造 (dual decomposition structure) 22
双対問題 (dual proplem) 16, 149
増分燃料費 (incremental fuel cost) 105
相補スラック条件 (complementary slackness condition) 153
相補スラック定理 (complementary slackness theorem) 150
即時決定 (here and now) 7, 14

タ 行

台 (support) 18
待機決定 (wait and see) 7, 14
対数凹確率測度 (logarithmic concave probability measure) 44
互いに排反 (disjoint) 153
多重カット (multicut) 30
多段階確率計画問題 (multistage stochastic programming) 10, 83
多段階確率的線形計画問題 (multistage stochastic linear programming problem) 84
妥当不等式 (valid inequality) 67
段階 t までのシナリオ (stage t scenario) 85
単純リコース (simple recourse) 11
単体乗数 (simplex multiplier) 146
単体表 (simplex tableau) 144
単体法 (simplex method) 143
単調性 (monotonicity) 125
端点 (extreme point) 151

中心極限定理 (central limit theorem) 155
超平面 (hyperplane) 151
直交射影 (orthogonal projection) 96

展開形 (extensive form) 30
電源計画 (generation planning) 89
電力系統 (power system) 99

等価確定問題 (deterministic equivalent) 7, 10
同時確率的制約条件問題 (joint chance constrained program) 13
同時確率密度関数 (joint probability density function) 154
同時分布関数 (joint distribution function) 154
動的勾配スケーリング法 (dynamic slope scaling procedure) 79
独立 (independent) 154
凸関数 (convex function) 152
凸計画問題 (convex programming problem) 153
凸結合 (convex combination) 150
凸集合 (convex set) 150
凸錐 (convex cone) 151
凸多面集合 (convex polyhedral set) 151
凸多面体 (convex polyhedron) 151
凸包 (convex hull) 19, 150

ナ 行

内積 (inner product) 96

2 項モーメント (binomial moment) 51
2 段階確率計画問題 (two-stage stochastic programming) 8
2 段階変数 (second stage variable) 9
2 段階問題 (two-stage problem) 9
2 分探索 (binary search) 105
入札変数 (tender variable) 73

ハ 行

発電機起動停止問題 (unit commitment problem) 99
バリュー・アット・リスク (value at risk) 124
半空間 (half space) 151

非基底変数 (nonbasic variable) 143
非線形計画問題 (nonlinear programming problem) 152
被約費用 (reduced cost) 146
標準偏差 (standard deviation) 155
標本 (sample) 153

負荷持続曲線 (load duration curve) 55, 89
プログレッシブヘッジ法 (progressive hedging method) 95
ブロック対角 (block diagonal) 86
ブロック分解可能リコース (block separable recourse) 86
分岐点 (split point) 100
分散 (variance) 155
分散減少法 (variance reduction) 111
分枝カット法 (branch and cut method) 64, 77
分布関数 (distribution function) 12, 154
分布問題 (distribution problem) 8

平均 (mean) 155
平均–分散モデル (mean-variance model) 123
平行移動不変性 (translation invariance) 125
閉集合 (closed set) 151
閉凸包 (closed convex hull) 75, 152
閉包 (closure) 151

ポートフォリオ選択問題 (portfolio selection) 123
ほとんど確実に (almost surely, a.s.) 42, 84, 155

マ 行

道 (path) 85

モンテカルロ法 (Monte Carlo method) 111

ヤ 行

有界 (bounded) 151
有向グラフ (directed graph) 85, 100
誘導された制約 (induced constraints) 19

余事象 (complement) 153
予測不可能性条件 (nonanticipativity) 100, 102

ラ 行

ラムダ反復法 (lambda iteration method) 105

リコース (recourse) 8, 17
リコース関数 (recourse function) 9, 17, 22
リコース行列 (recourse matrix) 9
リコース費用 (recourse cost) 9, 17
リコース変数 (recourse variable) 9
リコース問題 (recourse problem) 9
リコースを有する確率計画問題 (stochastic programming with recourse) 8, 10, 17
リコースを有する確率的線形計画問題 (stochastic linear programming with recourse) 18
離散確率変数 (discrete random variable) 154
リスク (risk) 1

リスク尺度 (risk measure)　123
リスト (list)　101
利得関数 (payoff function)　12

劣加法性 (subadditivity)　125
劣勾配 (subgradient)　41, 106, 152
列生成法 (column generation)　110
劣微分 (subdifferential)　129, 152
連続 (continuous)　152
連続確率変数 (continuous random variable)　154

著者略歴

椎名孝之(しいな たかゆき)

1966年　千葉県に生まれる
1991年　早稲田大学理工学研究科修了
現　在　千葉工業大学社会システム科学部
経営情報科学科
教授
博士(工学)

応用最適化シリーズ5
確率計画法　　定価はカバーに表示

2015年3月20日　初版第1刷
2016年12月25日　第2刷

著　者　椎　名　孝　之
発行者　朝　倉　誠　造
発行所　株式会社　朝　倉　書　店

東京都新宿区新小川町6-29
郵便番号　162-8707
電　話　03(3260)0141
FAX　03(3260)0180
http://www.asakura.co.jp

〈検印省略〉

中央印刷・渡辺製本

ISBN 978-4-254-11790-5　C 3341　Printed in Japan